자주국방의 길

자주국방의 열망, 그 현장의 기록

자주국방의 길

조 영길 지음

플래닛미디어
Planet Media

자주국방을 이끌어갈 후대를 위하여

군인으로 40년, 그중 30여 년을 자주국방 건설의 현장에서 보낼 수 있었던 것은 내게는 행운이었고 힘에 겨운 과업이기도 했다. 자질과 능력이 모자라는 사람을 이끌고 가르쳐주신 선배들과 성원을 아끼지 않았던 동료, 후배들에게 감사의 마음을 전한다. 세월이 흐르면서 많은 이들이 유명을 달리하고 일부는 노년의 병고에 시달리고 있다. 조금 더 시간이 지나면 모두 사라지고 잊힐 얼굴들, 그러나 그들이 자주국방의 대망에 뜻을 모으고 불가능에 도전했던 열정과 고뇌의 기록들은 반드시 후대에 전해져야 하고 그것이 뒤에 남은 자들의 책무라는 생각에서 이 글을 쓴다.

우연한 만남

내가 '자주국방'이라는 조금은 허황하게 들리는 구호를 처음 대하게 된 것은 1970년 가을 월남에서 귀국해 '육군 연구발전사령부(연발사)'라는 낯선 부대에 전속되면서부터였다. 과학자도 아닌 전투병과의 초급 장교가 이 특이한 부대에 배치받은 것은 예상치 못한 우연이었다. 맹호부대 소총중대장으로 월남전에 참전했는데 계속되는 작전 임무 때문에 정해진 1년의 임기를 마치고도 제때 귀국을 못 하고 6개월쯤 늦게 돌아오게 되자 이 사정을 안 육군본부 인사참모부가 보상 차원에서 재경(在京) 부대인 연발사에 보직을 주었다는 얘기가 있었다.

당시 연발사는 '국방과학연구소(Agency for Defense Development : ADD)'의 모체부대로 지정되어 그 창설 작업을 수행하고 있었다. 공식적으로는 8월 초에 ADD가 창설되었다고 하지만 아직 들어갈 건물도 없었고 연구 인력이라야 육·해·공군 사관학교 교관 중에서 차출한 이공계 석·박사학위 소지자 20여 명이 전부로 대부분 중령급 영관장교였다. 그들은 병기나 군수물자에 대한 개발 경험이 없는 학자들이었지만 곧바로 연발사의 기존 조직인 '연구분석실' 요원들과 팀을 이루어 임무수행에 착수했다.

연발사의 연구분석실은 1961년에 창설된 '육군 기술연구소'의 후신으로 각종 병참물자와 화생방물자의 개발 업무를 수행하다가 1970년에 연발사로 개편되면서 그 임무와 기능이 대폭 축소되고 수십 명의 기능 인력만 남은 상태에서 연발사의 물자평가단에 예속되어 있었다. 그러다가 ADD가 창설되면서 본래의 기능으로 되돌아가게 되었던 것이다. 이론적 기초가 튼튼한 학자들과 경험이 풍부한 기능 인력의 결합은 새로운 조직의 잠재력을 증대시키는 계기가 되었다. 그들은 장차 자주국방의 견인차가 될 ADD의 창설에 참여하게 되었다는 사실에 나름대로 긍지와 자부심을 갖고 열의에 넘쳐 있었다.

"닉슨 독트린에 따라 미 지상군의 철수가 이미 시작되었다. 이제 우리의 생존은 우리가 지켜야 한다."

"자주국방은 선택의 문제가 아니라 필연적인 국가 생존의 과제다."

소령 진급 예정자로 평가단의 행정지원 장교를 맡고 있던 나는 점심시간이면 식탁에 모여 앉아 자주국방을 역설하는 그들의 논리에 공감은 하면서도 전혀 믿음이 가지 않았다.

창설 초기에는 아직 종합적인 사업계획이 마련되기 전이어서 연발사의 사업계획에 따라 전차 방활구, 튜브리스 타이어, 야간관측경 등의 개발과제를 지원하다가 해가 바뀌면서 2.75인치로켓발사기, 원형 수류탄, 낙하산, 방탄 헬멧 등의 초기 과제가 빠른 속도로 진행되었다. 그러다가 그해 11월 청와대로부터 '긴급 병기개발 지시'가 하달된 것이다. 소총, 기관총, 박격포, 3.5인치 대전차로켓 등 기본 병기를 국산화해서 1차 시제는 연말까지, 2차 시제는 3월 말까지 완료하라는 것이었다. 청천벽력 같은 얘기였지만 상부의 지시였다. 국방부와 연발사, ADD에 비상이 걸리고 관련 회사들이 동원되었다. 전문 병기제작 업체가 있을 리도 없어서 재봉틀회사, 자전거공장, 농기구공장, 화약공장, 트랜지스터라디오회사 등이 선발되었다. 그들은 혼연일체가 되어 불가능해 보이는 목표를 향해 불철주야로 혼신의 노력을 쏟아부었다. 그리고 마침내 기적을 이루어낸 것이다. 원제작사의 무기설계도도, 기술 자료도 제대로 갖추어지지 않은 상태에서 4개월 남짓한 기간에 전 대상 병기의 시제 제작을 완료하고, '72년 4월 3일 대통령 임석 하에 성능 확인 시범사격을 성공리에 완수한 것이다. 이것은 장차 길고 험난한 자주국방의 대장정에 첫 이정표를 세우는 일대 사건이었다. 이때부터 군과 ADD, 해당 산업체는 물론 청와대와 정부 유관부서까지 자주국방의 의지와 열기에 휩싸이게 된 것이다.

비록 하는 일은 없었지만 그 역사적인 현장을 목격하고 그 감동을 함께 나눌 수 있었던 것은 내게는 큰 행운이었고, 남은 군 생활을 통하여 지울 수 없는 소중한 경험이었다.

또 다른 현장의 목격

'74년도에 육군대학을 졸업하고 사단방어 교관으로 보직을 받은 후 나는 또 다른 현장을 목격하게 되었다. 육군본부가 주관하는 고위급 장군들의 전술토의인 '무궁화회의'가 '73년에 이어 두 번째로 육군대학에서 개최되고 있었다. '71년 초에 미7사단이 철수한 직후 '독자적인 전쟁계획'을 수립하라는 대통령 지시에 따라 UN군사령부의 '한국방어계획'과는 별도로 새로운 전쟁계획인 '태극 72계획'을 수립하여 그 내용을 토의하는 자리였다. 20여 명의 장군들이 분임을 편성하여 연구와 토의를 진행했다. 장군들의 작전투명도(overlay) 작업을 돕기 위해 몇몇 전술교관들의 출입이 허용되었는데 그 덕분에 일부 토의내용을 엿들을 수 있었다.

"현대전은 단기결전이다. 어떤 희생을 감수하더라고 수도권은 반드시 고수되어야 한다."

"현재의 축차적 방어개념은 6·25전쟁의 재판(再版)이 될 수밖에 없다."

"현 전선의 진지 강도를 강화하고, 종심진지를 추가로 보강해서 적의 초기 충격력을 흡수하고 반드시 현 선에서 저지해야 한다."

"반격단계에서는 실지 회복과 통일을 위한 공세작전계획이 동시에 발전되어야 한다."

　장군들의 진지하고 결의에 찬 토론 모습은 비록 그 뜻을 전부 이해할 수는 없었지만 젊은 교관들에게 깊은 감명을 주었다. 한편, 합참에서는 '자주국방의 방향'이라는 제목으로 그해 초에 확정된 '국방8개년계획(율곡계획)'을 합참 전력계획과장인 임 동원 대령(소장 예편, 통일부장관)이 장군들에게 소개 교육을 실시했다. 군이 처음으로 수립한 군사력건설계획이었다.

　그러나 가장 놀라운 사건은 마지막 날 종합 토의에 대통령이 참석한 일이었다. 보안관계로 미리 알려지지 않았지만 계획된 일정이라고 했다. 그동안 비밀리에 발전시켜온 독자적인 전쟁계획을 최종적으로 확인하고 의견을 수렴해서 결론을 내리는 자리였다. 교관들 출입이 제한되어 아쉬웠지만 뒤에 들은 얘기로는,

"80년대가 되면 주한미군이 한 사람도 없다는 전제 하에 만반의 준비를 갖추어야 한다."
"연구한 작전계획은 미군 측과 협조해서 구체적인 계획으로 발전시켜나가도록 하라."는 지시가 있었다고 했다.

　나는 연발사 시절에 우연히 경험했던 자주국방의 열망이 국가적 차원에서 종합적이고 체계적인 과업으로 추진되어나가는 현장을 목격하고 내심 뜨거운 감동을 억누를 수 없었다.

고수방어교리의 연구

'75년 초에 육군본부로부터 수도권 고수개념을 뒷받침할 '고수방어 전술'을 교리적으로 체계화하라는 연구지시가 육군대학에 내려왔는데 그 임무가 사단방어 교관인 나에게 배당되었다. 육군본부에서는 수도권 고수를 위하여 전선에 배치된 보병연대를 4개 대대로 증편하는 계획을 추진하고 있었는데 그 부대를 전술적으로 운용할 교리를 정립하라는 내용이었다. 육군대학 사단학처 교관들은 교육시간 배정이 많아서 가장 바쁜 처지에 있었다. 약 6개월 동안 주로 야간작업을 통해 가까스로 교범 초안을 만들어 육군본부에 제출하자 이번에는 연구자가 직접 전·후방 부대를 순회하면서 교리 소개를 실시하라는 지시가 내려왔다. 참모총장의 지시라고 했다. 그 기간이 무려 4개월이었다.

계절이 늦가을 철이어서 서부전선에서 시작한 순회교육이 중부전선에 이르자 벌써 눈이 내리기 시작했다. 낮에 교육을 하고 밤중에 빙판길을 따라 전선을 이동하는 것이 고단하기는 했지만 일선 부대장들의 세심한 배려로 큰 어려움은 없었다. 그리고 그 기간 중에 각급 야전지휘관들과 많은 토의를 통해서 전선의 실상과 여러 가지 문제들을 파악할 기회를 갖게 되었다. 특히 최전선(FEBA 'A')을 담당하고 있는 대대장급 지휘관들의 관심은 진지의 강도였다.

"아무리 고수방어의 의지가 강해도 현 전선의 진지 강도로 그것이 가능하겠는가?"

"엄폐가 되지 않는 무개 산병호에서 적의 초기 집중 화력을 어떻게 극복할 것인가?"

실제로 우리의 전선은 휴전 당시와 별로 달라진 것이 없었다. 엄체호라고는 기관총 진지가 유일했고 나머지는 모두가 무개진지였다. 최전방 방어거점을 책임지고 있는 대대장들의 우려는 당연한 것이었다. 그러나 그 문제는 이미 육군본부 차원에서 대책을 수립하고 있었다. 순회교육을 출발하기 전 작전참모부에 들렀을 때 내년부터 대규모 전술진지공사를 실시해서 전 전선을 요새화할 계획이라고 했다. 무궁화 회의를 다녀온 사단장급 지휘관들도 그 내용을 알고 있었다.

"대대거점을 중심으로 전 전선이 요새화될 것이다. 현 전선 고수를 위해 소신을 갖고 준비하라."고 예하 지휘관들을 격려하는 한편, 일부 사단장들은 전술공사에 대비한 병력배치 조정계획을 미리 연구해서 개별적인 토의를 요청하기도 했다. 나는 육군본부가 순회교육을 서둘렀던 이유를 충분히 이해할 수 있었고, 중요한 시기에 전선 지휘관들과 많은 대화를 나누고 많은 것을 배울 수 있었던 사실에 큰 보람을 느꼈다.

한국방어계획 수정에 참여

순회교육을 마치고 1월에 복귀하자 또 다른 과제가 기다리고 있었다. 한국방어계획의 수정을 위해 육군대학의 연구안을 작성해서 보고하라는 것이었다. 그 과제가 사단방어 주교관인 나에게 또 떨어진 것이었다. 내심 불만이 없지도 않았지만 피할 수 없는 사정이었다.

'74년도에 UN군사령부와 육군본부가 협조해서 새로운 한국방어계획인 '작계5027-74'를 최초로 완성했는데, 그동안 시행 단계에서 발견된 미비점들을 보완하기 위하여 육군본부에서 수정안을 준비 중에 있었다. 작전참모부 전략기획처(처장: 준장 안 재석, 주미무관, 소장 예편)에 전담 부서가 설치되어 있었다. 육군대학에서는 매 학기마다 실시하는 학생들의 전방 실습을 위해 주요 전방 사단과 군단의 작전계획을 보관하고 있었고, 전술 교관들은 실습 지도를 위해 평소 그 내용들을 연구하고 있었기 때문에 전혀 생소한 과제라고는 할 수 없었다.

'작계5027-74'는 수도권의 고수와 조기 반격개념을 기초로 부대 배치계획과 기동계획을 세워놓고 있었지만 세부적인 군사력 소요판단이나 추가적인 부대 증원계획이 마련되어 있지 않았다. 미 증원전력이 어느 정도 필요하고 얼마가 가용한지도 나와 있지 않았다.

당시 육군은 6개 군단(수도군단 포함)에 18개 상비사단을 전선에 배치하고, 병력과 장비를 제대로 갖추지 않은 10개 예비사단을 후방지역에 배치하고 있었다. 이 중 10개 상비사단을 155마일 전선(FEBA 'A')에 배치하고, 6개 사단을 군단 예비로, 2개 사단을 군 예비로 집결 보유하고 있었다. 전방사단의 책임 정면은 평균 40~70km로 교리상 표준 방어정면의 2~3배에 달했다. 제2방어선인 FEBA 'B'에는 1개 군단 정면에 1개 사단, 제3방어선인 FEBA 'C'에는 배치할 부대도 없었다. 아무리 전선을 요새화한다고 해도 제1선의 공간을 메울 추가적인 부대와 강력한 종심 전력이 보강되지 않는다면 수도권의 고수방어는 한계가 있을 수밖에 없었다. 고심 끝에 부대 소요판단을 다시 하고 몇 개의 전제조건과 건의사항을 첨부해서 방어계획의 초안을 완성하기로 했다.

■ 김포-강화 축선, 문산 축선, 동해안 축선에는 상비사단이 추가로 배치되어야 한다.

■ 개전 초기 3~5일 이내에 FEBA 'B'와 'C'에 종심방어 편성을 완료할 능력을 갖추어야 한다. 이를 위해 후방 예비사단의 전선 증원 능력을 새로 발전시켜나가야 한다.

■ 적의 기습적인 속도전에 대비하여 적 공격제대의 후방에 '적진 잔류거점(stay behind force)'을 운용하여 적의 공격 속도를 지연시켜야 한다.

■ 적 공격제대의 간격과 측방을 타격할 수 있는 기계화된 전략예비 기동 전력을 별도로 확보해야 한다.

육군본부 작전참모부장(신 현수 소장, 중장 예편, 브라질대사)께 육군대학의 연구안을 보고했더니 바로 복귀하지 말고 실무 담당관들과 심도 있는 토의를 해보라는 지시를 했다. 당시 작전참모부에는 '태극 72계획'을 작성할 때 편성했던 전쟁기획실이 전략기획처로 증편되어 있었고, 6·25 참전 유경험자와 작전 업무에 전문성을 갖춘 중·대령급 장교들이 모여 새로운 한국방어계획을 연구하고 있었다. 경험 많은 선배들 앞에서 내가 할 수 있는 것은 교리에 입각한 원칙적인 의견을 개진하는 것이 전부였다. 다행히도 가용 전투력의 부족 문제에 관해서는 육군본부에서도 많은 논의가 진행되고 있었다. 그래서 상비 사단의 추가확보 문제와 종심방어선의 신속 증원능력 발전은 정책 과제로 추진하기로 하고 전략예비 전력의 확보 문제는 좀 더 시간을 갖고 연구하기로 했다. 적진 잔류거점으로는 1차적으로 문산 축선의 ○○○고지, 임진강 적 예상 도하지점의 ○○산 거점, 철원 축선의 ○○○고지, 대성산 전방의 ○○고개 거점 등이 검토대상으로 선정되었다.

"하나의 문제를 갖고 깊이 고민하다 보면 비슷한 답이 나오게 마련이다. 그것이 직업군인의 특성이다."

토의 중에 누군가 이런 말을 했다. 어떤 이는 육군본부로 전속을 시켜줄 터이니 함께 일하자는 권유를 하기도 했다. 나는 곧 전방 대대장으로 부임해야 한다는 말로 정중히 사양을 하고 육군대학으로 복귀했다.

군사전략기획 업무에 입문

전방 대대장 임기 2년은 거의 전술진지 공사장에서 시간을 보냈다. 전 야전군이 진지공사에 전력을 집중하고 있었다. 우리 군으로서는 처음 있는 일이었다. 이 세호 참모총장께서도 전 전선을 순회하면서 장병들을 격려했다.

"이 공사가 끝나게 되면 적의 어떤 공격도 막을 수 있다. 이 진지가 제군들의 무덤이라고 생각하고 현 전선을 끝까지 사수해야 한다."

육중한 체구에 전투복이 흥건히 땀에 젖어서 고지를 오르시던 참모총장의 모습이 오랫동안 뇌리에서 지워지지 않았다.

대대장 임기가 끝나가면서 나는 앞으로의 진로에 대해 고민하지 않을 수 없었다. 정상적인 경우라면 야전에 남아서 사단이나 군단의 참모 경력을 쌓는 것이 정해진 순서였다. 그러나 지난 몇 년 동안 나는 자신의 의지와는 상관없이 자주국방의 현장에서 그 열기를 온몸으로 느끼며 살아온 터라 뭔가 내가 해야 할 일이 따로 있는 것만 같았다.

마침 그 무렵 국방대학원에 '군사전략기획과정'이 신설되어 입교 대상을 선발 중에 있다는 소식이 들려왔다. 자주국방 업무를 위한 이론과 체계를 가르치는 과정이었다. 나는 야전 경력을 포기하고 국방대학원 입교를 선택했다.

1년간의 국방대학원 교육과정이 끝나갈 무렵 나는 합동참모본부 전략기획국을 찾아갔다. 육군대학 교관 시절 선배 교관으로 모시던 박 영학 대령(소장 예편, 국방부 전력평가실장)이 군사력 건설의 주무부서인 전력계획과(율곡)의 과장으로 근무하고 있었다.

"자네가 오겠다면 나는 환영하지만 그 전에 잘 판단해봐야 할 거야."

그분 얘기로는 업무량이 많고 힘들어서 거의 날마다 야근을 해야 하고, 야간 통행금지 때문에 사무실 책상 위에서 잠을 자는 날이 많다고 했다. 그뿐만 아니라 당시 합참은 육군본부에 비해 진급 비율도 매우 낮다고 했다. 후배 장교의 장래를 생각하는 마음이 고마웠지만 그 정도의 모험과 어려움은 이미 각오한 터였다. 그때가 '79년 5월경이었다. 그리고 그 후 2001년 10월 군복을 벗는 날까지, 나는 필수 보직인 지휘관 기간을 제외하고는 거의 한 번도 그 업무를 떠나본 적이 없었다.

나는 자서전이나 회고록을 남기려는 것은 아니다. 그것을 남길 만큼 귀감이 되는 군 생활을 했다는 생각을 해본 적도 없다. 다만 우리 역사상 처음으로 타올랐던 자주국방의 불길과 그 뜨거운 열기 속에 몸과 마음을 불살랐던 사람들의 얘기들, 그 소중한 기록들을 모아서 후배들에게 전해주고 싶을 뿐이다. 끝없는 시련과 실패를 이겨내고 불가능에 도전했던 30년 대장정의, 그러나 채 완성하지 못했던 꿈과 한의 이야기를 들려주고, 그래서 후대의 누군가 다시 그 불길을 되살리고 자주국방의 대업을 완성해서 영원한 조국 대한민국의 안보를 반석 위에 올려놓고, 주권국가의 위상을 바로 세워주기를 소망하는 간절한 마음에서 이 글을 남긴다.

차 례

제1부
도전과 시련

제1장
벼랑으로 밀리는 한국의 안보

1. 북한의 대담한 도발

1968년 1월 21일 발생했던 '1·21청와대기습사건'은 정부와 군사 당국자는 물론 일반 국민들에게도 나라의 안보태세를 되돌아보게 하는 중대한 계기가 되었다. 31명이나 되는 북한의 특수전부대가 철통 같은 경계태세로 믿고 있던 휴전선을 유유히 돌파하여 3일 동안 수도권 외곽을 종횡으로 누비다가, 마침내 국가지휘부의 핵심 시설인 청와대의 턱밑까지 다가와 총격전을 벌였다는 것은 상식의 허를 찌르는 경악스럽고 충격적인 사건이 아닐 수 없었다.

휴전 이후 15년 동안 전선을 연해서 제한된 총격전이나 소수 간첩들의 침투사례 외에는 심각한 도발행위가 없었던 터라 군의 경계태세도 상당히 이완된 상태에 있었고, 정부나 국민들 역시 전쟁의 위협을 심각하게 생각하지 않을 때였다.

특히, 군사혁명으로 정권을 잡은 박 정희 정부는 전쟁으로 파탄난

국가경제와 국민들의 가난까지 고스란히 떠맡게 되어 우선 나라살림을 되살리고 보릿고개를 넘어서는 데 전력을 쏟아붓고 있었기 때문에 전쟁의 위협에 실질적으로 대비할 여력이 없는 상태였다. 다행히도 국군의 월남파병 덕분에 주한미군의 2개 보병사단이 아직 전선에 배비되어 전쟁억제력을 행사하고 있었고, 한·미 군사동맹도 그 어느 때보다 긴밀한 관계를 유지하고 있다는 것이 그나마 큰 위안이 되고 있었다.

그러나 정보기관의 분석에 따르면, 북한의 김 일성 정권은 '60년대 초부터 소련, 중공 등과 '우호협력 및 상호원조조약'을 체결하고, '4대 군사노선'을 기초로 전후의 군사력 복원과 군 장비 현대화에 심혈을 기울이고 있었다. 신형 전차와 장사정포, 항공기 등을 계속 증강하는 한편, 새로 구축된 중화학공업을 기반으로 소총과 화포, 잠수정, 고속정 등을 자체생산하고 있었다. '60년대 후반에는 월맹에 수출한 북한산 AK-47 자동소총이 베트콩으로부터 노획되기도 했다.

그뿐만이 아니었다. 북한은 휴전선을 연해서 3선의 종심진지를 요새화하고, 노농적위대, 교도대 등 예비전력을 준군사부대화하여 즉각적인 전시동원이 가능하도록 편성하고 있었다. 또한 배합전(配合戰) 개념에 따라 124군부대 등 특수작전부대를 꾸준히 증강하고 있었다. 사실상 청와대기습사건을 일으키기 전부터 북한은 이미 나름대로 전쟁준비를 완료하고 기회를 엿보는 상태였다. '67년 초부터 '69년 사이에 지상, 해상, 공중에서 파상적으로 전개되었던 북한의 대담한 도발행위는 바로 북한 정권의 전쟁에 대한 자신감의 표현이었다고 할 수 있다. 때마침 미국이 월남전에 발목이 잡혀 있는 상황도 그들에게는 놓치기 어려운 호기가 아닐 수 없었다.

'65년부터 군사분계선 남방의 미군 초소 습격, 전선 부근의 민간인 살해 및 군 간부 일가족 살해사건, 해상에서 조업 중인 민간어선 납북 등 게릴라식 도발을 되풀이하던 북한은 '67년에 들어서면서부터 한층 대담하고 공격적인 도발을 감행하기 시작했다. 그 첫 번째가 '56함(당포함) 격침사건'이었다.

'67년 1월 19일 오후 2시경, 동해 군사분계선(NLL) 부근에서 명태잡이 어선단을 호위하던 해군의 초계정(PCE) 56함을 어선 납북시도를 가장해서 북쪽으로 유인한 다음 동굴진지에 새로 배치한 122mm 해안포의 집중사격으로 격침시킨 것이다. 이 사건으로 56함의 승조원 79명 중 39명이 전사하고 14명이 중경상을 입었다.

그 충격에서 채 벗어나기도 전, 3월 22일에는 거물간첩 이 수근의 판문점 위장귀순(僞裝歸順)으로 정부 당국자와 국민을 어리둥절하게 만드는 한편, 4월 초에는 일단의 무장 공작조를 울진항 인근에 상륙시켜 지하당 조직건설을 획책했으나 안내를 맡았던 월북자의 자수로 사전에 기도가 발각되고, 당시 양평에 주둔하던 32사단의 증강된 1개 연대가 8개월간 울진-봉화에서 평창-강릉에 이르는 태백산맥을 따라 소탕작전을 실시한 바 있다.

동년 8월 하순에는 북한 무장병력이 판문점 남방 3km 지점의 미2사단 공병부대 막사를 습격, 미군 3명을 살해하고 20여 명을 부상시키는 사건이 발생했고, 9월에는 미군의 보급물자를 수송하던 화물열차를 폭파하는 사건이 일어났다. 또한 11월과 12월에는 동해상에서 조업하던 우리 어선단을 공격하여 그중 20여 척을 납북하는 사건이 있었다.

'68년 1월의 청와대기습사건이 있은 지 이틀 후인 1월 23일에는 동해의 공해상에서 임무수행 중이던 미군 정보함 '푸에블로호'가 MIG기의 엄호를 받는 북한 경비정에 의해 납북되고, 1월 25일에는 미2사단 DMZ지역(비무장지대)에 침투한 북한군이 미군 14명을 살상하고 도주한 사건이 발생해 군사적 상황을 극도로 긴장시켰다.

그러나 월남전의 수렁에 깊이 빠져들고 있던 미국으로서는 한반도에서 대규모 무력충돌이 일어나는 것을 꺼리는 입장이었고, 한국 정부 역시 단독으로 대응할 능력이 제한되었다. 이 점을 간파한 북한은 더욱 대담해져서 11월에는 '울진·삼척지구 무장공비침투사건', 이듬해 4월에는 미군 정찰기 'EC-121기 격추사건' 등으로 한반도의 상황을 계속 벼랑 끝으로 몰고 갔다.

청와대기습사건으로 충격을 받은 정부는 '69년 3월 전시, 사변 및 이에 준하는 사태에 대비하기 위하여 국가안전보장회의 산하에 '비상기획위원회'를 설치하고, UN군사령부로부터 대간첩작전 지휘권을 이양받아 합참본부장을 책임자로 하는 '대간첩대책본부'를 편성했으며, 4월에는 향토예비군설치법을 발효시켜 250만의 향토예비군을 편성, 전시동원과 향토방위체제를 갖추었다.

국민들은 연일 북한의 만행을 규탄하는 궐기대회를 열었고, 일부에서는 우리도 같은 방법으로 보복을 해야 한다는 주장이 일기도 했다. 그 과정에서 일명 '실미도부대'로 알려진 북한 침투조와 동수인 31명의 대북특공조(684부대)가 비밀리에 편성되기도 했다. 그리고 이듬해에는 북한의 특수작전부대에 대응할 2개 유격여단이 새로 편성되어 기존의 1개 공수여단과 함께 '특수작전사령부'로 통합, 발족되었다.

한편, 미국은 푸에블로호 피랍사건이 일어나자 즉각 2개 항모전단 (엔터프라이즈호, 요크타운호)을 원산 앞바다로 출동시켜 무력시위에 들어가고, UN군사령부는 전 한국군과 주한미군에 DEFCON-Ⅱ(방어준비태세-Ⅱ)를 발령했다. 전선부대들이 진지로 추진되고 전투 대기 태세에 들어갔다. 금세 전쟁이 일어날 것 같은 긴박한 순간이었다.

그러나 미국의 존슨(Lyndon B. Johnson) 행정부는 '68년 1월 월맹 군의 '구정공세(舊正攻勢)'로 월남전선이 극도의 혼미를 거듭하는 상황에서 한반도에 또 하나의 전선이 형성되는 것을 피해야 하는 입장이었다. 결국 억류된 승무원들의 석방을 위해 북한과 직접 협상을 시도하는 쪽으로 방향을 잡고 2월 초부터 판문점에서 비밀접촉을 시작했다.

미국의 강경한 대응을 기대했던 한국 정부의 실망은 컸다. 만약에 대북협상을 하게 된다면 한국군 대표의 참여 하에 '1·21사태'와 '푸에블로호사건'을 동시에 다루어야 한다는 한국 정부의 주장도 묵살되었다. 오히려 한국군의 단독 군사행동을 우려한 UN군사령부는 한때 전선 지휘관들의 차량에 유류 공급을 통제해서 한국군 간부들의 분통을 터뜨리기도 했다. 국내의 여론도 악화되고 있었다. 미국이 한국을 제쳐놓고 판문점에서 북한과 단독 협상을 벌이는 것은 한국의 주권을 무시하는 처사라는 비난이 제기되기도 했다.

존슨 대통령은 한국 내의 격앙된 분위기를 무마하기 위해 전직 국방부차관인 밴스(Cyrus R. Vance, 후에 국무장관)를 대통령특사 자격

으로 한국에 급파했다. 2월 11일 청와대에서 열린 박-밴스회담에서
는 강경대응을 주장하는 한국의 입장과 한반도에 새로운 전쟁을 피하
기 위해 당면한 위기를 비군사적으로 관리해야 한다는 미측의 입장이
팽팽히 맞섰다. 그러나 결국은 미측이 제시한 대로 한·미 간의 긴밀
한 안보협의를 위해서 연례적인 국방각료회담을 신설하고, 한국군의
현대화를 위해 팬텀기를 포함한 1억 달러 상당의 추가적인 군원을 제
공하고, M-16 소총의 한국 내 면허생산을 위한 공장건설을 지원하
는 선에서 회담이 마무리되었다. 한국군의 단독 보복 주장이나 주월
한국군의 전면철수 주장 등은 엄포로 끝날 수밖에 없었다. 국가의 안
보를 전적으로 미국의 원조에 의존해온 나라가 겪어야 하는 무력감
이었다.

2. 닉슨의 괌 선언

'68년 11월, 울진·삼척 해안으로 침투한 120여 명의 북한 124군 부대를 상대로 약 5만여 명의 군·경과 예비군이 동원되어 대규모 토벌작전을 벌이던 그 시기에 미국에서는 대통령선거가 진행되었고, 공화당 출신의 닉슨(Richard Nixon)이 제37대 미국 대통령으로 당선되었다. 보수성향의 공화당이 정권을 잡게 되자 한국의 일부 언론과 학계에서는 한·미동맹이 더욱 공고해지고, 미국의 대북정책도 한층 강경해질 것이라는 희망적인 관측이 나오기도 했다.

그러나 '월남전의 명예로운 해결(Peace with Honor)'을 선거공약으로 내걸었던 닉슨은 대통령에 취임하기 바쁘게 미국의 대외정책 및 전략목표를 수정하고, 7월에는 이른바 '닉슨 독트린(Nixon Doctrine)'으로 알려진 '괌 선언'을 발표하기에 이른다.

- 미국은 동맹국들에 대한 공약을 지킬 것이다.
- 미국은 핵보유국들로부터 동맹국들의 자유가 위협을 받을 때 방패(주: 핵우산)를 제공할 것이다.
- 다른 형태의 침략(주: 재래전)의 경우, 미국은 필요하고 타당할 경우 군사적·경제적 지원을 제공할 것이나 위협을 받는 당사국이 자국의 방위를 위한 1차적인 책임을 져야 한다.

3개의 주요 항목을 핵심으로 하고 있는 이 선언은 말미에, "미국은 우리가 현재 베트남에서 겪고 있는 것처럼 아시아의 동맹국들이 미국을 전쟁으로 끌어들일 수 있는 과도한 대미 의존적 정책을 회피해야만 할 것이다."라는 말로 끝맺음을 하고 있었다.

아시아 지역에서 미국의 군사적 개입과 역할의 전면축소를 의미하는 이 선언의 바탕에는 '베트남전의 베트남화'를 넘어서 대 중국화해(détente) 및 미·소 군비축소를 통한 냉전체제 완화 등의 밑그림이 그려져 있었다. 그리고 그것은 곧 주한미군의 감축으로 이어졌다.

괌 선언이 발표된 지 한 달쯤 지난 8월 21일부터 23일간에 샌프란시스코에서 한·미 정상회담이 열리고 두 정상이 처음으로 얼굴을 마주했다.

닉슨 대통령은 한국이 월남전에 미국 다음으로 많은 병력을 보내준 데 대한 감사의 뜻을 표하는 한편, 한국군이 북한의 위협으로부터 한국을 방어하는 데 있어 주도적인 역할을 담당할 수 있도록 성장한 사실에 찬사를 보냈다. 박 대통령은 괌 선언이 '아시아를 위한 아시아'는 물론 한국의 자주국방을 촉진하는 계기가 될 것이라고 화답했다.

주한미군의 철수나 감군에 관한 얘기는 나오지 않았다. 그러나 박 대통령은 '미국을 전쟁으로 끌어들일 수 있는 또 다른 아시아의 동맹국'이 한국을 지칭하고 있다는 것을 알고 있었고, 머잖아 주한미군의 철군 문제가 표면화하리라는 것을 직감적으로 느끼고 있었다.

한편, 샌프란시스코 정상회담에 박 대통령을 수행했던 포터(William J. Porter) 주한미국대사는 회담 하루 전에 닉슨 대통령과 개별적인 면담을 가졌다. 이 자리에서 닉슨 대통령은 주한미군의 감축이 가능할 것인가를 물었고, 자신이 하원 세입위원회(The House Ways and Means Committee)로부터 강력한 압력을 받고 있다는 사실을 밝혔다. 포터 대사는 미국이 과격한 속도를 추구하지 않는다면 단계적인 감군은 가능할 것이라고 답변했다. 이어서 닉슨 대통령은 주한미국대사관이 곧 워싱턴으로부터 감군에 대한 지령을 받게 될 것이라고 말했다.

몇 년 뒤 하원 동아시아, 태평양소위원회의 청문회에 출석한 포터는 닉슨 대통령이 아시아로부터 미국의 군사력을 감축하겠다는 자신의 선거공약을 성실히 지켰다는 것을 보여주기를 희망하는 것 같았다고 그 당시를 회상했다.[미 하원 프레이저(Fraser)소위원회 보고서, 1978, 68~69쪽] 초강대국 미국이 힘없는 동맹국들을 다루는 단면을 엿볼 수 있는 대목이라고 할 수 있다.

제2장
자주국방, 그 원대한 꿈

1. 국방과학연구소의 설립

(1) 4개월 만에 급조된 ADD

샌프란시스코 정상회담이 있은 지 한 달 후 대구에 있는 제2군사령부를 방문한 박 대통령은 참석한 군 지휘관들에게 "미군이 언제까지 한국에 주둔하리라고 기대할 수는 없다. 따라서 국군의 정예화를 위한 장기 대책을 수립하지 않으면 안 된다."는 훈시를 했다. 비록 미국 측의 공식적인 언급은 없었지만 '닉슨 독트린'이 한국의 안보에 미칠 영향을 예견하고 있었던 것이다.

이듬해인 '70년 1월 9일 박 대통령은 연두기자회견을 통해 '자립경제와 자주국방'을 국정지표로 발표했다. 그 주요 내용은 다음과 같다.

■ '70년대 말까지 완전 자립경제를 달성하고, 1인당 국민소득 500

달러와 수출 50억 달러를 넘어선다.

■ 국토통일을 위한 평화적·비평화적 모든 방안에 적극적으로 대처해나가되, 북한의 단독 침공에 대해서는 한국 단독의 힘으로 이를 분쇄할 수 있는 자주국방 능력을 확보해야 한다.

이것은 '70년대를 이끌어갈 국정의 목표와 정책의 가이드라인을 제시한 것으로 자립경제 달성의 바탕 위에서 대북 우위의 국방력을 확보해나가겠다는 국가지도자의 강한 의지를 담고 있었다.

이어서 1월 29일 국방부를 연두순시한 자리에서는 자주국방력 배양을 위해서 방위산업과 국방과학기술의 육성이 시급하다는 것을 강조하고 이를 관장할 전담부서를 설치할 것을 지시했다. 이에 따라 국방부 군수국에 '방위산업육성 담당관실'이 신설되어 본격적인 방위산업진흥정책에 착수하게 되었다.

방위산업육성에 관한 박 대통령의 구상은,

■ 기존 산업시설에 방위산업 기능을 추가하고, 없는 시설은 새로 건설하며,

■ 각 산업시설에 자체 연구소를 설치하고, 그 위에 정부 연구기관을 별도로 설립해서 기존 한국과학기술연구원(KIST)과 협조 하에 이들을 지원하고 관장하는 것이었다.

그 구상을 손수 문서로 작성한 박 대통령은 '70년 4월 정 래혁 국방부장관에게 이를 건네주며 국방과학연구소 설립을 지시했고, 초대 연구소장으로는 신 응균 예비역 중장을 사전에 지명해서 창설임무를 수

행하도록 했다.

신 응균은 창군 원로인 신 태영 전 국방부장관의 아들로 일본 육사와 과학원을 졸업했으며, 국방부차관과 외교안보연구원장을 거쳐 '66년에는 KIST 부원장으로 그 창설업무에 참여했던 사람이다. 또 현역 시절에는 초대 포병사령관으로 포병병과를 창설했으며, 포병장교인 박 정희의 직속상관이기도 했다.

철저한 보안이 유지되는 가운데 시간에 쫓기며 연구소 설립계획을 입안한 신 응균은 7월 16일 국방부장관과 함께 이를 대통령에게 보고했으며, 이것을 근거로 7월 26일에는 국무총리를 위원장으로 하는 연구소설립준비위원회가 구성되고, 다음 달인 8월 6일에 국방과학연구소(Agency for Defense Development: ADD)가 정식으로 발족되었다. 아직 연구소 설치법안도 마련되지 않은 상태에서 대통령령으로 직제를 확정하여 불과 4개월 만에 이루어진 창설과정은 연구소의 구성과 위치, 예산지원, 연구원의 신분과 직급에 이르기까지 대통령의 세밀한 사전 구상과 지침이 없이는 이루어질 수 없는 일이었다.

노량진에 위치한 육군 연구발전사령부를 모체부대로 해서 창설된 국방과학연구소(이하 ADD)는 정원 60명에 보직인원 45명으로 출발했다. 연구 인력은 육·해·공군 사관학교에서 근무하던 이공계 박사학위 소지자 8명을 창설 기간요원으로 해서 10여 명을 추가로 확보했다. 대부분 중·소령급 영관장교들로 연구개발에 경험이 없는 교수 출신 과학자들이었다.

한편, 연구발전사령부에는 '61년에 창설된 '육군기술연구소' 시절부터 10여 년간 군수물자 연구개발에 종사해온 50여 명의 연구직 기능요원들이 '연구분석실'에 잔류하고 있었다. 그들은 소속은 달랐지만 ADD 과학자들과 즉시 팀을 이루어 창설 초기의 개발과제 연구에 힘을 모았다. 그리고 1년 후에 그중 상당수가 ADD 연구원으로 신분이 전환되었다.

방위산업과 관련한 국가종합연구소의 성격으로 설립된 ADD는 창설되자마자 자체 연구개발체제를 구축하고 초기 개발과제를 선별해 연구에 착수하는 한편으로 민수산업시설의 실태조사와 군수산업으로의 전환대책 강구, 각 군이 보유한 군공창의 통폐합 및 민간 산업체와의 계열화 대책 등 방위산업 육성에 필요한 정책자료 연구에 많은 시간과 노력을 투입해야 했다. 그뿐만 아니라 연구 인력의 보충, 장비 확보, 연구소 건물 신축 등 당면한 과제로 정신을 차릴 수가 없었다.

연구소의 위치는 대통령이 홍릉에 위치한 KIST에 인접한 국유지로 미리 지정을 해놓았지만 아직 기공식도 하지 않은 상태였다. 국방부 청사 내에 방을 빌려 창설준비를 하고, 이어서 KIST의 부속건물을 빌려 한 달간 셋방살이를 하다가 다시 용산에 있는 구 국방부 건설본부의 빈 막사로, 다시 종로에 있는 보안사령부의 구 건물로 전전하면서 임무를 수행해야만 했다.(『국방과학연구소약사 제1권』), '87, 53~69쪽)

아무런 여건과 능력이 갖추어지지 않은 상태에서 다만 국가지도자의 의지와 결단에 의해서 성급하게 만들어진 국방과학연구소, 그것은 당시 급변하는 안보상황 속에서 자주국방력 확보에 쫓기던 대통령의 절박한 속마음을 들여다볼 수 있는 대목이다. 그리고 그 작은 조직이 자라서 '70년대 자주국방과 방위산업이라는 새로운 시대를 여는 핵심 동력기관의 역할을 담당하게 되었던 것이다.

(2) 긴급병기개발지시 : 번개계획

'71년 1월 18일 국방부를 연두순시한 자리에서 박 대통령은,

■ '76년까지 최소한 이스라엘 수준의 자주국방태세를 목표로 총포, 탄약, 통신, 차량 등의 기본병기를 국산화하고,
■ '80년대 초까지 전차, 항공기, 유도탄, 함정 등 정밀병기를 개발, 생산할 수 있는 기반을 확보한다는 목표를 제시했다.

누가 들어도 실감이 나지 않는 꿈같은 얘기였지만 대통령의 의지는 확고했다. 국방부는 군수국에 속해 있던 방위산업육성담당관실을 독립시켜 그 조직과 기능을 대폭 강화하고 '71년 1월에 창설된 조달본부에 기본병기 생산에 대비한 장비국을 신설했다.

한편, 청와대비서실에는 방위산업을 총괄할 경제 제2수석비서관실을 신설해서 그 자리에 오 원철 상공부 차관보를 임명했다. 오 원철은 서울공대 화공과를 졸업하고, 6·25전쟁 중에는 공군 기술장교로 근무하다가 소령으로 예편한 다음 국산 조립차인 시발자동차회사의 공장장으로 일했으며, 5·16혁명 후 국가재건최고회의 기획조사위원회 과장직에 발탁되어 박 정희와 인연을 맺고, 그 후 상공부에서 과장, 국장을 거쳐 광공전(鑛工電)차관보에 오른 전형적인 기술 관료였다. 그는 상공부장관 출신의 김 정렴 청와대비서실장과 함께 방위산업육

성에 관한 자신의 연구결과를 대통령에게 보고한 후 곧바로 경제 제2 수석비서관에 임명되어 '70년대 말까지 실질적으로 방위산업과 중화학공업을 설계하고 이끌어간 핵심적인 인물이다.

'71년 11월 10일 박 대통령은 김 정렴 비서실장을 통해 신 응균 ADD소장에게 '긴급병기개발지시'를 하달했다. 그 내용은 연말까지 소총, 기관총, 박격포, 수류탄, 지뢰, 소형고속정, 경항공기의 시제(試製)를 제작하라는 것이었다.

청천벽력과도 같은 얘기였다. 총포는 고사하고 대검 하나 만들지 못하고, 소총의 총구를 청소하는 꽂을대마저 군원(軍援)에 의존하는 실정에서 많은 종류의 기본병기를 2개월도 안 되는 기간에 국산 시제를 제작한다는 것은 상식을 초월하는 허황되고 무모한 과욕이 아닐 수 없었다. 그러나 대통령의 지시였다.

국방부와 ADD에 비상이 걸렸다. 창설된 지 1년밖에 되지 않은 ADD로서는 그 존폐가 달린 사활적인 문제였다. 소장 이하 전 간부가 머리를 맞대고 밤을 새워 며칠 만에 시행계획을 수립해서 청와대에 보고했다.

그 보고서를 기초로 청와대에서는 일단 소형고속정과 경항공기는 유보하고, 칼빈 M2 소총, M1 소총 자동화, 기관총(M1919 A4/A6), 박격포(60mm 2종, 81mm), 수류탄, 지뢰(대인/대전차), 3.5인치 로켓 발사기 등 7종을 대상 장비로 하여 1차 시제는 12월 30일, 2차 시제는 '72년 3월 말까지 완성하라는 수정지시를 내려 보냈다.

사업 명칭은 '번개사업'으로 정했다. '번갯불에 콩 튀기기 식'이라는 과학자들의 속마음을 함축하고 있었다. 성공 가능성을 믿는 사람도 없었다.

병기를 제작하려면 우선 설계도면을 포함한 기술자료(Technical Data Package)가 있어야 하고, 그것을 가공할 수 있는 정밀기계공업이 뒷받침되어야 한다. 당시 국내의 공업 수준은 트랜지스터라디오, 자전거, 재봉틀을 조립·생산하는 수준이었다. 군수산업체는 전무한 상태였다. 그러한 상황에서 무기의 시제를 만드는 것은 무에서 유를 창조하라는 것과 같았다. 그것도 1개월 남짓한 짧은 기간에….

ADD 과학자들은 대상 병기별로 임무를 분담하고, 없는 설계도면은 현품을 역설계(Reverse Engineering)하고, 사업 참여를 꺼리는 민간업체들을 설득해서 시제계약을 체결했다. 이때 참여한 업체들은 주로 농기구, 재봉틀, 라디오, 자전거 등을 생산하는 회사로 당시에는 한국을 대표하는 산업체들이었다. 그리고 그때부터 과학자와 산업체의 기술진이 혼연일체가 되어 불철주야 피를 말리는 강행군을 계속했다. 그리고 마침내 기적을 이루어냈다. 사업에 착수한 지 불과 한 달 만인 12월 중순까지 전 대상 병기의 시제제작을 완료한 것이다.

사업이 진행되는 과정에서 청와대는 매일의 진척상황을 서면으로 보고받았고, 시제품이 완성될 때마다 대통령은 현품을 직접 확인했다. 그리고 오 원철 수석은 수시로 현장을 찾아서 과학자와 기술진을 독려했다.

한편, 성품이 온화하고 합리적이었던 신 응균 ADD소장은 기간 중에 누적된 정신적 긴장과 과로로 건강을 해쳐 이듬해 2월 소장 직을 떠나고 후임으로는 심 문택 박사가 임명되었다. 심 문택은 서울공대 화학과를 졸업하고 미국 인디애나대학에서 물리화학 박사학위를 받은 사람으로, '71년 8월 과학기술처장관으로 발탁된 최 형섭 원장의 뒤를 이어 KIST원장 서리로 근무하다가 ADD소장으로 전보되었으며, 이후 약 10년 동안 국방과학기술의 사령탑으로 자주국방의 견인차 역을 담당한 선구자의 한 사람이다.

12월 하순부터 1월 초까지 시제병기의 시험사격을 마친 연구팀은 곧바로 2차 시제제작에 매달렸다. 이번에는 M79 유탄발사기와 M72(66mm) 휴대용 대전차로켓이 추가로 포함되었다. 마침 그 무렵 한·미 국방장관회의('71년 7월)의 합의에 따라 미 국방성이 ADD에 기술지원팀을 파견해주어서 각종 설계도면과 기술자료 획득이 용이해졌고 보다 정밀한 시제제작이 가능하게 되었다.

'72년 4월 3일, 의정부에 있는 제26보병사단 사격장에서 대통령과 3부 요인, 군 지휘관과 생산업체 대표들이 참석한 가운데 2차 시제장비에 대한 공개 시범사격이 실시되었다. 건국 후 최초로 우리 기술로 제작한, 그것도 4개월이라는 단기간에 번개처럼 만들어낸 '번개사업 장비'의 성능을 공개적으로 확인하는 역사적인 행사였다.

시범은 소총사격으로부터 40mm 유탄발사기 순으로 진행되었고, 3.5인치 및 66mm 대전차로켓과 대전차지뢰의 시범 때는 폐전차 2대를 과녁으로 삼아 그 위력을 확인하기도 했다. 시범은 대성공이었다. 단상에서는 박수가 끊이지 않았다.

마지막 순서는 박격포 효력사(일제사격)로 전방 능선에 원형으로 그려놓은 표적에 전 박격포탄이 일제히 명중했을 때는 모든 사람들이 일어서서 박수를 치고 환호했다. 감격해서 눈물을 흘리는 사람도 많았다. "우리도 할 수 있다." "하면 된다."는 자신감과 '자주국방'에 대한 의지를 함께 공유하는 순간이기도 했다.

우리의 자주국방은 그렇게 시작되었고, 그렇게 해서 험난한 대장정의 첫 이정표를 세우게 되었던 것이다.

번개사업은 4월 1일부터 9월까지 세 차례의 시제사업을 통하여 기본병기와 통신장비, 개인 장구류에 이르는 국산장비의 제작 능력을 갖추고, '73년부터 향토예비군 20개 사단의 무장을 목표로 양산에 들어가게 됨으로써 실질적으로 군 전력증강에 큰 기여를 하게 되었다.

2. 현대화5개년계획

(1) 미7사단 철수

'70년 1월 초, 주한미군사령부는 향후 5년간 미국의 무상군원 10억 달러 상당을 전제로 해서 한국군의 현대화에 필요한 무기 및 장비소요를 리스트로 작성하여 제출해달라는 요청을 국방부로 보냈다. 과거에 한 번도 없던 일이었다. 더구나 10억 달러라는 엄청난 규모의 액수였다.

이것을 받아본 합동참모본부(이하 합참)의 핵심 간부들은 직감적으로 주한미군의 주둔정책에 어떤 변화가 일어나고 있다는 것을 간파할 수 있었다. 그러나 미측은 '66년에 작성된 '브라운 각서'를 그 근거로 제시했다.

브라운 각서란 '66년 미국이 한국군 1개 사단의 추가 파월을 요청할 때 주한미국대사 브라운(W. G Brown)을 통해 한국 정부에 전달한 군수 및 경제협력에 관한 16개 항으로 된 각서로, 그 가운데는 "대한민국 국군의 현대화계획을 위하여 앞으로 수년 동안에 상당량의 장비를 제공한다."는 조항이 들어 있었다. 그러나 그 구체적인 품목과 수량, 시기가 명시되어 있지 않아서 그동안 거의 사문화되어가는 구절이었다.

합참과 주한미군사령부 간에 실무위원회가 구성되고, 합참에서는 작전·전략기획국장 최 석신 소장이 책임자로 임명되었다. 최 소장은 미국 포병학교와 합동참모대학 과정을 거쳐 미 국방산업대학 국가안보과정을 이수한 몇 안 되는 기획 전문가로 박 대통령의 지명에 의해 '69년 말에 보병 제1사단장을 마치고 합참으로 전보된 사람이었다.

박 정회 준장이 포병학교 교장 시절 참모로 근무한 인연이 있었다. 그가 합참에 와서 처음 수행한 과업은 '합동연구개발 5개년계획'을 만드는 일이었다. 창설단계에 있는 ADD의 과제 선정과 연구개발 통제를 위한 종합적인 목표기획서였다.

한·미실무위원회에 참석한 최 소장은 미측을 향해 이미 공공연한 비밀이 되고 있는 주한미군의 감축문제를 한국군 현대화계획과 연계하여 토의하는 것이 보다 합리적이라는 주장을 폈다. 그러나 미측은 주한미군 감축문제는 아는 바가 없다고 부인을 하면서 노골적으로 불쾌한 기색을 보여 토의가 원만히 진행되지 못했다. 이 사실은 미국대사관을 통해 즉각 외무부로 통보되었고, 외무부는 합참에 부적절한 발언을 시정해줄 것을 요청했다. 결국 이 문제는 "실무위원회에서는 철군문제를 거론하지 말라."는 대통령의 친필 지시에 의해 마무리되고 회의가 속개되었다.

그런 일이 있은 지 얼마 후인 7월 6일 포터 미국대사는 정 일권 국무총리를 방문해서 주한미군 1개 사단 규모의 철군계획을 일방적으로 통보하기에 이른 것이다.

미 대사관의 철군통보가 있은 직후 합참에서는 미측에 제시할 우리의 대응카드로 '주월 한국군의 조기철수 안'을 국방부에 건의했고, 며칠 후 국방부장관은 포터 대사를 만나 군부의 뜻을 전달했다. 그러나 그의 반응은 냉담했다. "할 수 있으면 하라."는 태도였다. 외화가 궁핍해서 연인원 수백 명의 광부와 간호사들을 외국에 내보내는 나라에서 막대한 외화 수입원이 되고 있는 주월 한국군을 임의로 철수하는 것이 결코 쉬운 일이 아니라는 것을 미리 계산하고 있었던 것이다. 그뿐만이 아니었다. 한국이 독단적으로 철군을 강행한다 해도 그 병력을 수송할 능력도 없었다. 해군이 가진 수송수단은 몇 척의 LST상륙정이 전부였고 민간 수송능력도 소형 연안여객선에 불과했다. 5만 명이 넘는 대군을 싣고 남지나해를 건널 능력이 한국에는 없었다. 가난한 약소국이 겪을 수밖에 없는 참담한 비애였다.

7월 20일부터 22일 사이에 정 래혁 국방부장관과 패커드(William Packard) 미 국방부차관을 대표로 하는 연례 한·미국방각료회담이 하와이에서 개최되었다. 합참을 대표해서 최 소장이 회담에 배석했다. 그 자리에서 미측은 자신들이 일방적으로 작성한 10억 달러 상당의 한국군 현대화지원계획을 제시했다. 그 문서를 본 한국 측 대표들은 경악을 금할 수 없었다. 거기에는 주한 미1군단과 1개 사단이 운용 중인 주요 장비가 그대로 목록화되어 있었다. 어네스트 존 단거리 로켓을 비롯하여 175mm 평사포, 8인치/155mm 곡사포, M48 전차, 호크(Hawk)·나이키 허큘리스(Nike Hercules) 방공미사일, 발칸포 등이었다. 신규로 제공되는 장비는 F-5 전투기 2개 대대와 잉여장비인 C-123 수송기, 퇴역 구축함 정도였다.

한국 측 대표는 그 문서의 접수를 거부했다. 토의나 합의가 이루어질 수 없는 문제였다. 더구나 주한미군의 철군문제는 각료회담의 의제로 상정하지 않는다는 사전 양해가 이루어진 상황이었다. 결국 각료회담은 양측의 상반된 입장을 확인하는 선에서 끝나고 말았다.(최석신 기고문, 박 정희 대통령의 자주국방, 박 정희기념사업회지 제12호, 2007년)

각료회담에서 명확한 합의를 이루지 못하자 8월 24일에는 애그뉴 (Spiro T, Agnew) 미 부통령이 특사 자격으로 한국을 방문했다. 25일과 26일 두 차례에 걸쳐 박 대통령과 애그뉴 부통령 사이에 실시된 회담에서 주한미군의 철수는 2만 명을 넘지 않는다는 선에서 양해가 이루어졌고, 한국군 현대화 지원을 위한 협의를 계속하는 것으로 합의했다. 그러나 귀국하는 비행기 안에서 애그뉴는 기자회견을 열고 "한국군의 현대화가 완성되면, 아마도 5년 이내에 주한미군은 완전 철수하게 될 것이다."라고 말해서 또 한 번 한국 정부를 당혹스럽게 했다.

주한미군 감축과 관련한 한국군 현대화계획은 한·미 양측의 의견이 팽팽히 맞선 가운데 해를 넘겨가면서 서울과 워싱턴에서 협의가 계속되었다. 서울에서는 한·미군사실무위원회가, 워싱턴에서는 김동조 주미대사가 미 국방성을 상대로 협의를 진행했다. 결국 '71년 2월 미국의 한국군 현대화 지원은 총 15억 달러 규모로 결정되었고, 주한미군 철군에 따른 부속합의서를 완료해서 서울과 워싱턴에서 동시에 발표하기에 이르렀다. 그 주요 내용은 다음과 같다.

■ '71년 6월까지 미7사단을 기간으로 1만 8,000명의 주한미군을 감축한다.
■ 미2사단을 후방으로 배치하고 155마일 전 전선을 한국군이 담당한다.
■ 한국군현대화에 필요한 15억 달러를 지원한다.
■ 한·미국방각료회담을 한·미연례안보회의로 격상시킨다.

'71년 3월 27일 미7사단은 24년에 걸친 한국 주둔을 끝내고 미국 워싱턴 주 포트루이스(Fort Lewis)로 철수한 후 해체되었다. 그러나 철군 예정이었던 미1군단은 양국의 합의에 따라 7월 1일 '한·미1군단(집단)'으로 개편되었고, 미측은 그때부터 주한미군의 병력수준을 정기적으로 한국 측에 통보하기로 합의했다. 그리고 그해 4월 1일부로, 창군 이래 한국군의 전반적인 운영과 작전에 깊이 관여해오던 미군사고문단(KMAG)을 해체하고, 주한미군사령부에 합동군사지원단(JUSMAG-K)을 새로 편성했다.

한편, 박-밴스회담에서 합의되었던 M-16 소총 공장 건설은 그동안 여러 가지 이유로 시간을 끌다가 마침내 '71년 3월 정 래혁 국방부장관과 미국의 콜트회사 사장 사이에 면허생산협정이 체결되어 다음 달 경남 양산에서 공장 기공식을 갖게 되었다. 이것은 국내에 건설되는 최초의 병기공장으로 군 전력증강은 물론 한국의 독자적인 무기개발에 중요한 촉매 역할을 담당하게 되었다.

(2) 군장비현대화 5개년계획

합참은 미측과 철군보완대책에 관한 협상을 계속하는 한편으로 '71~'75년을 대상기간으로 하는 '현대화5개년계획' 작성을 병행했다. 주한미군의 인수장비 및 해외도입장비의 확보계획과 부대창설 및 배치계획, FMS차관의 연차별 사용계획과 원화 배정계획 등을 포함한 중기계획문서로서 한국군이 작성한 최초의 기획문서라고 할 수 있었다.

현대화5개년계획은 당시 북한군의 절반 수준에 불과하던 우리 군의 전력을 전반적으로 개선하는 데는 턱없이 미흡했지만 장차 군사력을 질적·양적으로 발전시켜나갈 수 있는 동기와 가능성을 열어주게 되었다는 점에서는 중요한 의미를 지니고 있었다.

군의 기본화기를 2차 대전 당시의 유물인 M1 소총으로부터 현대식 M-16 자동소총으로 교체하게 된 것은 획기적인 변화였다. 구형 M47 전차 400여 대를 보유했던 육군이 420대의 M48 전차를 추가로 확보하면서 취약했던 대기갑전(對機甲戰) 능력을 보완하고, 기계화보병 사단과 기갑여단을 새로 편성하여 기동전 능력을 키워나갈 기반을 구축하게 되었다. 또한 대구경 장거리포와 유도무기의 보유는 지상군의 교전 범위를 크게 확장시키는 효과가 있었다.

해군은 3,000톤급 구축함과 고속정(CPIC) 등을 갖게 되면서 그때까지 북한 고속정들의 독무대나 다름없던 연안 해역(海域)에서 점차 해상우세권을 회복해나가기 시작했다. 또한 S-2대잠초계기의 신규 도입으로 입체적인 대잠전(對潛戰) 능력을 구축해나갈 수 있게 되었다.

공군 역시 F-86 전투기 130여 대를 단계적으로 F-5 신예기로 교체해나갈 수 있게 되었다. 이것은 공군의 주력 기종이 초음속시대로 진입하게 된다는 것을 의미하고 있었다.

그럼에도 불구하고, 현대화계획이 최초의 약속대로 일관성 있게 추진된 것은 아니었다. 총 15억 달러 중 주한미군 철수부대(7사단)의 잉여장비 전환에 해당하는 2억 5,000만 달러를 제외한 12억 5,000만 달러는 집행 전에 미 의회의 승인을 받아야 하는 수권자금(授權資金)이었다. 매 회계연도마다 의회의 까다로운 승인절차와 정책의 변동으로 '75년까지 그중 약 70%가 계획대로 추진되고 잔여분은 대부분 FMS(Foreign Military Sale)차관과 유상구매로 전환되어 결국 한국 측이 부담하게 되었다.

한국 정부가 독자적인 전력증강에 착수하게 되면서 현대화계획의 잔여 부분은 국방8개년계획(율곡계획)에 통합해서 추진하게 되었다.

3. 수도권 고수방어개념의 정립

(1) 태극 72계획

미7사단이 철수를 완료하고, 그동안 문산 축선에 배치되어 속칭 인계철선(Tripwire)의 역할을 담당하던 미2사단이 후방지역으로 이동을 완료한 '71년 6월경 박 대통령은 서 종철 육군참모총장에게 '자주국방을 위한 독자적인 전쟁계획'을 수립하도록 지시했다. 아직 UN군사령부가 실질적인 작전지휘권(통제권)을 행사하고, 4만 명 이상의 미군이 주둔하고 있었지만 장차 있을지도 모르는 미국의 돌발적인 정책변화에 대비하여 유사시 한국군 단독으로 전선을 방어할 대책을 강구할 필요가 있었다. 극비사항으로 보안을 철저히 유지하라는 당부도 있었다.

육군본부 작전참모부에 '전쟁기획위원회'가 구성되고, 전군에서 작전 분야에 전문성이 있는 20여 명의 중 · 대령급 장교들이 선발되었다. 그러나 전쟁계획을 직접 기획해본 사람은 한 사람도 없었다. 6 · 25전쟁 발발과 거의 동시에 작전지휘권(통제권)을 UN군사령부에 위임했던 한국군은 고작 군단급 이하의 작전계획을 취급해본 경험이 전부였고, 국방부, 합참 또는 육군본부 차원에서 한국방어를 위한 전쟁수행계획을 수립해본 경험은 없었다. 그래서 기존의 한국방어계획을 분석해서 문제점을 도출하고, 그것을 보완하는 방향으로 문제해결에 접근하는 수밖에 없었다.

당시 UN군사령부 한국방어계획(작계 5022)의 기본 작전개념은 북한의 선제 기습공격으로 현 전선 유지가 곤란할 경우 한강 선까지 전선을 축차적으로 후퇴하면서 지연전을 실시하다가 해외로부터 증원군이 도착하면 전선을 재정비해서 반격작전을 실시하는 개념이었다. 이것은 곧 한강 선 이북의 수도권을 적에게 양보하는 것을 전제로 하고 있었다.

그러나 6·25전쟁 당시와는 달리 남한 인구의 3분의 1과 정치, 경제, 교육시설이 밀집해 있는 수도권을 상실한다면 전쟁은 이미 돌이킬 수 없는 파국을 맞을 수밖에 없었다. 그뿐만 아니라 북한이 만약에 수도권을 점령한 후 휴전협상으로 전술을 바꾼다면 미국을 비롯한 국제사회의 여론이 어떻게 변할지도 알 수 없는 일이었다. 따라서 수도권의 안전은 어떤 희생을 감수하고라도 반드시 확보하지 않으면 안 되는 절대적 명제가 아닐 수 없었다.

다음은 증원전력의 문제였다. 한강 선에서 전선을 재정비하여 반격작전을 실시하기 위해서는 요망되는 해외 전력의 적시 증원이 선결요건이었지만 그 규모와 도착시기가 어디에도 명시되어 있지 않았다. 실체가 없는 개념계획에 불과했다. 더구나 닉슨 행정부의 정책변화로 주한미군이 감축되는 상황에서 대규모의 증원전력을 기대하는 것은 실현 가능성이 희박한 희망사항으로 끝날 수도 있었다. 그러므로 유사시 최악의 상황에서 북한의 공격을 저지하고 수도권을 확보하기 위해서는 한국군의 전력증강이 필수적인 요소로 대두되고 있었다.

당시 육군은 제1야전군사령부 예하에 5개 군단, 18개 상비사단과, 후방지역을 담당하는 제2군사령부 예하에 10개 예비사단을 보유하고 있었다. 그중 2개 상비사단을 월남에 파병하고, 그 전력 공백을 메우기 위하여 조치원에 배치된 32예비사단을 임시로 증편해서 야전군에 배속하고 있었으므로 즉각적으로 가용한 상비사단은 17개 사단이었다.

전선방어를 책임지는 제1야전군은 155마일 전선(FEBA 'A')에 10개 사단과 1개 해병여단을 배치하고, 군단 예비로 5개 사단, 군 예비로 2개 사단을 집결 보유하고 있었다.

전방사단의 방어 정면은 평균 40~70km로 교리상의 표준 정면에 비해 2~3배에 달했으며, 제2방어선인 FEBA 'B'에는 1개 군단 정면에 1개 사단, 제3방어선인 FEBA 'C'에는 배치할 부대도 없었다. 그뿐만 아니라 전선에는 진지도 준비되어 있지 않았다. 적의 포병화력으로부터 엄폐를 받을 수 있는 유개(有蓋)진지로는 기관총진지가 있을 뿐 나머지는 교통호와 산병호가 전부였다. 이런 상태에서 장차 투입이 예상되는 적 52개 사단(투입 43, 전략예비 9) 규모의 공격을 저지하고 수도권을 사수한다는 것은 의지와 계획만으로 이루어질 수는 없는 사항이었다.

UN군사령부의 반격계획 역시 그 개념이 모호한 것이었다. 한강 선을 최후방어선으로 하여 적의 공격을 저지하고, 전선을 재정비하여 반격작전을 실시한다는 작전개념은 명시되어 있었지만 그 개념을 구현할 구체적인 계획은 준비되어 있지 않았다. 반격작전의 목표도 현 전선(휴전선)의 회복에 있었고 그 이후의 계획에는 언급이 없었다. 적의 기습공격으로 막대한 희생을 치른 후에 반격작전으로 전환해서 고작 휴전선을 회복하는 선에서 전쟁을 끝낸다는 것은 한국군의 입장에서는 받아들이기 어려운 개념이었다. 만약에 한반도에서 다시 전쟁이 재발한다면 반드시 우리의 숙원인 국토통일을 이루어야 한다는 것이 당시 군인들뿐만 아니라 국민들의 일반적인 통념이었다. 물론 그것을 달성할 능력이 있느냐, 없느냐 하는 문제를 심각하게 따져본 적은 없었다.

　현행 한국방어계획에 대한 정밀한 분석을 통해 많은 문제점과 취약점을 식별하게 된 육군본부는 진행 중인 과업이 일회성으로 끝나서는 안 된다는 판단에서 '72년 2월에 '전쟁기획위원회'를 상설기구인 작전참모부 '전쟁기획실'로 확대, 개편하고 그동안 도출된 문제와 개념을 바탕으로 독자적인 전쟁수행계획인 '태극 72계획'을 수립해서 그해 4월 '을지연습' 훈련장에서 대통령에게 보고했다.

　보고를 받은 박 대통령은 그 계획을 장군급 장교들에게 교육을 시키고 광범위한 토의를 통하여 계획을 구체적으로 발전시켜나갈 것을 지시했다. '태극 72계획'은 국가 전쟁수행을 위한 개념계획 수준의 전쟁기획문서였기 때문에 이를 군사적으로 구현하기 위해서는 작전 수준의 전역계획(戰役計劃)을 발전시켜나갈 필요가 있었다. 특히 개전 초기의 공세적 방어와 반격계획은 한국군이 독자적으로 발전시켜나가야 할 과제였다.

　육군분부에서는 이 임무를 육군대학에 부여했다. 아울러 육군대학 내에 장군급의 전술토의를 위한 대강당을 건립하도록 지시했다.

　공세작전과 반격 단계를 위한 전역계획 수립 과제는 육군대학 대부대학처가 맡게 되었는데 당시 교관이던 장 준익 중령(중장 예편, 국회의원)을 중심으로 팀을 편성해서 약 3개월의 노력 끝에 계획의 초안을 완성하고, '73년 7월경 새로 신축된 대강당(통일관)에서 국방부장관과 각 군 참모총장을 비롯한 군 수뇌들이 배석한 가운데 대통령에게 보고하고 승인을 받았다. 그리고 그해 8월부터는 장군급 장교 20명을 1개조로 편성해서 2박 3일간 육군대학에서 교육 및 토의를 실시하는 일명 무궁화회의를 갖게 되었다.(장 준익,『북한 핵위협 대비책』, 서문당, 2014, 99~104쪽)

'태극 72계획'에서 제기되었던 가장 중요한 변화는 '수도권 고수와 공세적 방어개념'이었다. 이것은 당시 미군들 사이에 '50마일 후퇴(50 miles retreat)'로도 불리던 UN군사령부 작전계획의 축차적 방어계획을 전면 부정하고 현 전선에서 결전을 시도하여 수도권을 사수한다는 개념이었다.

다음은 반격작전 단계에서 현 전선을 회복한 후 지체 없이 공격을 계속하여 수도권의 안전범위를 약 100km(멸악산맥 선)로 확대한 후, 상황에 따라 북으로 공격을 계속한다는 개념이었다. 이것은 한국군의 의식구조와 전쟁수행개념을 한꺼번에 바꾸는 대변혁이었다. 그리고 그 변혁을 통해서 군은 국방의 주체의식을 새롭게 다지는 계기를 맞게 된 것이다. 그뿐만 아니라 이 계획은 장차 군의 전략과 대비태세 발전은 물론 초기의 군사력건설에도 가이드라인을 제공했다는 점에서 큰 의미를 지니고 있는 것이다.

(2) 작전계획 5027-74

한국군이 발전시킨 새로운 작전개념은 작전지휘권(통제권)을 행사하는 UN군사령부의 기존 계획과 충돌이 불가피한 사안이었다. 철저한 대미(對美) 보안이 필요했다. 그래서 '태극 72계획'은 1급 비밀로 분류해서 극히 제한된 인원만 열람이 가능하도록 조치했다. 그러나 이 문제는 의외로 쉽게 실마리가 풀려버렸다. 우연이라고 할 수도 있고 요행이라고도 할 수 있다.

'73년 여름에 한·미1군단(집단)장으로 부임한 홀링스워스(James F. Hollingsworth) 중장은 UN군사령부 작전계획을 검토한 후 "이것은 전쟁에 이기기 위한 계획이 아니라 지지 않기 위한 계획"이라고 혹평을 했다. 그는 2차 대전 당시 패튼(George S. Patton) 장군 휘하의 북아프리카전선에서 특수임무부대를 지휘하여 용맹을 떨쳤던 전차 지휘관으로 전형적인 공격형 군인이었다. 한국에 부임하기 전에는 월남전선에서 미24군단을 지휘하기도 했다.

홀링스워스 장군은 UN군사령부를 통해 미 태평양사령부와 합참의 승인을 받아 새로운 한국방어계획 수립을 위한 본격적인 작업에 착수했다. 이 과정에서 그는 한국군 전선 지휘관들을 포함하여 육군본부의 작전 관계자들과 광범위한 의견교환을 실시했다.

한국군 장군들은 이미 무궁화회의(태극 72계획)를 통해 토의된 내용을 기초로 논리적이고 일관성 있는 의견을 제시할 수 있었고, 대부분 홀링스워스 장군의 작전개념과도 맥을 같이하는 것이었다. 홀링스워스 장군은 자신감을 갖고 자신의 작전구상을 구체화하여 다음 해에 새로운 한국방어계획을 완성했다. 이것이 곧 '작전계획 5027-74'로서 최초로 만들어진 5027계획인 것이다.

'작계 5027-74'의 기본 개념은 '전방방어'와 '공세작전' 그리고 '단기결전'으로 요약할 수 있었다. 즉, 북한의 기습공격을 받을 경우 현 전선 결전방어로 적의 공격을 저지하는 한편, 미2사단을 주축으로 하는 공세기동부대로 B-52전략폭격기의 강력한 화력지원과 측방엄호 하에 기습적으로 개성을 점령하여 적 공격제대의 균형을 와해시키고, 추가적인 증원전력의 투입으로 공세 기세를 유지하면서 최단 시간 내에 평양을 점령하여 적의 전쟁수행 능력을 파괴해버린다는 개념이었다. 작전에 소요되는 기간을 총 9일로 판단했기 때문에 일명 '9일 작전계획'이라고도 했다.

이것은 일종의 역공격(Counter Offensive) 개념으로 2차 대전 초기 독일군이 사용했던 전격전(Blitzkrieg)과 미국의 패튼 전차군단이 북아프리카전선과 시칠리아 침공 시 사용했던 공세기동전과 유사한 개념이었다. 미 합참의 승인이 유보되어 문서상으로는 명시되어 있지 않았지만 필요시 '전술 핵' 사용까지를 고려한 계획으로 알려지고 있었다.

새로운 작전계획 수립을 통해 한국군과 UN군사령부 사이에는 수도권의 절대 고수와 반격 단계에서 현 휴전선 이북으로 공세를 확대한다는 데 완전한 개념의 일치를 보게 되었다. 그리고 그때부터 한국방어계획을 수정할 때는 한국군이 능동적으로 참여하는 여건이 조성되었다.

수도권의 고수개념에 따라 육군은 전방 사단의 방어력을 보강하기 위하여 3개 대대 형의 보병연대를 4개 대대로 증강하는 개편작업에 착수하는 한편, 육군대학에 지시해서 '고수방어' 교리를 정립하고 교범을 제작해서 전군 순회교육을 실시하도록 했다. 그리고 현 전선의 방어 강도를 보강하기 위해 '74년부터 창군 이래 최대 규모의 전술공사를 실시하여 각 방어선상의 대대 거점을 콘크리트로 요새화하고, 개활한 평야지대에는 대전차 방벽을 구축했다.

전시 신속 동원과 전선 증원능력을 강화하기 위해 4개 전투준비사단과 6개 후방경비사단으로 구성된 예비사단을 10개 전투준비사단으로 편제를 통일하고, 추가로 향토예비군을 기간으로 하는 11개 방위사단을 새로 편성하는 계획을 발전시켰다.

또한 미국의 갑작스러운 정책 변화로 주한미군이 철수할 경우 한·미1군단(집단)을 대신해서 서부전선의 작전을 책임질 지휘기구로 제3야전군사령부를 '73년 7월 1일부로 창설했다. 이것은 미군의 주둔 정책에 상관없이 '80년대 초까지는 전 전선에 대한 한국군의 독자적인 작전지휘체제를 완비하겠다는 확고한 의지를 보여주는 것이기도 했다. 그리고 이 모든 과업들을 일관성 있게 추진해나가기 위하여 육·해·공군참모총장(육군 이 세호, 해군 황 정연, 공군 주 영복)의 임기를 5년('74년~'79년)으로 연장하는 한시적인 특별조치를 강구하기도 했다.

4. 방위산업 기반구축

(1) 방위산업과 중화학공업 육성

번개사업 대상 장비의 1차 시제를 성공적으로 마치고 ADD 과학자들이 2차 시제제작에 몰두하고 있던 '72년 2월 박 대통령은 처음으로 방위산업육성회의를 소집했다. 총리, 부총리와 경제부처 각료, 과기처장관과 국방부장관, ADD 소장 등이 참석했다. 이 회의는 방위산업 육성을 위한 군·산·학(軍産學) 총력체제 확립에 주안을 두고 열렸다. 구체적인 내용은 당시 주무 책임자였던 오 원철 수석이 상세한 기록을 남기고 있다.(오 원철,『한국형 경제건설 제5권』, 기아경제연구소, '96. 9. 12, 75~78쪽, 187~190쪽)

이날 회의에서는 병기개발의 기본방침과 병기의 생산체계, 기술동원에 관한 문제들이 중점적으로 다루어졌던 것으로 전해지고 있다.

병기개발의 기본방침은 군·산·학 총력체제의 바탕 위에서 ADD가 시제개발과 생산품의 규격 및 성능검사의 책임을 지도록 하고, KIST(한국과학기술연구원)는 장기 개발 품목을 담당하도록 해서 두 연구기관 간의 불필요한 경합과 중복을 배제하고 ADD 중심의 병기개발체제를 명확히 했다. 그리고 ADD에 전문가 그룹인 '병기개발기술위원회'를 구성하고, 국방부(합참)에 과제선정위원회를 설치해서 개발과제에 대한 사전분석과 타당성을 강화하도록 했다.

또한 기술적으로 낙후된 분야는 외국과 제휴하여 기술도입을 적극 추진하고, 국내외에 거주하는 한국인 병기개발 전문 인력의 활용 대책과 기술인력 양성을 위한 장학생제도의 도입, 군에 입대한 기술계 졸업생의 활용 방안 등이 논의되고 방침으로 결정되었다.

병기생산의 기본방침은 민수산업을 기반으로 한 병기생산체제를 구축해서 방위산업과 민수산업을 병행해서 육성하는 것이었다. 다른 선진국들처럼 무기체계별로 전용 생산시설을 갖추지 않고 모든 병기를 부품별로 구분해서 계열화된 생산업체에 배분하고, 생산된 부품을 군공창이나 지정된 조립업체에서 납품받아 최종적으로 무기체계를 완성하는 방식이었다.

이것은 한국이 처음 채택한 독특한 병기생산방식으로 방위산업 초기의 대규모 시설투자 소요를 최소화하면서 기존 민수산업시설을 최대한 활용함으로써 불필요한 중복 투자를 막고, 병기생산의 시기를 앞당길 수 있다는 이점이 있었다. 그뿐만 아니라 장기적으로 병기소요의 변동에 따른 생산시설의 유휴와 업체의 경제적 손실을 최소화하는 한편, 유사시 병기의 대량생산 요구에 부응하기가 용이하다는 장점도 지니고 있었다. 한국과 같이 자본과 기술력에서 뒤떨어진 개발도상국가가 선택할 수 있는 가장 합리적이고 실현 가능한 방위산업 육성전략이라고 할 수 있었다.

10월에는 또 한 차례의 방위산업육성회의가 열렸는데 여기에서는 '번개사업 장비의 양산계획', '방위산업체 지정'과 '원가계산제도', '군의 과학화를 위한 대책' 등 구체적인 사안들이 논의되었다.

40mm 유탄발사기와 60mm/81mm 박격포, 대전차로켓포, 분·소대용 무전기와 개인 장구류 등은 '73년부터 양산을 개시하고, M16 소총은 '74년부터 양산에 들어가기로 했다. 한편, M1과 칼빈 소총은

현역병에게 M16 소총을 지급하고 교체되는 물량을 예비군으로 전환하기로 하고 양산은 하지 않기로 했다.

방위산업체 지정은 개발생산업체와 분야별 시제업체로 분류해서 총 58개 분야 29개 업체를 1차로 지정했다. 당시로는 한국을 대표하는 산업체들이었다. 기능 분야별로 복수업체 지정 원칙을 적용해서 유사시 병기생산의 안전성을 확보할 수 있도록 했다.

원가계산은 KIST와 한국개발연구소(KDI)가 공동으로 책임을 맡아 객관적이고 과학적인 방법으로 원가계산에 대한 기본 방침을 수립해서 관계 장관회의에 상정하고, 여기에 적정 이윤을 가산해서 납품가격을 결정하는 방식을 채택했다.

군의 과학화는 박 대통령의 깊은 관심사항이었다. 장차전은 과학전이며 과학화된 군대만이 승리할 수 있다는 것이 대통령의 지론이었다. 우수한 병기를 개발, 생산하고 이를 정비유지하고 운용하기 위해서는 군의 과학화가 절실하다는 관점에서 광범위한 대책들이 논의되었다. 후에 기술부사관 육성 전문교육기관으로 설립된 '금오공고'도 이러한 논의의 결과로 이루어진 것이다.

10월회의 중 특기할 사항은 이날의 모임에서 '방위산업 육성'과 '중화학공업 육성'의 두 가지 안건이 동시에 다루어졌다는 사실이다. 그동안 대통령과 핵심 참모들 간에 내부적으로 토의되고 연구되어왔던 중화학공업 육성에 관한 구상이 처음으로 공론화된 것이다.

방위산업이란 중화학공업의 뒷받침 없이는 성립될 수 없는 것이었다. 따라서 방위산업 육성은 중화학공업 육성을 전제로 논의될 수밖에 없었다. 기술력과 경제력이 미약한 후진국의 입장에서는 모험적이고 힘겨운 도전이 아닐 수 없었다. 회의적인 의견이 대부분이었고, 경제부처장관들도 100억 달러에 이르는 천문학적 예산소요에 답변을 못 하고 머뭇거렸지만 대통령의 의지는 확고했다. 결과적으로 한국의 중화학공업은 안보상의 위기의식 속에서 방위산업 육성을 통해 자주국방을 달성하겠다는 국가지도자의 강한 집념에 의해 그 시기가 앞당겨졌다고 말할 수 있었다.

'73년 1월 12일 박 대통령은 전 국무위원을 배석시킨 가운데 연두기자회견을 통해 '중화학공업 선언'과 '국민 과학화 선언'을 발표했다.

"… 정부는 이제부터 중화학공업 육성을 위해 전력을 집중할 것을 선언합니다. 그리고 모든 국민이 과학화 운동을 전개할 것을 제의합니다. 과학기술의 발전 없이는 중화학공업 육성을 기대할 수 없으며 모든 경제목표의 달성은 전 국민이 과학기술에 참여할 때 비로소 가능하다고 생각합니다. 1980년대에 100억 달러 수출을 달성해야 하며, 이때 전 수출상품의 50%가 중화학공업 제품이 되도록 해야 합니다. 이를 위해 철강, 비철금속, 석유화학, 기계, 조선 및 전자공업 육성에 박차를 가해야 합니다…."

'70년 연두기자회견에서 제시했던 '70년대 말까지 수출 50억 달러, 1인당 국민소득 500달러를 달성하겠다는 목표는 다시 수출 100억 달러, 국민소득 1,000 달러로 수정되었다. '72년 말 통계치인 수출 16.7억 달러, 국민소득 318달러를 감안할 때 의욕에 찬 목표라고 할 수도 있었다.

정부의 중화학공업정책에 따라 온산에 비철금속단지를 비롯하여 구미전자단지, 울산과 옥포조선단지, 여천석유화학단지 등 동남 해안선을 연해서 대단위 산업기지 조성공사가 빠르게 진행되었는데 그중 방위산업과 가장 직접적인 연관성을 갖고 건설된 것이 창원기계공업단지다.

'73년 9월 대통령의 '창원기계공업단지 건설에 관한 지시'에 따라 총 1,600여 만 평의 부지에 세계적인 규모로 조성된 창원공단은 '74년 말까지 제1단지 공사를 완료하고 '75년부터 부분적인 가동을 개시했다. 그 이후 기아기공, 대한중기, 현대정공, 금성사 등 대형 업체들이 차례로 가동을 시작함으로써 명실 공히 한국방위산업의 총본산으로서 막중한 기능을 담당하게 되었다.(서 우덕·신 인호·장 삼열 공저, 『방위산업 40년 끝없는 도전의 역사』, 플래닛미디어, 2015. 3. 16, 64~80쪽)

(2) 대구경 화포의 개발

번개사업 장비의 시범사격을 마친 다음 날 박 대통령은 오 원철 수석을 불러 105mm 화포의 개발에 착수하도록 지시했다. 최초의 국산 소구경 화기 시범사격으로 언론과 국민여론이 한껏 고무되고 있었지만 대통령은 이를 아랑곳하지 않고 마음속에 정해진 이정표를 따라 뚜벅 뚜벅 걸어가고 있는 모습이었다. "'76년까지 총포, 탄약, 통신 등 기본병기를 국산화하고 '80년대 초까지 전차, 항공기, 유도탄, 함정 등 정밀무기를 개발, 생산할 수 있는 기반을 확보한다."는 자신의 공약을 반드시 이루고 말겠다는 의지의 표현이라고 볼 수도 있었다.

개발지시를 받은 ADD에서는 가능성 검토를 통해 개략계획을 수립했으며, 이것을 토대로 국방부(합참)는 과제선정위원회를 열어 105mm 곡사포와 106mm 무반동총, 4.2인치 박격포 등 세 종류를 개발과제로 확정했다.

ADD에 화포개발실을 신설하고, 별도로 학계를 포함한 '화포기술 분과위원회'를 편성하여 광범위한 기술협력 체제를 구축했다. 그리고 일본, 이스라엘 등 외국의 개발 사례를 참고하면서 개발계획을 발전시켰다.

포신과 주퇴복좌기의 원자재는 해외에서 도입하고 나머지는 국내에서 획득 가능한 재료를 활용하기로 방침을 정하고, 설계와 제작에 필요한 각종 기술 자료는 주한미군의 합동군사지원단(JUSMAG-K)을 통해 획득하기로 했다. 그러나 105mm 곡사포의 기술 자료는 '73년 6월에야 도착했기 때문에 최초 시제는 미8군 군수창에서 획득한 도면과, 부족한 부분은 현품을 스케치하여 도면을 제작해서 사용할 수밖에 없었다. 참여 업체로는 기아산업을 주 조립업체로 해서 포신은 대한중기가 맡고, 주퇴복좌기는 대동공업이 맡기로 했다.

'73년 3월까지 시제 제작을 완료하고 4월부터 시험평가에 들어갔다. 사격시험을 통해서 주퇴복좌기, 폐쇄기, 화포의 안전성 등에서 많은 문제점들이 발견되었지만 계속적으로 보완하여 6월과 7월 사이에는 105mm, 106mm, 4.2인치 각 2문씩을 군부대에 이관하여 부대시험을 실시했으며, 이 기간 중에 대통령 임석 하에 시범사격을 실시했다.

'73년 6월 25일 6군단 지역의 '다락대 사격장'에서 실시한 국산 화포의 시범사격에는 제한된 인원만 참석했다. 각 3문의 화포 중에서 1

문은 견학용으로 전시하고 2문으로 실탄사격을 했다. 105mm 곡사포의 곡사 사격을 시작으로 4.2인치 박격포 사격, 106mm 무반동총의 대전차사격, 마지막으로 105mm의 직접조준사격(평사사격) 순으로 진행되었다.

시범은 성공적으로 끝났다. 포병장교 출신인 박 대통령은 국산 화포의 개발에 특별한 감회를 느낀 듯 전시 장비를 일일이 손으로 어루만져보며 개발 종사자들을 격려했다. 병기 국산화를 시작한 지 불과 1년 반 만에 우리 군으로서는 대구경 화기에 해당하는 105mm 곡사포의 개발에 성공했다는 것은 누가 생각해도 놀랍고 가슴 뿌듯한 일이 아닐 수 없었다.

그해 10월 1일 국군의 날에는 최초로 개발된 국산 화포가 시가행진에 참가하여 국민들의 사기를 높여주기도 했다. 그리고 12월에는 국방부의 결정에 따라 북한의 해상 봉쇄로 위기가 고조되고 있는 백령도에 105mm 6문을 배치하여 실전에 대비한 장기 부대운용시험을 실시하기로 했다.

백령도의 위기사태란 '73년 7월 27일 북한 경비정 4척이 백령도 부근에서 우리 수산물 운반선을 포격으로 격침시키고, 판문점 군사정전위원회를 통해 서해5도 부근 해역은 북한의 영해이므로 출입 선박은 북한의 승인을 받아야 한다고 주장하고 나와서 발생한 사건이다. 일명 '서해5도 봉쇄사건'으로 불리는 이 사태의 이면에는 '60년대 후반부터 소련제 스틱스(Styx) 미사일을 장착하기 시작한 북한의 유도탄고속정들이 실전에 배치되면서 아직 재래식 함포에 의존하고 있는 한국의 해군 함정에 비해 상대적 우위를 확보하게 되었다는 자신감이 깔려 있었다.

박 대통령은 서해5도를 긴급히 요새화하고 화력을 보강하도록 지시했는데 그 일환으로 새로 제작된 105mm 곡사포 1개 포대가 배치된 것이다.

오 원철 수석은 105mm 곡사포를 즉시 출동시키라는 대통령의 지시를 받는 순간 온몸의 피가 마르는 것 같은 쇼크를 받았다고 했다. 105mm는 설계도면도 없이 현품을 스케치해가며 만든 시험제작 중인 화포였다. 아직 실탄사격도 해보지 않은 미완성품이었다. 만약에 사고라도 나게 되면 방위산업에 치명적인 손상을 주게 될 것이다. 오 수석 자신의 책임은 말할 것도 없었다. 그럼에도 불구하고 국산 105mm 화포는 서해의 전쟁터로 출정했다.(오 원철, 같은 책, 224~226쪽)

다행히도 백령도의 105mm 화포들은 별 사고 없이 사격시험을 마쳤다. 그러나 시간이 지나면서 많은 문제점들이 속속 드러나기 시작했다. 포가의 고저장치 불안정, 주퇴복좌기 고장, 탄피 추출의 곤란 등 중요한 결함의 반복으로 결국 ADD는 군에 이관한 모든 장비를 회수하고 양산계획을 중단하는 사태에 이르고 말았다. 이것은 공업적인 제조기반이 갖추어지지 않은 상태에서 개발 의욕에 쫓기던 후진국형 연구개발의 실패 사례로 기억되어야 할 사건이었다.

가장 기본적인 문제는 가공장비의 정밀도였다. 당시 우리나라 민수공장의 낙후된 시설로는 설계도면이 요구하는 100분의 1mm 수준의 정밀도를 충족시킬 수가 없었다. 소재 부분도 마찬가지였다. 포신과 주퇴복좌기의 소재는 해외에서 도입했지만 그 밖에 고강도용 합금강판이나 주강품, 비철금속 등에서도 화포의 요구 수준을 따를 수가 없었다. 그뿐만 아니라 각 공장마다 설계도면을 소화할 수 있는 엔지니어나 기능공이 부족하여 일률적인 공정관리나 품질검사 방법을 적용할 수가 없었다. ADD 역시 과학적인 시험평가시스템을 갖추지 못하고 육안검사로 대신하는 형편이었다. 이런 여건 속에서 과학자들의 의욕이나 생산업체 기술자들의 열성만으로는 분명 한계가 있었다.

'75년 12월에는 군에서 회수한 화포를 보완하여 시험하는 중에 105mm 곡사포의 포미환(砲尾丸)이 파열되고, 106mm 무반동총의 약실이 깨지는 사고가 발생했다. 이 사고로 ADD는 사업을 전면 중단하고 원점에서부터 다시 시작하기로 했다. 특단의 보완대책이 요구되었다.

다행히도 그 무렵 창원기계공업단지의 1단계 조성공사가 완료되어 가고 있었다. 국방부는 화포생산업체인 기아산업과 대한중기에 정부 융자금을 지원하여 창원공단으로 이주하고 설비를 현대화하도록 조치하는 한편, 대동공업에는 주퇴복좌기 전용 조립공장을 신축하도록 했다. ADD에는 제품의 시험평가를 위한 정밀계측장비를 신규로 확보하도록 했다.

약 1년간의 준비기간을 거쳐 '76년 말부터 다시 화포생산을 재개했다. 네 차례에 걸쳐 철저한 부대시험을 실시한 결과 국산 화포는 육군이 보유한 미국제 화포와 모든 성능 면에서 대등하다는 결론에 도달했다. 마침내 화포의 국산화에 성공한 것이다.

만약에 정부의 중화학공업과 방위산업육성 정책이 적기에 추진되지 않았다면 화포의 국산화는 물론 장갑차, 전차, 대공화기와 유도무기에 이르기까지 '70년대 후반에 수행했던 모든 중요한 과제들이 계

획대로 이루질 수는 없었을 것이다. 국가지도자의 통찰력과 결단력이
지니는 의미를 새삼 되새기게 하는 부분이다.

5. 국방8개년계획 : 1차 율곡계획

(1) 편견과 갈등을 극복하고

'71년 2월 6일 '군장비현대화 5개년계획 및 미7사단 철수에 관한 결과보고'를 받은 후 박 대통령은 현대화계획과는 별도로 독자적인 전력증강계획을 수립해 보고할 것을 지시했다. 지난 해 국정지표를 통해 천명한 바와 같이 '70년대 말까지 북한의 단독 공격에 대응할 수 있는 자주국방 능력을 확보하기 위해서는 본격적인 군사력건설계획에 착수해야 한다는 것이 대통령의 의중이었다.

국방부와 합참은 곧바로 중기전력증강계획 작성을 위한 준비 작업에 들어갔다. 그러나 몇 가지 해결해야 할 문제들이 있었다. 그 첫째가 가용 예산이었다. 연도별로 가용 예산이 정해지지 않은 상태에서 계획을 발전시키기는 어려웠다.

다음은 가용 병력의 문제였다. 한·미 간에 국군의 병력 실링(인가 수준)을 60만 명으로 동결한 상태에서 전력증강에 필요한 추가적인 병력소요를 충당하는 것은 쉬운 문제가 아니었다.

조직편성상의 문제도 있었다. '69년 말부터 합참 작전국에 전략기획과를 신편해서 작전·전략기획국으로 개편했지만 그 능력과 전문성에는 한계가 있었다. 당시 작전·전략기획국은 대간첩작전과 주월한국군 지휘통제에 관한 주무 부서로서 '71년 6월부터는 주월군의 단계적 철군계획을 수립하고 그 시행을 통제하는 임무를 수행하고 있었다. 조직에 비해 임무가 과중했다.

각 군 본부의 사정도 마찬가지였다. 군사력건설 업무를 위한 조직이나 전문 인력이 전무한 상태에서 작전참모부나 관리참모부에서 임기응변식으로 업무를 처리하고 있었다. 본격적인 군사력건설을 위해서는 조직과 업무체계의 재정비가 요구되고 있었다.

'72년 초부터 최 광수 국방부차관과 최 석신 소장은 김 용환 청와대 경제수석, 서 석준 경제비서관과 회동하면서 자주국방을 위한 국방비 소요판단 회의를 계속했다. 국방부의 요구는 중기계획 첫해에 국방비를 GNP의 약 4%로 책정하고 목표연도까지 5% 수준으로 증액하는 것이었다. 그러나 자립경제건설을 책임지고 있는 청와대 경제팀의 입장에서는 수용하기 어려운 주문이었다. 쉽게 합의점을 찾을 수 없었다. 그래서 중기전력증강계획은 연도별 가용 예산을 확정하지 않은 순수 소요의 형태로 일단 작업에 착수해야만 했다. 업무가 정상적으로 진척될 수가 없었다.

병력 절감문제는 이미 대통령 지시에 따라 지상군의 주요 부대들은 기본 편제보다 감소편성으로 운용하고, 행정지원 병력의 절감, 3군 유사기능의 통·폐합 등 각종 대책을 추진하고 있었다.

문제는 해·공군이었다. 상대적으로 규모가 작은 해·공군은 급격히 확장되는 부대 증강소요를 자체 절감 병력으로 충당하는 데 한계가 있었다. 그래서 합참은 육군 병력 약 7,000명을 해·공군으로 전환하는 계획을 발전시켰다. 그 과정에서 합참과 육군본부 간에 심한 의견충돌이 발생하고, 합동참모회의가 중단되는 사태가 일어나기도 했다. 결국 대통령의 재가를 받아 합참의 계획대로 시행이 되었지만, 이 사건으로 합참과 육군본부 간의 갈등은 더욱 깊어지고 최 소장은 육군으로부터 공공연한 비난의 표적이 되기도 했다.

비슷한 시기에 합참이 수행했던 또 하나의 어려운 과업이 해병대사령부의 해체였다. 당시 해병대사령부는 1개 사단의 인가병력 내에서 잠정적으로 편성, 운용되고 있었는데 해체 소식을 들은 해병대 장병들이 합참에 몰려와서 집단으로 항의하는 초유의 사태가 발생하기도 했다. 군대에서는 있을 수 없는 사건이었다. 결국 '73년 10월부로 사령부는 해체되고 행정지원 병력은 전투부대로 전환되었지만 합참 작전·전략국은 본의 아닌 악역을 맡아 또다시 일부 군내 여론의 질타를 감내할 수밖에 없었다.

한편, 국방부 특명검열단(단장 김 희덕 중장)에서는 경제적 군 운용과 효율적인 군사지휘체제에 관한 광범위한 연구를 실시하고, 당시 '6일 전쟁'으로 명성을 떨쳤던 이스라엘군의 군제를 모방하여 합동참모본부를 통합군사령부로 개편하고 육·해·공군에 대한 지휘통제권을 부여하는 '통합군제(統合軍制)'를 건의했다. 그러나 한국의 정치체제에 맞지 않는다는 일부의 반대의견과 UN군사령부와 주한미군의 한국방위 역할에 영향을 줄 수도 있다는 청와대 참모진의 건의로 '73년 8월 결제 과정에서 입법화가 유보되었다. 장기간 연구에 매달렸던 사람들의 실망과 불만이 노골적으로 표출되고 이것이 항명(抗命)으로 비쳐져 심각한 우려를 자아내기도 했다.

'72년 6월 이 병형 중장(중장 예편, 2군사령관, 전쟁기념관 설립자)이 합참 본부장으로 부임했다. 이 장군은 군내에 알려진 전략전술이론가로 현대전에서 공군력의 중요성을 강조하고, 최선의 방어는 공격이라고 주장하는 적극적인 군사사상의 소유자였다. 그가 예편 후 6·25참전 경험을 바탕으로 저술한 '대대장'은 단순한 전투의 기록이 아니라 전쟁에 관한 예리한 통찰과 지적 사유가 배어 있는 명저로 평가받고 있다. 또한 그의 집념으로 설립된 '전쟁기념관'은 본인의 역사인식과 스케일을 후세에 전해주고 있다.

이 장군은 부임 후 합참의 임무와 기능을 평가하고 전반적인 합참 조직개편을 구상했다. 기존의 인사국, 군수국 등을 국방부로 이전하고, 작전·전략기획국으로부터 전략기획기능을 분리하여 전략기획국으로 독립시키고, 무기체계국을 신설하는 것이 그 골자였다. 그리고 '73년 초부터 각 군의 유능한 인재들을 선발하여 합참으로 전입시켰는데 그중에는 장 정열 준장(중장 예편, 병무청장, 평북지사), 천 영성 공군준장(소장 예편, 공군작전참모부장), 그리고 진급 예정자인 임 동원 중령(소장 예편, 통일원장관, 국정원장)과 윤 용남 소령(대장 예편, 육군참모총장, 합참의장), 이 재달 소령(중장 예편, 보훈처장) 등이 포함되어 있었다. 그들은 최 석신 국장을 보좌하여 전략기획국 창설과 국방8개년계획 수립에 중심적인 역할을 담당했다.

특히 장 정열 준장과 임 동원 대령은 그때의 인연을 바탕으로 '78년도에는 육군의 '80위원회'를 이끌면서 군 개혁을 주도하고, 그 후 육군본부 초대 전략기획참모부장과 전략기획처장으로 육군의 전략기획업무를 개척하고 전문 인력을 육성하는 중요한 업적을 남겼다.

(2) 국방8개년계획의 탄생

'73년 4월 19일 이 병형 합참본부장은 '을지연습' 훈련장을 순시한 박 대통령에게 '지휘체계와 군사전략'이라는 연구 문건을 보고했다. 자주국방을 달성하기 위해서는 **자주적인 군사전략**의 바탕 위에서 **자주적인 군사력**을 건설하고, 국가의 자율적 의지로 군사력을 사용할 수 있는 **자주적 군사지휘체계**를 발전시켜나가야 한다는 것이 그 요지였다. 군사전략과 군사력 발전의 장기적인 구상이 포함되어 있었다.

보고를 받은 대통령은 "군에서 이런 보고가 나오기를 기대하고 있었다."며 크게 만족을 표시하고, 장차 UN군사령부가 해체되고 미 지상군이 철수할 것에 대비하여 합참이 중심이 되어 3군을 통합, 작전지휘할 수 있도록 기구를 조정하고 참모를 훈련시킬 것을 지시했다. 그리고 합참의 건의대로 서둘러 기본 군사전략을 세우고 그에 따른 장기 군사력건설계획을 작성해서 보고할 것을 지시하면서 중화학공업과 방위산업 육성에 관한 자신의 복안을 설명해주었다. 그때부터 합참은 기본 군사전략과 중기 군사력건설계획 작성에 박차를 가하기 시작했다.

기본 군사전략은 닉슨 독트린 이후 국제정세와 동북아 전략 환경의 변화 추이를 전망하면서 자주적인 국가 생존을 위한 전략의 목표와 개념, 요망되는 군사능력을 설정하고 이를 달성하기 위한 전력구조의 발전과 군사력건설계획을 구상하는 데 주안을 두고 작성했다. 30년을 대상기간으로 10년씩 3단계로 구분하여 1단계는 **자주국방체제 확립 단계**, 2단계는 **군사력의 현대화 및 재정비 단계**, 3단계는 **전략적 적응 단계**로 설정했다.

기본 군사전략 수립은 이 병형 본부장의 주도 하에 이루어졌다. 그는 임 동원 과장과 실무자를 본부장실로 불러 격의 없는 토론을 계속하면서 전략개념을 구상했다. 내용 중에는 고도의 보안이 요구되는 사항이 많았다.

"한동안 거의 날마다 불려 들어갔다. 본부장께서 팔짱을 끼고 방 안을 거닐면서 말씀을 하시면 그것을 받아쓰느라고 정신이 없었다." 윤용남 장군은 당시의 일들을 그렇게 회상했다.

중기 군사력건설계획은 30년 장기기획의 1단계인 자주국방체제 확립을 목표로 발전된 계획이다. '70년대 말까지는 주한미군이 계속 주둔한다는 가정 하에 '한·미연합 억제전략'과 '현 전선 결전방위전략'을 기본 개념으로 설정하고, 후에 북한의 국지도발 위협에 대비하여 '응징보복전략'을 추가했다.

군사력건설 목표는 대상기간 중에 **'방위전력'**을 완비하고 '80년대를 위한 자주적인 **'억제전력'**의 기반을 조성하는 것이었다.

1차 율곡계획은 최초 10개년 계획으로 구상했지만 경제개발 5개년 계획과 주기를 일치시키는 것이 좋겠다는 청와대 경제팀의 건의에 따라 4차 5개년계획이 끝나는 '81년 말까지 '8개년계획'으로 조정하게 되었다. 그 때문에 사정을 모르는 일부 인사들에게 전력증강계획이 1회성 시한부 계획으로 만들어졌다는 오해를 사기도 했다.

가용예산판단은 국방부와 청와대 경제팀 간에 원만한 합의를 이루지 못했지만 자주국방을 위한 군사력건설의 필연성에 대해서는 강한 공감대가 형성되고 있었다. 그래서 합참은 그동안 주장해온 국방비 4.1%를 기준으로 '81년도에 5.1%까지 증액하는 것을 전제로 8개년 가용예산을 88억 달러 규모로 판단하고, 그중 운영유지예산 68억 달러(72.2%)을 제외한 20억 달러와 FMS차관 가용액을 고려하여 총 가용 투자비를 25억 달러 규모로 판단했다. 그 가운데서 순수 전력증강 사업은 19억 8,400만 달러 규모로 이를 '73년 불변가로 환산하면 15억 3,000만 달러에 해당하는 것이다. 국방8개년계획이 15억 달러 규모로 출발했다는 통설이 그렇게 해서 생겨난 것이다. ADD가 수행하던 특정 연구개발 예산은 포함되어 있지 않았다.

합참이 계획지침을 하달하고 각 군과 합동으로 계획을 발전시키는 과정도 그렇게 평탄했던 것은 아니었다. 지금까지 별로 하는 일이 없어서 '양로원'으로 불리기도 했던 합참이 중심이 되어 자주국방이라는 역사적 과업에 착수하는 조직문화에 각 군이 쉽게 적응할 수가 없었던 것이다.

특히 육군본부 측의 반발과 거부감이 심했다. 창군 이래 국군의 중추 집단으로 국방을 이끌어왔다는 자부심에 차 있던 육군본부 입장에서는 지휘관계도 없고, 능력도 검증되지 않은 합참의 통제 하에 임무를 수행해야 하는 현실을 쉽게 받아들이기가 어려웠던 것이다. 한동안 크고 작은 의사결정 과정에 갈등과 혼란이 반복되었고, 그 과정에서 고위 책임자들이 인사상의 불이익을 당하는 사례가 발생하기도 했지만 결국은 함께 극복해나가야 할 과제였다. 새로운 시대를 열기 위한 진통이라고도 할 수 있었다.

국방8개년계획은 '74년 1월 합동참모회의의 의결을 마치고, 2월 25일 대통령 보고 및 재가를 받아 확정되었다. 이것은 사상 처음으로 만들어진 자주적이고 종합적인 군사력건설계획이었다. 건국 이래 일방적으로 미국에 의존해왔던 군원(軍援) 시대를 마감하고 자주국방 시대의 서막을 여는 역사적인 의미를 지니고 있었다.

합참은 대외 보안을 위해 계획의 위장명칭을 '율곡(栗谷)'으로 건의해서 승인을 받았다. 임진왜란이 일어나기 전 '시무6조(時務六條)'를 통해 국방력 강화를 주장했던 병조판서 이 이(李珥)의 아호를 본 딴 것이었다.

율곡계획은 최초 15억 달러 규모로 출발했지만 그해에 두 차례의 계획조정을 해서 총 21억 4,000만 달러 수준으로 증액되었다. 그리고 현대화5개년계획의 미집행 사업을 율곡계획에 통합해서 추진하도록 했다.

한편, 임 동원 대령은 '자주국방과 국방비'라는 개인 논문을 통해 방위세 징수의 필요성을 정부에 제기했고, 마침 월남 패망의 충격 속에서 '75년 7월 '방위세법'이 국회를 통과하여 '76년 이후 국방비는 GNP 6% 수준을 안정적으로 유지할 수 있게 되었다. 또한 임 대령은 '자주국방의 방향'이라는 제목으로 기본군사전략과 율곡계획의 작성 과정, 주요 내용 등을 무궁화회의 교육을 통해 장군급 군 간부들에게 전파하고, 그 기록을 후대의 참고를 위해 전해주었다.

기간 중에 예상치 못했던 사건도 있었다. 율곡계획의 대통령 보고를 10여 일 남겨둔 어느 날 갑자기 최 석신 전략기획국장이 경질되는 인사발령이 있었다. 이 재전 한·미1군단(집단) 부군단장과 상호 보직을 맞바꾸는 이례적인 인사였다. 사정을 아는 사람들은 '72년 육군 병력의 해·공군 전환을 비롯한 주요 의사결정 과정에서 합참과 육본 사이에 발생했던 잦은 의견 충돌에서 그 원인을 찾기도 했지만, 그 바람에 전략기획국 발족 이전 3년 반 동안 작전·전략기획국에서 수행했던 자주국방 초기의 노력들이 기록에서 소외되는 결과를 초래하게 되었던 것이다.

그러나 ADD 창설과 미7사단 철수, 현대화5개년계획과 국방8개년 계획 작성에 이르기까지 허다한 난관을 극복하면서 자주국방의 초석을 다듬었던 사람들의 헌신과 공적은 오래 기억되고 정당한 평가를 받아야만 할 것이다.

6. 지대지유도무기 개발

(1) 항공공업육성계획

'71년 11월 '긴급병기 개발지시(번개사업)'를 하달할 무렵부터 박 대통령은 각종 국산 병기의 개발에 대한 개략적인 복안을 세우고 있었던 것 같다. 소구경 기본화기 개발과 대구경화포의 개발, 미사일 개발에 관한 지시가 거의 비슷한 시기에 이루어졌던 사실로 미루어 그 것을 짐작할 수 있다.

미사일 개발에 관한 최초의 지시는 '71년 12월 27일에 있었다. 번 개사업이 시작된 지 약 한 달 후의 일이었다. 당시 3.5인치 대전차로 켓 개발을 책임지고 있던 구 상회 박사가 그때의 정황을 자세히 전해 주고 있다.

오전에 오 원철 수석으로부터 급히 들어오라는 전화를 받고 청와 대로 갔다. 오 수석의 사무실에는 공군본부 작전참모부장 김 중보 소 장이 먼저 와 있었다. 두 사람이 자리를 함께하자 오 수석은 자리에서 일어서서 엄숙한 모습으로 메모지 한 장을 꺼내 들고 이렇게 말했다. "지금부터 각하의 명령을 하달한다. 극비 사항이다. 보고 난 후 즉 시 파기하라. 오늘 급히 부른 것은 사안의 중요성을 감안하여 사전 준 비를 위한 것으로 정식 명령은 국방부를 통해 하달될 것이다. ADD는 명령을 받는 즉시 개발계획을 작성해서 청와대에 보고하고, 공군은 유도탄이 개발된 후 작전운용계획을 수립해서 대통령께 보고할 것, 이상임."

유도탄 개발 지시

極秘

⊙ 방침

  (1) 독자적 개발계획을 확립함.

  (2) 지대지유도탄을 개발하되, 1단계는 '75년 내 국산화를 목표로 함.

  (3) 기술개발을 위하여 국내외의 기술진을 총동원하고 외국 전문가
    도 초청하여 외국과도 기술제휴함.

⊙ 추진계획

  (1) 비교적 용이한 것부터 착수한다.

    • 유도탄 사거리 : 200km 내외의 근거리

    (비행거리가 멀면 투자비가 고가, 기술의 고도화를 요하게 됨)

    • 탄두 : 전략표적 파괴목적으로 파괴효과가 큰 것을 개발하되,
    탄두의 교환성을 유지함.

  (2) 유도탄 기술연구반을 ADD(국과연)에 부설하고, 공군에 유도탄
    전술반을 설치함.

이상

구 박사는 "대통령의 지시이니 최선을 다 하겠지만 미국 같은 나라
도 퍼싱(Pershing) 미사일을 개발하는 데 10년이나 걸린 것을 생각한
다면 이 명령은 실현 불가능하다고 생각합니다."고 솔직한 의견을 얘
기하고, ADD에는 소장, 부소장이 있는데 왜 일개 실장인 자신에게
이런 중대한 지시를 하는지 모르겠다고 말했다.

오 수석은 "보안상의 이유도 있지만, 로켓 연구실장의 의견을 직접
듣고 싶었기 때문이다. 국방부 정식 공문이 하달될 때까지 누구에게

도 발설하지 말고 지대지유도탄 개발계획을 구상하고, 이에 필요한 자료를 수집하라."고 했다.

국방부의 정식 공문은 '72년 4월 14일 ADD에 하달되었는데 보안 유지를 위해 '항공공업 육성계획수립지시'라는 위장 사업명칭을 사용하고 있었다.

■ 북한의 공격기동부대를 파괴할 수 있는 단거리 전술유도무기를 '74년 말까지 개발, 생산하고,
■ 북한의 주요 군사기지를 파괴 및 무력화할 수 있는 장거리 지대지유도무기를 '76년 말까지 개발.
■ ADD 소장 책임 하에 거국적 연구개발단을 편성, 8월 말까지 연구개발 계획서를 장관에게 보고할 것.

국방부의 지시에 따라 ADD는 KIST와 KAIST(한국과학기술원), 육·해·공군 사관학교의 협조를 받아 5월 1일부로 '개발 계획단'을 편성했다. 국내에서 가용한 인원들을 모두 모았다. 심 문택 소장이 총책임을 맡고 이 경서 박사가 간사를 맡았다. 국방부에서는 보안사령관과 합참 정보국장, 중앙정보부 8국장을 자문위원으로 임명해서 이들을 지원하도록 했다.
계획단 요원 중에서도 상근 요원으로 지명된 이 경서(KIST), 김 정덕(육사), 최 호현(해군, 작고), 홍 재학(공사), 구 상회(ADD) 등 핵심 인원들은 가족들에게 장기 해외출장을 간다고 속이고 보안사령부가 제공하는 안전가옥에서 숙식을 하며 반감금생활을 감수해야 했다. 전화

도 걸 수 없고, 낮에도 창문의 커튼을 닫고 지내야 했다. 보안사 요원이 상주하고 있었다.

계획단에 주어진 시간은 4개월이었다. 그 기간 중에 그들은 개발할 유도탄의 개념을 정립하고, 선진국들의 유도무기 기술이전 실태, 생산시설과 시험장비의 도입 전망 등을 판단해서 개발에 필요한 시설, 장비, 소요 인력, 예산 등을 포함한 연차적인 사업계획을 수립해야 했다. 유도무기 개발 경험이나 참고할 만한 기술 자료가 전무한 상태에서 참으로 막막한 일이 아닐 수 없었다.

그러던 중에 기적 같은 사건이 발생했다. '72년 1월부터 ADD에 나와 있던 미 국방부 기술지원팀의 하딘(Clyde D. Hardin) 단장의 주선으로 미 국방부로부터 구 상회 박사를 초청하는 문서가 도착했다. 아직 체계가 잡히지 않은 한국의 연구개발 실태를 개선하기 위하여 미국의 연구개발 관리 제도를 견학시키기 위한 것으로 거기에는 중요 연구소와 방위산업체의 견학계획이 포함되어 있었다. 천재일우의 기회였다. 심 문택 소장과 구 박사는 하딘 단장을 설득해서 방문기간의 3분의 1에 해당하는 2주간을 미 육군 유도탄연구소에 머물 수 있도록 일정을 조정했다.

앨라배마 주의 헌츠빌에 있는 미 육군 유도탄연구소에서 구 박사는 현지 과학자들의 환대와 협조 속에 많은 것을 보고 배울 수 있었으며, 떠나올 때는 연구소장의 배려로 유도탄 연구개발과 관련한 다량의 자료와 개발 중인 신형 대전차미사일(Hellfire)의 개발 및 시험과정을 담은 영상 자료, 항공기용 관성항법장비(INS) 등을 선물로 받아 올 수 있었다. 그 밖에도 미 육군 조병창, 해군 병기연구소를 포함한 군 연구기관과 일부 방위산업체의 방문을 통해 많은 정보화 자료를 획득할 수가 있었다. 이것은 개발계획단의 임무수행에 큰 도움을 주었다.

'항공공업 육성계획'은 예정기한을 보름이나 넘겨 9월 중순경에 완료되었다. 200자 원고지로 환산해서 1만 매가 넘는 방대한 내용이라고 했다. 유도무기 개발을 위한 우리나라의 기술수준을 선진국과 비교 분석하고, 개발에 필요한 시설과 장비, 연구인력, 예산 등을 판단했다. 중요한 것은 이와 같은 준비사항을 갖추는 데만도 2년 이상이 소요되고, 준비가 갖추어진 후에도 외국의 기술지원이 없는 한 독자적인 개발에는 5~7년이 소요될 것으로 판단되므로 '76년 말까지 사거리 200km급의 지대지 유도무기를 개발하는 것은 현실적으로 불가능하다는 것을 솔직하게 밝혔다.

이 보고서는 국방부를 통해 청와대에 보고되었고, 대통령 보고는 오 원철 수석이 대신했다. 대통령은 유도탄을 개발할 연구소와 시험장 건설을 포함한 세부계획을 작성해서 재보고하라는 지시를 내렸다. ADD는 이 경서 박사와 구 상회 박사를 책임자로 하여 연구소와 시험장 건설을 위한 후보지 선정을 위해 전국을 순회하는 강행군을 계속했다. 약 1년 반의 기간이 소요되었다.

마침내 대전 인근 대덕지역의 약 100만 평을 연구소 부지로, 서산군 안흥지역의 약 30만 평을 비행시험장 부지로 승인을 받아 '항공공업 육성계획'은 '74년 5월 14일 대통령의 재가를 받았다. 대통령의 최종 지침은 '78년 말까지 퍼싱(Pershing)급 유도무기를 독자 개발하라는 것이었다.(구 상회 기고문, '무기체계 연구개발과 더불어 30년'

(4)~(6)집, 국방과 기술, '98년 2~4월호)

    '74년 9월부터 '대전기계창'이라는 위장명칭으로 유도무기연구소가 착공되었으며, '75년 1월부터 '안흥 측후소'라는 위장명칭으로 비행시험장 건설이 시작되었다. 연구 인력은 초기에는 기존 연구조직 내에서 잠정적으로 편성, 운용하다가 '76년 5월에 '항공사업부'가 549명의 인력으로 정식 발족하게 되었다.

    대전기계창은 이 경서 박사를 총책임자로 해서 연구소 본관과 추진제공장, 풍동실험실, 지상 연소시험장, 공작실, 화학(化學)동, 전자연구실 등 유도탄 연구개발에 필수적인 시설들을 함께 건설하도록 되어 있었다. 그러나 미국 정부의 기술이전 통제정책 때문에 연구에 필요한 전용 장비와 시험 장비를 도입하는 것이 쉬운 일이 아니었다. 그중에서도 추진제공장 건설이 가장 어려운 문제였다.

    ADD에서는 추진제공장 건설을 위한 시설자재와 기술을 판매할 수 있는지 미 국무부의 의견을 타진해보았지만 한 마디로 거절을 당했다. 할 수 없이 차선책으로 프랑스와 접촉하기로 방향을 정하고 추진기관부를 맡은 목 영일 박사 일행을 현지로 파견했다.

    그러던 차에 이 경서 박사의 지인인 한 재미교포 사업가로부터 LA 인근에 위치한 록히드추진제회사(LPC)가 경영난으로 공장을 폐쇄하면서 시설장비 일체를 매각한다는 정보를 입수했다. '72년 미·소 간에 체결된 ABM(Anti-Ballistic Missile)조약 이후 미국의 미사일 감축정책으로 회사의 경영이 어려워진 것이다. 이 경서 박사는 즉시 현지로 날아가서 회사 측이 국무부의 허가를 받는 조건으로 공장의 시설 일체와 부수장비, 기술자료 등을 통째로 한국으로 이전하는 계약을 체결했다. 단돈 200만 달러의 헐값이었다. 당시 미국이 잉여장비 지원방식으로 우방국에 제공하던 팬텀기(F-4D) 1대 값이 약 200만 달러였다. 예상치 않았던 행운이었다. 그 덕분에 대전기계창 건설 사업은 계획대로 진행되어 '76년 12월 대통령 임석 하에 준공식을 가질 수 있었다.

한편, 구 상회 박사 책임 하에 안흥에 건설하는 유도무기 비행시험장은 시험통제소와 발사장 등 모든 시설과 계측장비를 설치하고 '77년 9월에 완공되었다. 이 시험장은 1단계로 30만 평 규모의 유도무기 전용 시험장으로 출발했지만 후에 일반 화기의 시험평가를 포함한 100만 평 규모의 종합시험장으로 확대되었다.

(2) NHK-1(백곰)의 개발

'75년부터 ADD 개발팀은 사거리 700km의 퍼싱급 유도탄을 모델로 한 지대지유도탄(XGM) 사업에 착수했다. 개발가능성 검토를 실시하고 부분적으로 예비설계까지 해보았지만 미국의 기술지원 없이 '78년 말까지 단독 개발하는 것은 불가능하다는 결론에 도달했다.

그 무렵 미국 정부는 한국에 대한 미사일기술 통제를 강화하고 있었다. '74년 10월 한국과 프랑스 간에 '원자력 협력 협정'이 체결되자 미국은 그것을 한국의 핵무기 개발 의도로 의심하고 운반체인 미사일 개발에도 강력한 제동을 걸기 시작했다. 그 선봉에 선 사람이 주한미국대사인 스나이더(Richard L. Sneider)였다. 미 국무부가 록히드추진 제공장을 한국에 팔도록 허가한 것도 사실은 스나이더의 건의에 따른 것으로, 그 이면에는 프랑스 추진제 제조회사의 한국 진출을 막고 장차 한국의 장거리 미사일 개발 노력에 미국의 영향력을 강화하기 위한 계산이 깔려 있었던 것으로 알려지고 있다.(심 융택,『백곰, 하늘로 솟아오르다』, 도서출판 기파랑, 2013. 12. 30, 39~41쪽)

그런 상황에서 퍼싱급 유도무기의 개발에 필요한 미국의 기술지원을 기대한다는 것은 생각하기 어려운 얘기였다.

ADD 개발팀은 유도무기 개발계획을 다시 수정했다. 사업을 3단계로 나누어서 1단계로는 기존 무기체계의 모방개발로 체계설계 및 제작 능력을 확보하고, 2단계로는 모방 개발한 무기체계의 성능개량을 실시하고, 마지막 3단계에서 퍼싱급에 준하는 독자적인 유도무기체계를 개발하는 것이었다.

당시 한국군이 운용 중인 유도무기로는 육군의 방공미사일인 호크(Hawk)와 나이키 허큘리스(Nike Hercules)가 있었다. 호크 미사일은 사거리 약 40km, 나이키 허큘리스는 사거리 180km에 탄두 중량은 약 500kg이었다. 특히 나이키 허큘리스 미사일은 탄두의 자폭장치를 조정해서 지대지 공격무기로도 사용할 수 있었다.

이 점에 착안한 개발팀은 나이키 허큘리스를 1단계 모방개발 대상으로 결정하고 제작사인 맥도널 더글러스(MD)사와 접촉을 시도해보았다. 그러나 MD사는 정부의 승인이 없는 한 기술 판매는 불가하다는 입장이었다. 그 대신 나이키 허큘리스를 지대지미사일로 개조하고 사거리를 240km로 연장하는 성능개량 사업을 제안해왔다. 비용은 약 2,000만 달러라고 했다. ADD로서는 감당하기 어려운 액수였다. 그러나 놓칠 수 없는 기회였다.

협상책임자였던 이 경서 박사는 MD사와 지루한 협상과정을 거쳐 계약을 3단계로 구분하기로 하고, 1단계로 예비설계 과정에 한국 측 과학자들이 참여하여 공동연구를 실시하는 조건으로 180만 달러에 계약을 체결했다. 그리고 그 조건에 따라 이 박사를 위시해서 최 호현, 강 인구, 홍 재학, 박 병기 등 10명의 과학자들이 6개월간 MD사에 파견되어 공동 설계에 참여하게 되었고, 그 기간 중에 유도탄 설계와 제작에 관한 기술과 관련 자료들을 습득할 수 있게 되었다. 귀국후 그들은 한국형 유도탄 개발의 중추적인 역할을 담당했다. 2단계와 3단계 계약은 이루어지지 않았다.(안 동만·김 병교·조 태환 공저, 『백곰, 도전과 승리의 기록』, 플래닛미디어, 2015. 5. 18, 150~156쪽)

비슷한 시기에 ADD는 김 병교, 조 태환, 안 동만 등 젊은 과학자들을 미국의 노스럽(Northrop) 항공사에 2년 동안 장기연수를 보내서 비행 관련 기술을 익히고 관련 자료들을 습득할 수 있도록 하고, 유도탄 시험평가 기술연수를 위해 구 상회 박사를 다시 미 육군유도탄연구소에 다녀오도록 했다. 미국이 기술이전을 거부하는 추진제 제조 분야는 프랑스의 SNPE추진제회사와 기술이전 계약을 체결하고 목영일 박사를 팀장으로 하는 기술연수팀을 파견해서 복합추진제 제조기술과 추진기관 설계기술을 배워 오도록 했다.

한편, 미국 정부는 스나이더 대사와 스틸웰(Richard Stilwell) 주한 미군사령관을 통해서 핵무기 확산방지 차원에서 한국의 미사일 개발을 반대한다는 입장을 분명히 하고, 고위 관리들을 수시로 파견해서 설득작업을 펴기도 했다.

한국 정부는 북한이 이미 사거리 70km의 프로그(Frog) 미사일을 실전배치하고 있는 상황에서 도발억제력 확보 차원에서 박 대통령의 미사일 개발 의지는 확고하다는 점을 밝히고, 미국이 이미 생산을 중단하고 폐기 결정한 나이키 허큘리스를 한국군이 계속 운용하기 위해서는 정비유지와 성능개량을 위해서라도 개발이 필요하다는 점을 역설했다. 양국 정부 간에 지루한 논쟁과 협상을 거쳐 마침내 미국 정부는 주한미군사령관을 통해 사거리 180km와 탄두 중량 1,000파운드(454kg) 이내에서 한국의 미사일 개발을 양해한다는 의사를 전해왔고 ADD에서도 이에 동의하는 의향서를 수교했다.

유도탄 개발의 1단계인 나이키 허큘리스의 모방개발사업은 'NHK-1'이라는 과제명으로 '77년 초부터 시작되었다. 모든 준비를 마치고 개발체제를 갖추는 데만 5년의 기간이 소요된 셈이었다. 개발 소요기간은 약 3년으로 '79년 말까지 개발을 완료하는 것으로 사업계획을 국방부에 제출했다. 그러나 청와대로부터 '78년 '국군의 날' 이전에 개발을 완료하라는 지시가 내려왔다. '77년 초 미국의 카터 행정부가 들어서면서 주한미군의 전면철수계획이 점차 가시화되어가고 있었기 때문에 한국 정부로서는 한시가 급한 상황이었다. ADD와 관련 산업체 요원들은 다시 밤을 지새우는 강행군에 들어가지 않을 수 없었다.

NHK-1사업의 기본 개념은 미국이 '50년대에 개발한 나이키 허큘리스의 형상을 그대로 유지하면서, 유도조종장치와 추적레이더를 아날로그방식에서 디지털방식으로 바꾸고, 국내에서 제조한 복합추진제에 맞는 새로운 추진기관을 설계하고, 방공무기인 나이키 허큘리스의 기존 탄두보다 위력이 강한 대지공격용 탄두를 개발하는 것이었다.

이에 따라 목 영일 박사의 추진기관부에서는 180km용 1, 2단 추진 모터와 비행 모터를 독자적으로 설계, 제작하고, 기체를 담당한 홍 재학 박사 팀은 새로 개발한 추진기관에 맞게 기체구조를 재설계했다. 김 정덕 박사 팀은 디지털방식의 유도장치와 지상통제장비를 개발하고, 개발의 총책임자인 이 경서 박사는 강 인구 박사를 통제단장으로 하여 성능이 달라진 각 구성품의 체계종합을 위한 연구를 담당했다. 정밀유도무기 특성상 추진기관과 하부 구성품의 구조와 성능이 달라지면 공기역학적 해석과 구조해석이 달라져 전체 시스템의 종합 성능과 안정성을 보장하기 위해서는 새로운 체계개념이 도출되어야 하기 때문이다. 탄두 분야는 살상반경이 넓은 분산탄두를 계획했으나 NHK-2부터 적용하기로 하고 일단 고폭탄부터 개발하기로 했다.

새로 설계된 추진기관과 각종 전자부품들은 민간 산업시설을 이용할 수가 없어서 대전기계창에 설치된 공작실과 추진제공장을 이용해서 과학자들이 직접 제작하고, 기체부분은 서울엔지니어링이 비철금속 분야를, 부품제작과 조립은 대동공업이 맡았다. 이렇게 해서 약 1년간의 강행군으로 NHK-1의 부품제작과 체계종합을 마치고 '78년 4월부터 비행시험에 들어가게 되었다.

(3) 무유도 로켓 개발

NHK-1사업을 추진하는 기간에 ADD는 한국형 경대전차로켓(KLAW)와 중거리 지대지로켓 황룡, 다연장로켓인 구룡의 개발을 병행하고 있었다. 황룡과 구룡은 합참의 연구개발 소요제기에 의해서 '77년 7월에 개발과제로 확정되었지만 KLAW의 개발은 대통령의 긴급지시에 의해 착수되었다.

(가) 한국형 경대전차로켓(KLAW)

구 상회 박사의 회고담에 의하면,

'76년 8월 하순경 오 원철 수석의 호출을 받고 청와대로 갔더니 일본 군사잡지(Mook지) 한 권을 내놓으면서, 대통령이 진해 휴양소에서 이 잡지를 보시고 새로운 대전차로켓을 개발하라는 지시가 있어서 불렀다는 것이었다. 그 내용은 미 육군의 시험평가사령부(TECOM)에서 실시한 휴대용 대전차로켓의 성능평가분석 결과로, 현재 미 육군이 보유하고 있는 66mm 대전차로켓(M72)의 관통력으로는 소련제 T54와 T55 전차의 전면 장갑을 뚫을 수 없기 때문에 새로운 대전차로켓인 바이퍼(Viper)를 개발하고 있다는 것이었다. 북한이 이미 T54와 T55 전차를 보유한 상황이기 때문에 대통령의 우려는 충분히 이해할 수 있었다.

당시 구 박사는 비행시험장 건설로 여념이 없는 상태였지만 거스를 수 없는 명령이었다. 자신의 후임으로 로켓실장을 맡고 있는 송 문범 공군중령과 번개사업 기간에 3.5인치 대전차로켓 개발의 핵심 역할을 담당했던 문 근주 선임연구원, 강 수석 박사 등으로 팀을 편성하여 개발에 착수했다. 그러나 1년이라는 제한된 기간에 새로운 대전차무기를 개발하는 것은 현실적으로 불가능했기 때문에 3.5인치 대전차로켓의 성능을 개량하는 쪽으로 사업방향을 잡았다.

기본 설계개념은 장갑관통력을 바이퍼와 동일한 380mm 수준으로 증가하고, 사수의 생존성을 높이기 위해 사거리를 200~400m로 연장하고, 명중률 향상을 위해 탄의 비행속도를 증가시키고 조준경의 배율을 2.5배로 확대하는 것이었다. 66mm 로켓처럼 한 번 쏘고 버리는 소모성 탄약의 개념이 아니라 계속 사용이 가능한 휴대용 로켓 발사기의 개념이었다.

장갑관통력을 증가시키기 위해서는 탄의 구경을 83mm 이상으로 늘리고 탄두의 성형장약부분을 완전 재설계해야만 했다. 사거리와 탄의 비행속도를 늘리기 위해서는 보다 크고 강력한 추진기관이 필요했다. 개발팀은 특히 새로운 추진제와 추진기관 개발에 많은 어려움을 겪었다.

1년간의 고심 끝에 시제 제작을 완료하고 국방부장관과 합참의장의 임석 하에 시험사격을 성공적으로 마칠 수 있었다.(구 상회 기고문, 8집, '98. 6, 60~63쪽)

(나) 중거리 지대지로켓 '황룡'

황룡사업은 육군이 보유한 어네스트 존(Honest John) 지대지로켓의 대체무기를 개발하는 사업이었다. 미국이 '50년대에 개발한 어네스트 존은 미 육군에서 이미 폐기 결정된 무기체계로 북한이 보유하고 있는 프로그(Frog) 5 및 7에 비해 사거리와 성능이 열세하고 수리부속품 획득도 어려운 상태였다. 그러나 육군은 아직 많은 양의 로켓 탄두를 보유하고 있기 때문에 대체무기 개발이나 성능개선이 필요한 상황이었다.

이 사업은 조 태환 선임연구원을 실장으로 하여 홍 승규, 김 진철, 김 덕현 연구원 등으로 팀을 편성했다. 1단계로 '78년 말까지 어네스트 존에 기반을 둔 '황룡 1'을 개발하고, 2단계로 '82년 말까지 '황룡

2'를 개발하는 것으로 계획을 수립했다. 개발비용과 시간을 절약하기 위해서 NHK-1에서 개발한 1단 추진기관을 그대로 활용하고, 기체는 자체 기술로 독자 설계했으며, 탄두는 살상반경이 큰 분산형 탄두를 개발했다. '78년 여름까지 9차례에 걸친 비행시험을 통하여 시스템의 안전성을 확보하고, 원형공산오차(Circular Error Probable) 14mil까지 정밀도를 향상시켰다.

황룡사업은 1단계 사업을 성공적으로 마치고 9월에 있었던 종합 시범사격에도 참가했지만, 작전요구성능(ROC)에 관한 육군과의 의견 차이로 2단계 사업에 들어가지 못하고 중단되고 말았다.

(다) 다연장로켓 '구룡'

구룡사업은 북한의 방사포 위협에 대응하기 위한 사업이었다. 방사포는 2차 대전 중 소련이 개발한 다연발식 로켓포로 주로 공산권 국가들이 사용하고 있는 무기체계였다. 북한이 '50년대부터 운용을 시작하여 '70년대 중반에는 2,000여 문을 실전배치하고 있어 상대적으로 화력이 열세한 육군에 큰 위협이 되고 있었다. 한편, 월남전에서 방사포의 위력을 체험한 미국은 '76년경부터 227mm 다연장로켓인 MLRS체계를 개발 중에 있었다.

이 사업은 박 귀용 부장을 총책임자로 하여 김 진근, 박 준복, 오 인식 등 대전기계창과 서울기계창의 많은 인원들로 개발팀을 편성했으며 후에 임 우택 실장, 도 상호 박사 등이 참여했다.

육군의 기본요구성능은 구경 130mm, 28연장, 사거리 20km로서 5톤 트럭에 탑재가 가능한 무기체계였다. 우방국의 기존 무기체계가 없는 여건에서 독자적인 개발과제를 추진하는 데는 많은 불확실성과 어려움이 뒤따랐지만 개발팀은 이에 개의치 않고 그동안 축적된 로켓 및 유도무기 관련 기술을 종합해서 한국의 고유한 다연장로켓 체계개념을 구축해나갔다. 다행히도 월남전에서 노획한 소련제 122mm, 24연장 방사포(BM-21)의 실물과 분석 자료가 있어서 많은 참고가 되었다.

'78년 9월 시범사격 이후 구룡은 체계개발로 전환하여 '81년 최초로 육군에 다연장대대가 창설되었으며, 그 후 도 상호 실장, 박 준복 선임연구원 등에 의해서 후속연구가 진행되어 최종적으로 구경 130mm, 36연장, 사거리 30km로 성능제원이 확정되어 육군의 기본 무기체계로 실전배치되었다.

한편, 구룡은 '79년 영국의 권위 있는 무기체계연감(Jane's Year books)에 한국이 개발한 고유한 무기체계로 처음 소개되는 기록을 남기기도 했다.(안 동만·김 병교·조 태환 공저, 같은 책, 288~303쪽)

(4) 세계 일곱 번째 미사일개발국가

'72년 4월, 최초로 유도탄 개발지시를 받은 후 만 6년 동안 ADD 과학자들의 피를 말리는 집념과 고투의 과정을 거쳐 마침내 체계결합을 완료한 NHK-1 미사일은 '78년 4월 29일 첫 비행시험에 들어갔다.

실패의 위험을 감소시키기 위해 시험은 3단계로 나누어서 실시하기로 했다. 1단계로는 새로 개발한 국산 유도조종장치를 기존 나이키 허큘리스의 기체에 결합해서 비행시험을 해보고, 그것이 성공하면 국산 유도조종장치와 국산 기체를 결합해서 비행시험을 실시하고, 다음 단계에서는 국산 추진기관을 나이키 허큘리스와 결합해서 성능을 시험하고, 마지막 단계에서는 국산 유도조종장치와 국산 기체, 국산 추진기관을 결합해서 종합시험을 실시하는 개념이었다.

대부분의 과학자들이 긴장과 불안 속에 밤잠을 설친 상태에서 4월 29일 실시한 첫 비행시험은 실패로 끝나고 말았다. 수십 미터의 불기둥과 요란한 굉음을 내며 발사대로부터 솟아오른 미사일은 곧 1단 추진기관이 분리되고 2단 추진기관이 점화되면서 궤도를 잡고 날아가는 듯했지만 비행거리 100km쯤 되는 곳에서 갑자기 스크린에서 사라져버렸다. 모두가 망연자실하지 않을 수 없었다. 원인을 규명할 수도 없었다. 추적레이더를 포함한 지상 통제시스템을 면밀히 점검해보았지만 이상을 발견할 수가 없었다.

일주일 후인 5월 6일에 같은 시험을 다시 했다. 더욱 철저한 사전 점검을 마친 후 기대를 걸고 실시했던 2차 시험도 역시 실패했다. 이번에는 비행거리 18km쯤 되는 곳에서 미사일이 사라져버렸다. 심 문택 소장 이하 모든 관계자들은 나락으로 떨어지는 절망감에서 헤어날 수가 없었다. 그러나 10월 1일 국군의 날 이전에 공개 시범발사를 하도록 시한이 잡혀 있는 절체절명의 상황에서 실망만 하고 앉아 있을 수도 없었다. 이 경서 창장을 비롯한 각 개발 부서의 책임자들이 연구소의 한 방에 모여 원인규명에 매달렸다. 휴일도 없이 침식을 거르는 고투 끝에 마침내 원인을 찾아냈다. 컴퓨터가 설정한 이상적인 탄도를 따라 미사일이 비행하도록 컴퓨터에서 유도조정 명령을 과도하게 자주 보내는 바람에 미사일의 구동장치가 너무 빨리 움직여서 비행체가 안정성을 잃고 목표 궤적을 유지할 수가 없었던 것이다.

　3차 비행시험은 6월 3일에 실시되었다. 쾌청한 날씨 속에 10시 정각에 발사된 미사일은 조금 후에 1단 추진기관이 떨어져나가고 2단 추진기관이 점화되면서 목표를 향해 힘차게 날아갔다. 문제의 18km 지점과 100km 지점을 지나서 계속 날아가다가 목표 상공에서 급강하를 시작하여 표적에 정확히 명중했다. 초조하게 지켜보던 사람들은 일순간에 환성을 지르며 일어나 서로 부둥켜안고 눈물을 흘렸다. 마침내 1단계 비행시험에 성공한 것이다. 김 정덕 박사 팀이 어렵게 개발한 국산 유도조종장치의 성능이 입증되는 순간이었다.

　시간에 쫓기던 ADD는 바로 그 다음 날인 6월 4일 4차 비행시험을 강행했다. 국산 유도조종장치를 국산 기체에 결합해서 발사하는 시험이었다. 시험은 아무런 문제 없이 성공적으로 끝났다. 이때부터 과학자들은 NHK-1의 개발 성공에 대한 확신을 갖게 되었다.

　4차 비행시험의 성공을 보고 받은 후 청와대는 공개시사회에 대한 지침을 하달했다. 9월 중에 행사를 실시하는 것으로 예정하고 NHK-1(백곰)에 추가해서 경대전차로켓(KLAW)과 중거리 로켓 황룡, 다연장로켓 구룡의 공개 시사회를 동시에 추진하라는 것이었다. 개발 목표시한을 '78년 말로 잡고 연구를 진행하던 황룡과 구룡의 연구팀에는 또다시 비상이 걸릴 수밖에 없었다.

　각 연구개발 과제의 진행과정을 면밀히 파악하고 있는 청와대에서 무리한 지시를 하는 데에는 박 대통령의 특별한 의중이 작용하고 있었다. '77년 5월 카터 행정부는 합참의장 브라운(George S. Brown)

대장과 하비브(Philip C. Habib) 국무부 차관을 대통령 특사 자격으로 파견해서 "주한미군 1진은 '78년 말에, 2진은 '80년 중에 철수하고, 마지막 사단사령부와 1개 여단은 '80년도에 상황을 판단해서 철수시기를 결정하되 전면철수의 원칙에는 변함이 없다."는 사실을 일방적으로 통고해왔다. 박 대통령은 "미국 정부가 사전협의 없이 철수계획을 공식적으로 밝혔으므로 반대하거나 붙잡지는 않겠다. 철군으로 인해 발생할 공백에 대한 보완책은 철저히 강구해주기 바란다."는 뜻을 밝힌 바 있다. 한국 정부로서는 자주국방과 전쟁억제력의 확보가 그 어느 때보다 절박한 상황이었다. 따라서 NHK-1의 공개 시사회는 대북억제력의 과시뿐만 아니라 주변국과 우방국에 대한 무력시위의 성격도 있었던 것이다. 공개할 수 있는 무기가 많을수록 좋았다.

비행시험은 그 후로도 네 차례 더 실시했다. 국산 추진기관의 성능시험과 최종적으로 국산 NHK-1 미사일의 종합 성능시험이었다. 기간 중에도 몇 가지 새로운 문제들로 실패-성공-실패를 되풀이했지만 그때마다 문제를 보완해서 9월 16일 국방부장관과 합참의장 임석 하에 마지막 종합시험인 8차 비행시험을 실시했다. 이날 사격은 예행연습 차원에서 KLAW 6발, 구룡 28발, 황룡 1발, 그리고 백곰(NHK-1) 순으로 실시했다. 모두가 성공적이었다.

그러나 선진국의 경우 정밀유도무기를 개발하기 위해서는 장기간에 걸쳐 수십 번 또는 수백 번의 시험사격으로 문제를 보완하고 성능을 입증해나가는 데 비해 단 여덟 번의 시험사격으로, 그것도 네 번 실패하고 네 번 성공한 상태에서 공개 시사를 한다는 점에서 소장 이하 모든 연구원들은 불안한 마음을 떨쳐버릴 수가 없었다.

'78년 9월 26일 안흥시험장에서 거행된 공개시사회는 노 재현 국방부장관의 주관으로 대통령과 내외 귀빈을 초청하는 행사 형식으로 준비되었다. 국회를 대표하여 이 민우 부의장과 정 래혁 국방위원장이 참석하고, 최 각규, 최 형섭 등 유관 부처 장관들과 군대표로 합참의장과 3군 참모총장 그리고 베시(John W. Bessey) UN군사령관 등이 참석했다. 그 밖에도 국내 보도진을 포함해서 초청인원은 100여 명에 달했다. 초가을의 쾌청한 날씨였다.

오후 1시경 대통령이 도착하고, 간단한 경과보고를 거쳐 바로 시범사격에 들어갔다. 예행연습과는 달리 순서를 바꾸어 백곰을 먼저 사격하기로 했다. 혹시라도 예상치 못한 문제가 발생할지도 모른다는 불안감 때문에 백곰을 먼저 쏘기로 한 것이다.

관람석에 설치된 스피커를 통해 울리는 120초의 카운트다운을 거쳐 "발사!" 하는 명령과 함께 2km 전방에 설치된 발사대에서 불기둥을 타고 힘차게 솟아오른 백곰은 곧 1단 추진기관이 분리되고 2단 추진기관이 점화되면서 탄도를 따라 빠르게 날아가다가 이내 시야에서 사라졌다. 그 후로는 관람대에 설치된 TV모니터를 통해 비행탄도가 전시되고 있었다. 대통령 이하 모든 사람들이 열심히 모니터를 지켜보고 있었다.

얼마 후 백곰이 목표 상공에 도착하여 급강하를 시작하고 이어서 탄착지점 해면에 하얀 물기둥이 솟아오르는 것이 화면에 보였다. "탄착!" 하는 통제원의 방송에 모든 사람들이 환호하며 박수를 쳤고, ADD 관계관들은 서로 얼싸안고 울음을 터뜨렸다. 마침내 백곰의 공개 시험발사에 성공한 것이다. '자주국방'의 기치를 내건 지 8년 만에,

'항공공업 육성계획'을 확정한 지 4년 만에, '백곰사업'에 착수한 지 2년 만에 땀과 피와 눈물로 이룬 개가였다. 이것으로 대한민국은 세계에서 일곱 번째로 미사일을 개발하고 생산한 국가가 된 것이다.

이날 시험발사에 성공한 무기체계들은 곧바로 국군의 날 행사에 참가해서 열렬한 환영을 받고 국민들의 사기를 드높여주었다. 행사를 마친 후 대통령이 쓴 일기를 오 원철 수석은 이렇게 전하고 있다.

"국군의 날, 건군 30주년을 맞이하게 되었다. 오전 10시 여의도 5·16광장에서 국군의 날 행사가 거행되었다. 우리 국군은 건국 초부터 공산 침략도배들과 혈투를 거듭하면서 오늘의 막강한 대군으로 성장했다. 1970년대에 들어오면서 우리는 자주국방을 위한 스스로의 결의와 노력으로 이제 해가 거듭될수록 내실을 기해가고 있다. 오늘의 행사에 동원된 장비 중 70~80% 이상이 우리 국산 장비라는 것을 확인할 수 있었다. 특히 지난 9월 26일 시험발사에 성공한 다연장로켓과 중·장거리 유도탄이 처음으로 국민들 앞에 선을 보임으로써 시민들의 열렬한 박수와 환영을 받았다. 이제 외형적으로나 내용적으로 우리 군이 엄청나게 성장했고 강해졌다는 것을 피부로 느낄 정도로 달라졌다. 사기가 문자 그대로 충천하다. 아마 우리 역사상 이처럼 막강한 국군을 가져본 것은 처음이리라. 장병들이여, 더욱 분발하여 조국을 빛내도록 하자. 국군장병들에게 신의 가호가 있으라."(오 원철, 같은 책, 585쪽)

제3장
핵연료주기 자립과 한·미 갈등

1. 한국의 원자력에너지 개발전략

(1) 고리원자력발전소의 기공

'71년 3월 19일 경상남도 동래군 장안면에서는 대통령 임석 하에 정부 각료와 국회의원, 주한외교사절 등이 참석한 가운에 우리나라 최초의 원자력발전소인 고리1호기의 기공식이 거행되었다. 미국의 웨스팅하우스(Westing house)사에서 개발한 가압경수형 원전으로 발전설비용량은 59만 5,000kW였다. 극동에서 일본에 이어 두 번째로 건설되는 이 원전에는 미국 차관 약 6,700만 달러와 영국 차관 약 6,400만 달러에 내자 약 4,500만 달러를 포함해서 총 1억 7,600여만 달러가 투자되는 것으로 알려졌다.

박 대통령은 치사를 통해 "이 원자력발전소가 완공되는 '76년에는 농촌의 전화율(電化率)이 현재의 27%에서 70%로 향상되며, 이것은 우리의 경제발전을 촉진시킴은 물론 문화생활에도 크게 기여하게 될 것이다."고 했다. 이어서 그는 "전력공급의 확대를 위해 화력발전소 건설에 병행하여 원자력발전소도 점차적으로 건립하여 3차 5개년계획이 끝나는 '76년 말까지 발전량 600만kW를 확보하겠다."고 다짐했다.(경향신문 '71년 3월 19일자)

 '자립경제와 자주국방'을 '70년대의 국정지표로 정하고 경제건설에 매진하던 한국의 입장에서 전력은 가장 시급히 해결해야 할 과제의 하나였다. 수력발전이 한계에 도달한 여건에서 급격히 늘어나는 전력 수요를 화력발전소의 증설로 충당하고 있었지만 석탄매장량이 한정되고 석유자원이 전무한 나라에서 화력발전은 갈수록 경제적인 부담을 가중시키고 있었다. 이에 비해서 원자력발전은 막대한 건설비용과 위험부담, 그리고 기술적인 어려움 등이 따랐지만 총수명주기를 포함한 생산원가 면에서 석유발전의 3분의 2 수준에 불과했다. 중화학공업의 육성을 통하여 자립경제와 자주국방이라는 두 마리 토끼를 한꺼번에 잡아야 하는 정부의 입장에서 원자력발전에 눈을 돌리는 것은 불가피한 선택이라고 할 수 있었다. 고리1호기의 기공은 한국이 원자력에너지 개발에 첫발을 내딛는 상징적이고도 함축적인 의미를 지니고 있었다.

 그해 6월 박 대통령은 한국과학기술연구원(KIST) 원장이던 최 형섭 박사를 과학기술처장관으로 임명했다. 최 형섭은 경남 진주 출신으로 일본 와세다대학에서 야금학을 전공하고 서울대학교 교수로 재직 중 6·25전쟁이 발발하자 공군 기술장교로 입대하여 항공수리창장으로 국방에 헌신하다가 전쟁이 끝난 후 미국 미네소타대학에서 화학야금학 박사학위를 취득하고 '62년부터 한국원자력연구원 원장으로 근무했으며, '66년에는 박 대통령의 요청으로 KIST의 창설 책임을 맡아 5년 동안 초대 원장으로 재직했다. '71년 과학기술처장관으로 발탁된 후에는 8년 동안 대통령의 핵심 참모의 한 사람으로서 '70년대 과학기술과 원자력 발전을 진두에서 이끌어간 한국 과학계의 태두였다.

최 장관은 취임 후 '원자력 발전 15년계획'을 수립하여 대통령에게 보고했다. 이 보고서에서 그는 원자력 기술의 자립을 위해서는 우라늄의 농축, 가공, 재처리에 이르는 '핵연료주기' 기술의 확보가 가장 핵심적인 과제라는 것을 역설했다.(심 융택, 같은 책, 20쪽)

당시 원자로의 가동에 필요한 핵연료는 전량 외국으로부터 가공된 농축우라늄 제품을 수입해야 하는 형편이었다. 장차 원자로의 수적 증가에 따라 비용부담이 커질 수밖에 없었다. 그뿐만 아니라 한 번 사용하고 폐기하는 연료봉의 저장관리에도 많은 경제적 부담과 환경적 문제들이 수반되고 있었다. 만약에 천연우라늄을 수입해 국내에서 농축하고 가공하는 기술을 확보한다면 연료비의 부담을 큰 폭으로 줄일 수 있었다. 또한 사용 후 연료봉을 재처리해 사용할 경우 연료비 부담의 약 3분의 1을 절감하고 핵폐기물 처리에 따르는 환경적인 문제들도 현저히 완화시킬 수 있었다. 원자력발전소 건설을 계획하는 나라라면 당연히 검토해야 할 기술적인 선택이었다.

(2) 국제 기술협력의 확대

최 장관은 '72년도에 시작되는 제3차 경제개발5개년계획과 주기를 맞추어 '국제기술협력 5개년계획('72~'76)'을 수립했다. 경제개발에 필요한 과학기술의 우선순위를 설정하고, 취득한 선진기술을 국내 여건에 맞게 개선, 발전시킬 수 있는 국내 흡수능력(Absorptive Capability) 강화에 역점을 두고 각종 개발프로젝트 개발, 기술연수생 해외 파견, 과학기술자 교류 및 전문가 활용 등의 협력 사업을 계획적이고 조직적으로 추진하기 위한 계획이었다.

'72년 5월 26일, 최 장관은 약 한 달간의 일정으로 프랑스, 영국, 독일을 차례로 방문하는 것을 시작으로 해외 주요 국가들과의 과학기술협력을 위한 적극적인 순방외교에 나섰다. 첫 번째 방문국인 프랑스에서는 산업기술개발성 장관을 비롯한 관계의 요인들을 만나 한국이 건설 중인 경수형 원자로를 위한 핵연료의 성형가공 및 재처리에 관한 기술지원을 약속받았다. 그 밖에도 한국의 해양개발기술연구소의 설립 지원, 프랑스 석유연구소와 KIST의 자매결연, 프랑스 국립과학연구소와 과학기술처 간에 '과학협력에 관한 협정' 체결에 합의하는 등 중요한 성과를 보게 되었다.

영국 방문 중에는 한국 원자력연구소의 연구원들을 영국 하웰(Harwell) 원자력연구소에 파견하고, 영국 왕립협회와 양국 과학자 교류 사업을 추진하기로 합의했다. 독일에서는 한국의 중화학공업 추진에 긴요한 정밀기계 설계 및 주물기술센터를 KIST에 설립하는 계획에 합의하고, 양국의 협력 사업으로 기계금속시험연구소 설립, 창원기능대학 창설 등을 추진하기로 약속했다.(최 형섭, 『과학에는 국경이

없다』, 매일경제신문사, '94. 4. 21, 40~48쪽)

원자력의 국제적 기술협력과 관련한 당시의 상황은 '70년 3월에 발효된 '핵확산금지조약(NPT : Nuclear Nonproliferation Treaty)'을 근거로 기존 핵무기보유 국가들이 제3국에 대한 핵무기나 기폭장치에 대한 기술이전을 엄격히 통제하는 추세에 있었다. 다만 프랑스 정부만은 예외적으로 대상국이 핵확산금지조약에 가입하고 원자력의 평화적 이용을 위한 국제원자력기구(IAEA)의 안전조치를 준수한다면 핵연료의 성형가공 및 재처리기술을 판매할 수 있다는 입장을 유지하고 있었다.

최 장관이 방문을 마치고 귀국한 그해 10월경부터 한국의 원자력연구소와 프랑스의 원자력위원회(CEA) 간에는 활발한 실무접촉과 협의가 시작되었다.

프랑스 정부가 핵연료 관련 기술이전을 매개로 한국의 원전사업에 참여하려 한다는 사실이 알려지자 또 하나의 원전 경쟁국가인 캐나다 정부가 다급해졌다. 캐나다는 이듬해 4월에 자국의 원자력공사 총재인 그래이(J. L. Gray) 박사를 한국에 파견하여 청와대와 과기처, 상공부 등 유관 부처를 순회하면서 캐나다가 개발하여 이미 인도, 파키스탄, 아르헨티나 등에 수출하고 있는 가압중수형 원자로(CANDU : Canada Deuterium Uranium Reactor)의 장점을 역설했다. 그리고 한국이 가압중수형 원전을 도입했을 때 얻을 수 있는 유무형의 이점들을 귀띔해주었다. 그 속에는 연구용 원자로 NRX(National Reactor X-Perimental)에 관한 사항도 포함되어 있었다.

중수형 원자로는 최초 건설비용 면에서는 경수형 원자로보다 고가였다. 그러나 경수로가 농축우라늄을 사용하는 데 비해 중수로는 보다 저렴한 천연우라늄을 연료로 사용했다. 또한 경수로가 18개월에 한 번씩 가동을 완전 중단하고 IAEA의 엄격한 감독 하에 일제히 연료봉을 교체하는 데 비해 중수로는 하루에도 몇 개씩 가동 중에 연료봉을 교체하기 때문에 발전설비의 이용효율이 상대적으로 높다는 장점이 있었다. 다만 사용하고 난 천연우라늄에는 플루토늄의 잔류량이 적어서 재처리의 효용성이 떨어진다는 단점이 있었는데 그것을 보완할 수 있는 반대급부가 곧 캐나다 정부가 제공하겠다는 연구용원자로(NRX)였다. 3만kW 용량의 NRX는 원자로의 연소시간을 조절하면서 순도 높은 플루토늄이 함유된 사용 후 핵연료를 얻을 수 있다는 이점이 있었다.

그래이 박사가 한국을 다녀간 얼마 후에 정부는 ADD 선임부소장인 현 경호 박사와 원자력연구소 제1부소장인 주 재양 박사 등 전문가로 실사단을 편성해서 캐나다의 원자력발전소와 핵연료공장, 중수공장, 연구용원자로 운영실태 등을 돌아보고 가압중수형 원자로의 장단점을 면밀하게 분석했다. 캐나다 측에서는 한국이 중수로 2기를 구매할 경우 NRX 연구용원자로를 무상으로 제공하고 기술이전까지 해주겠다는 제안을 해왔다.

마침 그해 10월에 제4차 중동전쟁이 발발하면서 원유가가 4배 이상 폭등하는 유류파동이 일어났고, 전력수급대책에 이상이 생긴 한국 정부는 장기적으로 중수형 원자로 4기를 건설하기로 결정하고 1차로 1호기의 구매의향서를 캐나다로 발송했다.

한편, 한국과 프랑스는 '74년 10월에 '한·불 원자력협정'을 체결하고, 이듬해 1월에는 원자력연구소와 프랑스의 핵연료 시험제조회사(CERCA) 간에 '핵연료 제조장비 및 기술도입계약'이 체결되었다. 이어서 4월에는 원자력연구소와 프랑스 원자력위원회(CEA) 산하의 용역회사인 생고뱅(SGN)사 간에 '핵연료 재처리공장 설계 및 기술용역 도입'에 관한 계약이 체결되었다.

이와 병행하여 '75년부터는 벨기에 정부를 상대로 혼합핵연료(Mixed Oxide) 연구시설 도입을 위한 차관협상을 추진했다. 그리고 국제사회의 의혹을 불식시키기 위하여 그동안 미국의 요구에도 불구하고 유보해왔던 핵확산금지조약(NPT) 비준안을 국회에서 심의, 의결하여 '75년 4월 23일부로 정식 비준국가가 되었으며, 9월에는 한국, 프랑스, IAEA(국제원자력기구) 3자 간에 안전조치협정을 체결했다.

정부의 적극적인 국제협력과 강력한 후원에 힘입어 한국의 많은 원자력 전문가들이 프랑스, 캐나다, 벨기에 등에 파견되어 선진국의 원자력 관련 기술을 습득하고 기술 자료들을 수집할 수 있었다. 특히 경쟁관계에 있던 프랑스와 캐나다는 한국의 기술자들에게 호의적이고 개방적이었다. 그 덕분에 원자로의 설계기술뿐만 아니라 핵연료의 농축, 가공, 재처리기술은 물론 일부 원자력의 군사적 이용에 관한 기술까지를 포함하여 많은 소중한 자료들을 획득할 수 있었다. 이것은 후발국인 한국의 원자력기술 발전에 획기적인 기회를 제공해주었다.

이 무렵, ADD와 원자력연구소에는 각각 별도의 '특수사업팀'이 운용되고 있었다. 원자력연구소에서는 핵연료 분야의 권위자인 주 재양 박사를 중심으로 한 특수사업팀이 핵연료주기의 자립화를 위한 기술연구와 장비도입을 주 임무로 하고 있었고, ADD에서는 선임부소장인 현 경호 박사를 중심으로 한 특수사업팀이 원자력에너지의 군사적 이용에 관한 연구를 담당하고 있었다. 율곡사업이 시작되면서 이 팀은 '890사업팀'으로 불리기도 했는데 '890'은 율곡사업의 코드번호로서 '8'은 연구개발사업의 분류기호다. 이 팀들은 최초에 홍릉에 위치하다가 대전기계창에 화학동이 건설되면서 그쪽으로 연구시설을 이전했다. 시설 전체가 삼엄한 통제구역으로 군부대의 경계지원을 받던 대전기계창 내에 펜스를 두른 또 하나의 통제구역이 설정되어서 허가된 자 이외에는 출입이 제한되었다.

2. 미국의 개입과 압력

(1) 한·미 원자력협정과 핵확산금지조약(NPT)

한국이 고리1호기의 건설을 시작으로 본격적인 원자력에너지 개발에 착수하고 국제적인 기술협력 체제를 확대해나가자 미국은 '56년도에 체결한 한·미 원자력협정을 대체할 새로운 협정의 필요성을 제기했다. '72년 11월에 서명되고 '73년 3월에 정식으로 발효된 '원자력의 민간이용에 관한 대한민국 정부와 미합중국 정부 간의 협력을 위한 협정'이라는 긴 이름의 새로운 협정에 따르면 양국은 원자로의 설계, 건설 및 가동과 원자력의 평화적·인도적 이용을 위한 연구 및 개발계획을 위하여 상호 협력하기로 약정하고 있으나 다른 한편으로는 미국이 제공하는 농축우라늄(연료봉)의 형태 변경이나 재처리는 미국과의 사전 협의와 미국이 동의하는 장소, 시설에서만 가능하도록 미국의 안전조치권한을 명문화해서 사실상 한국의 독단적인 우라늄 가공이나 재처리 행위를 근원적으로 봉쇄하고 있었다. 이것은 장차 한국이 원자력을 군사적 목적으로 이용할 가능성을 사전에 배제하겠다는 미국 정부의 의도를 반영하고 있었다. 그러나 고리1호기를 미국의 지원으로 착공하고, 장차 건설할 고리2호기마저 일괄입찰(Turn-Key Base)방식으로 미국의 기술지원과 차관 공여에 의존해야 하는 한국 정부의 입장에서는 다른 대안이 있을 수도 없었다. 한국이 핵연료주기의 자립을 위해 제3국과의 기술협력을 서두르는 이유가 거기에 있었다.

미국 정부는 '74년 5월에 다시 원자력협정을 개정해서 본 협정의 유효기간을 기존의 30년에서 41년으로 연장했다.

'74년 5월 18일 인도가 비밀리에 진행한 지하 핵실험으로 세계를 깜짝 놀라게 하는 사건이 발생했다. 스마일링 붓다(Smiling Buddha) 라는 코드네임으로 포크란 육군 사격시험장에서 실시된 이 실험은 '56년 캐나다가 미국과 협의하여 인도에 제공한 연구용 원자로(CIRUS: Canadian-Indian Reactor, U.S)에서 추출한 용량 미상의 플루토늄을 이용한 기폭실험이었다. 이것으로 인도는 UN의 5개 상임이사국에 이어 여섯 번째로 핵실험국가가 되었다. 한국의 입장에서 보면 시기적으로 불행한 사건이었다.

미국은 인도에 대한 원자력 기술협력을 즉각 중단하고, 그해 7월에는 미국, 소련, 영국, 일본, 캐나다 등 NPT(핵확산금지조약) 주도국 대표들을 제네바에 소집하여 국가 간에 핵물질 이전을 차단하는 세부적인 통제대책을 강구하기 시작했다. 핵확산 문제가 미국의 최대 관심사로 떠오르고, 미국의 정보기관은 핵무기 관련 물질에 대한 각국의 거래 내역을 면밀히 조사하기 시작했다.

이런 와중에 한국은 '74년 10월 프랑스와 원자력 협력협정을 체결하고, 12월에는 캐나다와 중수로 1호기 도입을 위한 가계약을 체결했는데 바로 그 무렵부터 미국은 한국의 원자력 기술도입에 직접적인 압력을 행사하기 시작했다. 그리고 그 현장 책임자가 새로 부임한 주한미국대사 스나이더(Richard Sneider)였다. 스나이더는 30년 가까이 국무성에서 근무한 동아시아 문제 전문가로서 부임하기 전 동아시아태평양담당차관보 대리로 근무했으며, 키신저(Henry A Kissinger) 국무장관이 백악관 안보보좌관 시절 잠시 그 보좌관으로 근무한 경력이 있었다. 그는 '74년 9월에 부임하여 '78년 6월까지 약 4년 동안 한미관계가 가장 불편하고 민감했던 기간에 현장에서 미국의 대한(對韓) 정책을 대변했던 사람이다.

'74년 11월경 신임 스나이더 대사는 한국의 미사일 개발과 핵무기 개발 가능성에 관한 보고서를 국무부에 제출했다. 이 보고서를 접한 국무부는 각 정보기관에 한국의 핵무기 개발 잠재능력에 대한 종합적인 평가를 요구하는 한편, 한국의 미사일 개발에 필요한 록히드 추진제회사(LPC)의 장비 판매 및 기술이전에 반대한다는 입장을 명확히 밝혔다. 그러나 추진제공장을 한국에 판매하는 문제는 국방부와 주한 미대사관이 이미 양해하고 있는 사항이었다.

스나이더는 프랑스가 추진제 제조장비와 기술이전을 매체로 한국 진출을 시도하는 상황에서 록히드 추진제장비의 판매를 금지하는 것은 한국의 미사일 개발에 대한 미국의 통제력을 약화시키는 조치라고 판단했다. 그보다는 추진제장비의 판매를 통해 한국의 단거리 미사일 개발과정에 영향력을 확보하고, 이를 바탕으로 다음 단계의 장거리 미사일 개발이나 미사일 기술의 제3국 이전에 대한 통제장치를 강화하는 것이 보다 현실적이라고 주장했다. 그는 또 박 대통령을 면담해 본 결과 미사일 개발에 관한 대통령의 의지는 확고하다는 점을 강조했다. 스나이더의 건의에 따라 미 국무부는 추진제 장비의 한국 판매에 대한 반대 입장을 철회하게 되고 그 덕분에 한국은 록히드 추진제공장을 통째로 대전기계창 부지 안에 이전하는 데 성공했다. 다만 추진제 제조기술의 이전에 관해서는 계속 반대 입장을 유지했기 때문에 한국은 과학자들을 프랑스에 파견하여 추진제 제조 관련 기술을 습득해 와야만 했다.

이듬해 봄, 키신저 미 국무부장관은 각 정보부서의 분석을 토대로 한국이 10년 이내에 핵무기를 개발할 능력이 있다는 것으로 결론짓고, 어떠한 경우에도 한국의 핵개발은 저지해야 한다는 정책목표를 분명히 했다. 그 시점부터 한국과 미국 사이에는 가장 뜨겁고 지루했던 갈등관계가 표면화되기 시작했다.

국무부는 주한미대사관에 내린 비밀지령에서, 한국의 핵무기 개발은 동북아정세의 안정을 위협하고, 북한에 대한 소련이나 중국의 핵개발 지원의 빌미를 줄 수 있으며, 일본, 대만 등 지역 내 제3국에 핵 도미노현상을 불러올 수 있을 뿐만 아니라 미국의 대한(對韓) 방위공약에 대한 불신과 미국에 대한 군사적 의존도를 낮추려는 박 대통령의 의도가 포함되어 있으므로 한국 정부의 핵무기나 핵무기 운반체계의 개발능력을 최대한 저지하라는 것이었다.(돈 오버도퍼,『두 개의 코리아』, 중앙일보, '98, 75쪽)

(2) 다시 고조되는 안보불안

'74년 8월 15일, 국립극장에서 거행된 광복절 기념식장에서 박 대통령 저격미수사건이 일어났다. 일본 출신의 재일교포 청년 문 세광(22세)이 조총련의 지령을 받고 식장에 잠입하여 연설 중인 박 대통령을 향해 저격을 시도했지만 총기 조작의 미숙으로 실패하고, 그 와중에 단상에 앉아 있던 대통령 영부인 육 영수 여사가 유탄에 맞아 목숨을 잃었다.

이 사건은 한국 국민들에게는 6년 전 '청와대기습사건'을 되돌아보게 하는 악몽과도 같았다. 정치적 성향을 떠나 모든 국민들이 육 여사의 죽음을 애도하고 북한의 만행에 분노를 표시했다. '72년 '7·4공동성명' 이후 남북관계에 어렴풋이 떠오르던 해빙의 조짐은 일시에 사라지고 다시 격렬한 적개심이 되살아났다.

　같은 해 11월 15일에는 서부전선 고랑포 지역의 군사분계선 남방 1.2km 지점에서 최초의 북한군 땅굴이 발견되었다. DMZ 정찰임무를 수행하던 아군 병사들이 지하에서 수증기가 솟는 것을 발견하고 대검으로 파 내려가자 약 50cm 지하에 정교하게 굴착된 지하 갱도가 있었다. 이때 군사분계선 북쪽에서 북한군이 기관총 공격을 가해와 아군 병사 3명이 사망하고 5명이 부상하는 피해를 보기도 했다.

　발견된 땅굴은 높이 1.2m, 폭 1m로 조립식 콘크리트 벽과 천정으로 되어 있고 지표면에서 약 2.5m 내지 4.5m 깊이로 뻗어 있었다. 내부에는 전기 조명시설은 물론 운반용 레일과 궤도차까지 설치되어 있었다. 전문가의 분석에 따르면 1시간에 3,000명 이상의 무장병력을 침투시킬 수 있고 궤도차를 이용하여 중화기의 운반도 가능한 것으로 판단되었다.

　마침 개성 부근에서 땅굴 작업에 종사하다가 그해 9월 월남한 귀순자 김 부성의 진술에 의하면, 땅굴공사는 '71년에 최고 권력층으로부터 시달된 이른바 '9·25교시'에 의해 '72년 7월부터 각 군단별로 본격적인 굴착공사를 시작하였다고 했다.

　땅굴의 규모는 지하 50m의 깊이에 높이 1.8m, 폭 1.6m의 크기로 남방한계선 이남에 4~5개의 출구를 설치하는 것을 목표로 하고 있으며, 15명 1개조씩 3교대로 주야 구분 없이 작업을 계속해서 하루에

4~5m씩 파 내려와 지금은 거의 완성단계에 있다고 했다.

이 사건은 군부는 물론 온 국민을 경악하게 했다. "통일은 무력행사에 의하지 않고 평화적으로 실현해야 한다."고 '7·4공동성명'을 발표하던 그 시간에도 남침용 땅굴을 파고 있었던 북한의 이중성과 도발 야욕에 다시 한 번 분노와 전율을 느끼지 않을 수 없었다.

4개월 후인 '75년 3월 19일에는 철원 북방의 군사분계선 남방 약 1km 지점에서 '제2땅굴'이 발견되었다. 높이 2m, 폭 2.1m로 지표면 아래 약 50~160m의 깊이로 굴착되어 있었다. 사단급 대부대의 이동이 가능하고 화포나 경차량의 통과가 가능한 규모였다.

정보기관에서는 북한의 땅굴이 전 전선에 걸쳐 20개 내외가 굴착되고 있는 것으로 판단했다. 국방부와 UN군사령부는 땅굴탐사 능력을 보강하기 위하여 모든 수단과 방법을 동원하는 한편, 지상군은 아군 전선의 후방에서 대규모 북한 경보병부대가 기습공격을 감행하는 상황에 대비하여 전선의 배비를 재조정하고 경계대책을 보강하는 작업에 몰두했다. 전혀 예상하지 못했던 새로운 형태의 전투양상이 전개되고 있는 것이었다.

'75년 4월 30일에는 사이공이 함락되고 월남이 공산화되는 충격적인 사건이 일어났다. '73년 1월 '파리평화회담'의 타결로 휴전이 성립되고, 미군과 연합군이 철군을 완료한 지 불과 1년도 안 된 시기였다. 철군 보완대책으로 약 50억 달러에 달하는 막대한 군사원조가 제공되었고, 미국의 강력한 안보 공약과 상호방위조약이 새파랗게 살아 있는 가운데 북부 월맹군의 총공세에 밀리던 자유월남 정부는 결국 고립무원의 상황에서 소멸하고 말았던 것이다. 이 사건으로 가장 충격을 받은 나라는 아시아의 또 하나의 분단국인 한국이 될 수밖에 없었다.

바로 이 무렵, 캄보디아에서는 중국의 지원을 받는 크메르루주 공산 반군이 전 국토를 장악하고, 월남에서는 월맹군의 마지막 공세가 사이공을 향하고 있던 4월 18일 북한의 김 일성은 일주일간의 일정으로 중국을 방문하고 있었다. 중국 공산당 수뇌들의 환영만찬에서 그는 "만약에 남한에서 혁명적 사태가 발생한다면 우리는 같은 민족으로서 절대로 방관하지 않고 남조선 인민들을 도울 것이다. … 적들이 무모하게 전쟁을 도발해오면 우리는 단호하게 맞서 침략자를 철저히 쳐부술 것이다. 이 전쟁에서 잃는 것은 군사분계선이요, 얻는 것은 조국의 통일이 될 것이다."고 호언장담했다. 인도차이나 반도에서 공산세력의 성공에 고무된 그는 '다음 차례는 한반도'라는 확신과 자신감을 노골적으로 나타내고 있었던 것이다.

한국의 안보는 또다시 가혹한 시험대 위에 오르고 있었다. 언론을 중심으로 국민들 사이에 불안심리가 확산되고 있었다.

박 대통령은 5월 13일자로 '긴급조치 9호'를 발령했다. 유신헌법을 둘러싼 반대, 비방, 선동 등을 잠재워 사회혼란을 안정시키기 위한 조치였다. 위반자는 영장 없이 체포, 구금하는 강경책을 동원했다. 그와 병행해서 반공법을 강화하고, 17세부터 50세까지의 모든 남성을 준군사화하는 민방위법과 방위세법을 신설했다.

6월 초에는 미국의 저명한 칼럼니스트인 에반스(Rowland Evans)

와 노박(Robert Novak)을 청와대로 불러 단독 인터뷰를 했다. 이 자리에서 박 대통령은 베트남 패망 이후 한국 국민들은 미국의 안보 공약에 회의를 느끼고 있다는 점을 지적하고, 미국이 떠나더라도 우리는 최후의 한 사람까지 싸워서 국토를 지키겠다고 다짐하면서 만약에 미국이 한국을 포기한다면 한국은 핵무장을 할 것이라는 사실을 처음으로 밝혔다.

"우리는 핵무기를 제조할 능력은 가지고 있으나 그것을 개발하고 있지는 않으며 핵무기 비확산조약을 준수하고 있다. 그러나 미국의 핵우산이 철수되면 우리는 자신을 구하기 위해 핵무기 개발을 시작해야 할 것이다."

박 대통령의 인터뷰 내용은 6월 12일자 《워싱턴포스트》지에 전문 보도되었다. 그리고 그 보도가 나온 바로 다음 날 최 형섭 과학기술처 장관은 영자지인 《코리아타임스》와의 인터뷰를 통해 "한국은 핵무기를 개발할 수 있는 기술적인 잠재력을 보유하고 있다."고 말해서, 의도가 내포된 대통령의 폭탄성 발언을 책임 장관의 입장에서 재확인했다.

한국 정부가 돌연히 입장을 바꿔 핵무기 제조 능력의 보유를 시인하고 유사시 핵무기 개발에 착수하겠다는 의도를 분명히 한 것은 어찌 보면 공을 미국 측으로 돌려준 것이나 다름이 없었다. 주한미군 철군정책을 위시하여 한국의 안보를 보장할 수 있는 확고한 대안이 없는 외교적 수사나 엄포만으로는 한국의 핵무장을 저지할 수 없을 것이라는 강한 메시지를 함축하고 있었다.

(3) 재처리시설 도입을 둘러싼 지루한 논쟁

박 대통령의 인터뷰 내용이 보도되고 며칠 후 스나이더 대사는 미국의 대(對)한국정책에 관한 자신의 견해를 담은 비밀 전문을 국무부에 보냈다.

"미국의 한국에 대한 정책은 잘못된 것이며 아직도 한국이 미국의 피보호국(Client State)이라는 낡은 판단을 토대로 하고 있다. 이런 접근방식으로는 장차 무시하지 못할 세력으로 성장할 한국에 대한 장기적 접근이 불가능하다. 한국 정부는 미국에 대해 무엇을 기대해야 할지 확신을 갖지 못하고, 또 미국으로서는 한반도 문제에 대해 임기응변식으로 대응할 수밖에 없을 것이다. 예컨대 미국은 주한미군의 장기 주둔 여부에 관해 한국 정부에 분명한 답을 주지 않았다. 또 미국은 첨단 무기를 개발하려는 박 대통령의 노력은 저지하면서도 정작 미국이 어떤 종류의 기술을 한국 정부에 제공할 수 있는지는 분명히 밝히지 않았다. 그런 불확실성 때문에 박 대통령은 언젠가 있을 미군 철수에 대비하고 있고, 그 대책으로 국내에서 탄압조치를 강화하고 핵무기 개발을 추진하고 있는 것이다. 미국의 현 정책은 북한으로 하여금 미군이 철수할 것이라는 낙관적인 기대를 갖게 하고 있으며, 일본도 미국의 신뢰성을 의심하고 한국의 장래에 대해 불안감을 갖고 있다."(돈 오버도퍼, 같은 책, 71~72쪽)

스나이더는 미국의 기존 정책에 대한 대안으로 한반도에서 아예 손을 떼거나, 아니면 장기적 파트너십의 새로운 기초를 세워야 한다고 주장했다. 주한미군의 존재를 포함하여 한국에 대한 미국의 관계가 일시적인지, 지속적인지에 대한 필연적 결정을 뒤로 미루면 미룰수록 박 정희와 김 일성은 한·미관계가 일시적이라는 판단을 내리게 되고 그에 따라 한반도의 안정이 크게 위협받을 공산이 크다고 주장했다.

스나이더의 보고는 그의 전임자인 하비브(Philip Habib) 국무부 동아태차관보에게 전달되었다. 하비브는 '71년부터 '74년까지 주한 미국대사로 근무하면서 미7사단의 철군을 마무리하고, '72년 10월 박 대통령이 '유신'을 선포하고 계엄령을 하달하자 "미국은 한국에서 이미 발을 빼기 시작했으며, 그 속도는 빠를수록 좋다."는 견해를 표명했던 사람이다. 그것을 알고 있는 스나이더는 "북한이 무력도발을 포기하지 않는 한 미군의 철수는 너무 위험하다. 만약에 상황이 달랐다면 미군의 점진적 철수를 진지하게 고려할 수 있었을 것이다."라는 말을 덧붙였다.

'75년 8월 26일부터 한·미 연례안보회의가 서울에서 열렸다. 이 기간 중에 슐레진저(James R. Schlesinger) 미 국방장관은 청와대를 예방해서 박 대통령과 단독대담의 기회를 가졌다. 미국 원자력위원회 위원장을 역임하기도 한 전문가인 그는 핵문제를 꺼내기 전 주한미군의 병력수준은 앞으로 5년 동안 기본적으로 변화가 없을 것으로 내다본다는 개인적 견해로 박 대통령을 안심시켰다. 그리고 자신의 노력으로 백악관이 그동안 승인을 유보했던 홀링스워스 장군의 '9일 작전계획(5027-74)'을 승인했음을 알렸다. 전술핵무기의 사용을 전제로 하고 있었던 '9일 작전계획'을 승인했다는 것은 한국방어를 위해 미국이 전술핵무기를 사용하겠다는 것을 공식화하는 중요한 의미를 담고 있었다. 이어서 슐레진저는 한국의 핵무기 개발계획은 한·미 양국관계를 해칠 수도 있다는 자신의 개인적 견해를 전달했고 그 점에 대해서는 박 대통령도 동감을 표시하고 한국 정부의 기본 입장을 재확인했다.

슐레진저 장관의 청와대 면담이 있은 후 일부 국내 언론에서는 박 대통령이 핵무기 개발 포기각서를 써주었다는 추측성 기사를 보도했지만 이는 사실이 아니었다. 후일 슐레진저는 미국의 정보기관이 한국의 핵무기 개발계획에 대해 알고 있다는 것을 언급하지 않았고, 박 대통령도 비밀 개발계획이 있다는 것을 인정하지 않았다. 그러나 그는 "내가 알고 있다는 것을 눈치 채고 있는 느낌을 받았다."고 당시를 술회한 바 있다.

스나이더 대사는 '75년 7월부터 한국의 재처리기술 도입에 대한 미국 정부의 반대 입장을 공식적으로 한국 정부에 전달하는 임무를 받았다. 그는 8월 19일 최 형섭 과기처 장관을 면담하는 것을 시작으로 노 신영 외무부 차관, 김 정렴 비서실장을 차례로 만났다. 한편, 워싱턴에서는 하비브 동아태차관보와 잉거솔(Robert S. Ingersoll) 국무부 차관이 같은 문제로 함 병춘 주미대사와 번갈아 접촉했다.

미국의 논리는 한국의 재처리시설 도입은 미국의 핵확산방지 정책에 정면으로 배치(背馳)된다는 것과 한국의 핵 능력은 민감한 미국의 동북아지역의 안정을 해치게 된다는 것이었다. 또한 미 의회의 여론을 악화시켜 고리2호기 건설을 위한 차관 지원과 미 정부 보증이 어렵게 되고, 최악의 경우 한·미 원자력협정이 중단되고 동맹관계에도 심각한 영향을 줄 수 있으므로 재처리시설의 도입은 취소되어야 한다는 것이었다.

한국 정부의 관계자들은 실험용 재처리시설과 연구용 원자로의 도입이 핵연료의 자립화를 위한 기술연구 목적임을 밝히고 국제적인 의혹을 불식시키기 위해 핵확산금지조약을 비준하고 국제원자력기구(IAEA)와도 안전협정을 체결했음을 강변했지만 그러한 주장이 미국의 고압적인 태도를 누그러뜨릴 수는 없었다.

미국은 한국 정부에 전 방위적 압력을 가하는 한편으로 상대국인 프랑스와 캐나다 정부에도 외교적인 수단을 동원해서 한국과의 거래를 중단하도록 압력을 가했다. 미국의 요구를 거부할 수 없었던 캐나다 정부는 연구용 원자로(NRX)의 지원 방침을 곧바로 철회하게 되고, 그 바람에 중수로1호기의 도입은 계속 시간을 끌다가 결국 계약 내용을 변경해서 '76년 초에야 겨우 타결이 되었다.

한편, 프랑스 정부는 한국에 제공하려는 재처리시설이 기술교육을 위한 소규모의 실험용이며, 핵무기확산방지 차원에서 한국과 프랑스, IAEA 3자 간에 안전조치협정을 체결하여 IAEA가 시설운용의 모든 과정을 감독, 지도하게 된다는 사실을 들어 미국의 요구를 일축했다. 그때부터 프랑스와 미국 정부 간에는 언론과 성명전을 통한 공방전이 1년 이상 계속되었다. 그러나 초강대국 '미국의 이익'과 '미국의 논리'에 맞서는 데는 한국은 물론 프랑스 역시 한계가 있었다. 결국 두 나라는 '76년 1월 실험용 재처리시설 도입에 관한 계약을 파기하기에 이르렀다. 벨기에 정부와 추진하던 혼합핵연료 사업도 '77년 11월에 중단되었다.

그 무렵 일본에서는 미국의 양해 하에 일본 기술진에 의해 최초의 일본산 플루토늄 생산에 성공했다는 얘기가 들렸다. '75년 12월의 일이었다. 한국인의 입장에서 보면 한·미동맹의 의미를 다시 되새겨보게 하는 우울한 소식이었다.

(4) 핵연료 대체사업

핵연료주기 기술 도입을 둘러싸고 1년 이상 끌어오던 한·미 간의 갈등과 긴장관계는 한국이 실험용 재처리시설 도입 계약을 취소하는 것으로 외견상 일단락되었다. 그러나 그동안 양국 간에 형성되었던 불신의 골이 완전히 해소된 것은 아니었다.

스나이더 대사는 백악관에서 스코크로프트(Brent Scowcroft) 안보보좌관을 면담한 자리에서 가장 걱정스러운 것은 핵무기와 미사일 개발을 통해 자주국방을 이루고야 말겠다는 박 대통령의 의지라는 점을 지적하면서, 어느 정도 시간이 지난 다음 박 대통령이 다시 그 계획을 부활시켜 결국 북한도 같은 길을 밟는 사태가 벌어지지 않도록 미국이 박 대통령에게 다시 그 문제를 거론하는 것이 좋을 것이라는 의견을 제시했다. 그러면서 박 대통령이 그런 정책으로 안보를 튼튼히 할 수 있다는 신중하지 못한 생각을 품은 잘못은 있지만 미국의 일관성 없는 태도를 고려할 때 한국 사람들이 안보에 대해 걱정하는 것도 일리가 있다는 외교관다운 사족을 달기도 했다.

'75년 10월 슐레진저에 이어 국방장관이 된 럼스펠드(Donald Rumsfeld)는 '76년 5월 연례 안보회의 차 워싱턴을 방문한 서 종철 국방부장관과 만난 자리에서 한국이 핵무기 개발을 고집한다면 "미국은 안보와 경제 문제를 포함해서 한국과의 모든 관계를 전면 재검토할 것"이라고 직설적인 협박성 발언을 서슴지 않았다. 미국은 여전히 한국 정부를 믿지 못하고 감시와 정보활동을 계속하고 있었던 것이다.

　한국 정부 또한 프랑스와의 계약 취소로 모든 사업을 전면 백지화한 것은 아니었다. 박 대통령은 핵연료 재처리시설과 연구용 원자로를 자체 기술로 개발하라는 지시를 내렸다. 그에 따라 '76년 12월 그동안 재처리시설과 연구용 원자로 도입을 추진해왔던 원자력연구소의 특수사업단을 중심으로 '핵연료 개발공단(KNFDI)'을 새로 설립하고 주 재양 박사를 초대 공단장으로 임명했다.

　이 사업은 표면상으로는 우라늄 정련, 핵연료 가공시설, 방사성 폐기물 처리시설 등을 도입해 독자적으로 핵연료 가공 및 처리 능력을 확보하는 것이었지만 그 핵심은 재처리시설과 기술을 확보하는 것이었다.

　연구용 원자로는 '기기장치 개발사업'이라는 명칭으로 원자력연구소의 장치개발부가 맡아서 추진하기로 했다. '72년 후반기부터 프랑스, 캐나다 등과 기술교류 및 연수를 계속해 온 과학자들은 이미 상당 수준의 기술 능력을 확보한 상태였다. 사업의 최종 목표연도는 '81년도로 추정하고 있었다.(심 융택, 같은 책, 252~254쪽)

　한편, ADD의 특수사업팀은 '76년 말 원자력의 군사적 운용에 관한 연구를 중단하라는 박 대통령의 지시에 의해 공식적으로 무기설계에 관한 연구 활동을 중단했다. 그러나 주로 해외에서 경험을 쌓은 유치(誘致)과학자들을 중심으로 한 연구진과 기술 인력을 갖추고 분야별로 기초연구를 진행하고 있었다. '75년경부터는 화학 연구팀이 합류했다.

제4장

카터 행정부의 일방통행

1. 카터의 철군정책

(1) 대통령 선거공약

한·미 양국이 표면적으로는 한국의 핵연료주기 자립을 둘러싼 갈등관계를 해소했지만 수면 아래에서는 아직도 합치하기 어려운 평행선을 그려가고 있던 민감한 시기에 미국에서는 민주당의 지미 카터(James Earl Carter) 후보가 제39대 미국 대통령으로 당선되었다.

대통령 선거 유세가 한창이던 '76년 6월, 카터 후보는 "한국 및 일본과 협의를 거쳐 주한 미 지상군을 단계적으로 철수시키겠다."고 선언했다. 그리고 "한국 정부의 내부 탄압이 미국 국민들에게는 참을 수 없는 것이며, 한국에 대한 공약을 지지하려는 우리의 노력에 장애가 되고 있다는 점을 명확히 하겠다."는 말을 덧붙여 '철군'과 '인권 문제'를 연계시켰다. 또한 카터는 "미국은 한국에 700개의 핵무기를 배치해놓고 있다. 나는 핵무기가 단 한 개라도 한국에 배치되어야 할 이유를 이해할 수 없다."는 주장을 펴기도 했다.

조지아 주 상원의원과 주지사를 역임했지만 워싱턴 정가에는 거의 알려지지 않았던 카터가 언제부터 주한미군 문제에 관심이 있었는지는 정확히 알려지지 않고 있다. 워싱턴포스트지의 돈 오버도퍼 기자의 기록에 따르면, 카터 정부의 철군계획에 깊이 관여했던 백악관 안보보좌관 브레진스키(Zbigniew K. Brzezinski)마저도 철군론의 기원에 관해 "아직 풀리지 않은 미스터리"라고 했고, 카터 자신도 '90년대 후반 그 동기를 묻는 질문에 "내가 그런 입장을 갖게 된 계기는 분명하지 않다."는 편지를 보내왔다고 했다.

그러나 후일 밝혀진 바로는, '75년 사이공 함락 직후에 실시한 여론조사(Harris Poll)에서 "만약에 북한이 남한을 침공한다면 미국은 참전해야 할 것인가?"를 묻는 질문에 찬성하는 쪽은 단 14%에 불과했고 65%가 반대 의사를 표시했다는 조사 결과에 카터는 깊은 인상을 받았던 것으로 전해졌다.(돈 오버도퍼, 같은 책, 87~89쪽)

또한 '75년 초 워싱턴의 브루킹스(Brookings) 연구소가 제시한 주한미군에 관한 연구보고서에서 주한미군은 미국을 전쟁으로 끌어들이는 인계철선(trip wire)과도 같으므로 철수해야 한다는 주장도 그에게 영향을 주었던 것으로 추정되고 있다. 이 보고서의 공동 연구자의 한 사람인 브레크먼(Barry M. Brechman)은 카터의 선거 캠프에도 관여했던 것으로 알려지고 있다. 월남전의 패배로 큰 충격에 쌓여 있는 미국 국민들에게 주한미군 철군론은 설득력 있는 선거 이슈가 되기에 충분했다.

그뿐만이 아니었다. 당시 미 의회는 한국의 인권 문제를 이유로 포드 행정부의 '한국군 현대화 5개년계획' 지원을 위한 예산 집행을 계속 지연시키고 있었다. 그러던 중 '75년 5월 하원 국제관계위원회의 프레이저(Donald M. Frazer) 소위원회에서 실시한 한국의 인권 문제에 관한 청문회에서 전직 중앙정보부 요원이었던 이 재현과 김 상근이 "한국의 중앙정보부가 미국 내의 반한 여론을 완화하기 위해 공무원과 정치인을 상대로 광범위한 로비 활동을 벌여왔다."고 증언해 미국 정가가 발칵 뒤집히는 사태가 벌어지고 있었다.

'워터게이트 사건'으로 닉슨이 대통령직을 사임했던 공화당 정부를 상대로 도덕정치를 표방한 카터 후보가 주한미군 철수와 인권 문제를 하나로 묶어 선거공약으로 채택한 것은 적절한 시기에 나름대로 현명한 선택이었다고 할 수도 있다. 그러나 다른 측면에서 평가해본다면, 한국의 생존과 직결된 주한미군의 철수 문제가 동맹국 정부의 이성적인 판단에 의해서가 아니라 단지 선거기간의 득표 전략에 의해 성급하게 결정되었다는 사실은 많은 것을 다시 생각해보게 하는 부분이라고 아니할 수 없다.

(2) 일방적 철군계획

대통령에 취임하고 일주일 후 카터는 '한반도에 주둔하는 미국의 재래식 병력 감축을 포함해서 미국의 대(對)한반도정책에 대한 광범위한 검토'를 지시하는 대통령 검토각서(PRM-13)를 NSC를 통해 관련부서에 하달했다. 마감 일자는 3월 7일로 명시되어 있었다. 그 문서를 받아본 행정부 관리들은 기본적인 결정들이 이미 내려져 있다는 사실에 놀라지 않을 수 없었다. '77년 5월에 공개된 대통령 검토각서의 주요 골자는 다음과 같다.

- 주한 미 지상군 철수는 3단계로 추진한다.
- 1단계로 미2사단의 1개 여단을 '78년 말까지 철수시키고,
- 2단계로 각 지원부대를 철수하고,
- 3단계로 잔여 1개 여단과 사령부가 철수한다.
- 철수완료 시기는 '82년이 될 것이다. 선거공약과 달라진 것은 완료시기가 '80년에서 '82년으로 바뀐 것뿐이었다.(프레이저 소위원회 보고서, 71쪽)

'77년 1월 말 카터는 먼데일(Walter Mondale) 부통령을 일본에 특사로 보내 주한미군 철수 방침을 통보했다. 취임한 지 열흘쯤 지나서였다. 그가 주한미군 철군 문제를 왜 일본 정부와 먼저 의논해야 했는지는 알려지지 않았다. 어쩌면 그는 철군 문제를 미·일동맹의 부수적 과제쯤으로 생각했던 것인지도 모른다.

카터의 특사를 맞은 일본의 후쿠다(福田赳夫) 수상은 미국은 한반도에서 군사적 불균형이 초래되지 않도록 해야 한다고 역설했다. 그는 이미 1월 초 《뉴스위크》지와 가진 인터뷰에서 "주한미군을 철수하는 것은 현명한 조치가 아니다."고 언급한 바 있었다.

먼데일 부통령의 방일을 수행했던 국방부 동아시아·태평양 부차관보 에이브러모위츠(Morton I. Abramowitz)는 한국 지도자들에게 그 충격적인 결정을 알리지 않은 것은 큰 잘못이며, 주한미군은 철수해서는 안 된다는 자신의 견해를 밝혔다. 먼데일 부통령은 다만 "그것은

선거공약이었다."고 짤막하게 대답했다.

그런 일이 있고 보름쯤 지난 2월 15일 스나이더 대사와 베시(John W. Vessey) 주한미군사령관을 통해 카터 대통령의 친서가 박 대통령에게 전달되었다. 이 서신에서 그는 자신이 주한 미 지상군의 단계적 철군을 천명해왔음을 밝히고, 이 문제를 한국 정부와 협의하기를 희망한다고 했다. 즉, 철군은 기정사실이고 그 방법에 대해 협의하자는 의미였다. 이어서 그는 '78회계연도에 대한(對韓) 군사판매(FMS)차관 2억 7,500만 달러의 의회 승인을 요청했음을 알리면서 미 의회와 자신은 한국의 인권 문제에 깊은 관심을 갖고 있다고 말함으로써 다시 한 번 인권 문제를 지상군 철군은 물론 미국의 대한 군사지원과 연계시켰다. 그러면서 한·미 양국 간의 안보관계를 지지하며 한국의 방위 노력을 적극 지원할 것이라는 판에 박은 외교적 수사도 빠뜨리지 않았다.

서신을 받아본 박 대통령은 미 지상군 철수가 결정된 이상 보완대책의 마련이 보다 중요하다는 점을 강조하고 이 문제의 협의를 위해 박 동진 외무부장관을 대통령 특사로 파견하겠다는 내용의 답신을 보냈다. 박 대통령은 이 답신에서, 한국 국민은 주한미군이 영구히 주둔하기를 원하지는 않지만 한국의 전력증강이 이루어져 북한의 전쟁도발을 저지할 수 있고 한반도에 평화가 정착될 때까지 미군이 주둔하기를 기대해왔다는 점을 밝히고, 그러나 철군이 결정된 이상 그 결정을 받아드릴 것이며 그에 따른 보완대책이 사전에 마련되기를 희망한다고 했다.

3월 9일 박 동진 외무부장관이 대통령 특사 자격으로 카터 대통령과 철군 문제를 협의하기 위해 백악관을 방문했다. 그러나 카터 대통령은 박 장관과의 면담이 있기 몇 시간 전 기자회견을 열고 주한 미지상군의 철수계획을 일방적으로 발표해버렸다. "한국 정부와 협의하기를 희망한다."고 그 자신이 박 대통령에게 보낸 친서의 내용은 무시되었다. 카터와 박 동진 장관과의 면담은 카터의 결정을 재확인하고 다시 한 번 한국의 인권 문제를 강조하는 자리가 되고 말았다. 닉슨이 미7사단을 철수할 때처럼 '한·미 실무위원회'와 같은 협의기구의 구성도 논의되지 않았다.

　카터의 철군론은 미 군부는 물론 행정부와 의회에서도 환영을 받지 못했다. 그것은 한반도의 상황을 면밀히 분석해보지도 않은 채 일방적으로 밀어붙이는 철군계획에 불안을 느끼고 있었기 때문이었다. 특히 행정부의 관리 중에는 개인적으로는 우려를 표시하면서도 공식적으로는 철군론을 옹호해야 하는 입장에 곤혹스러움을 실토하는 사람도 있었다. 밴스(Cyrus Vance) 국무장관, 브라운(Harold Brown) 국방장관, 홀브룩(Richard Holbrooke) 국무부 동아태차관보, 에이브러모위츠 국방부 부차관보 등이 여기에 속했다. 미 합참은 '82년 9월까지 주한 미 지상군 3만 2,000명 중 7,000명 정도를 우선적으로 철수하자는 조정안을 제시했다가 거부되었으며, 철군에 따른 적절한 보상을 제공하는 것을 전제로 철군안에 동의하기도 했다.

(3) 벽에 부딪힌 철군계획
　카터의 일방적 철군계획을 둘러싸고 미 행정부와 의회에서 논란이 계속되는 와중에 한국에서 '싱글로브(John Singlaub) 사건'이 발생했다. '77년 5월 24일 미 대통령 특사로 방한한 브라운(George Brown) 합참의장과 하비브 국무부 정무차관의 박 대통령 회담 내용을 취재하기 위해 미리 서울에 와 있던 《워싱턴포스트》지의 사르(John Saar) 기자가 주한미군사령부 참모장 싱글로브 소장을 인터뷰하는 과정에서 "만약에 카터의 철군계획이 그대로 시행될 경우 전쟁이 일어날 것으로 보느냐?"는 질문에 그는 "그렇다."고 답변하고, "지난 12개월 동안의 정보수집 결과 북한군은 계속 증강되고 있는 것으로 확인되었다."고 주장했다.

이 기사가 5월 19일자 《워싱턴포스트》지에 보도되면서 미국 내에서도 큰 파문이 일었다. 카터는 즉각 싱글로브 장군을 워싱턴으로 소환했다.

대통령을 면담한 싱글로브 장군은 "내가 그 발언을 한 시기는 한·미 간에 철군 협의가 있기 전이었으므로 대통령의 정책 결정에 도움이 되리라고 생각했습니다. 군인은 결정이 내려지기 전까지는 정확한 정보를 제공할 의무가 있습니다."라고 주장했고, 카터는 싱글로브의 발언이 한계를 벗어났고, 미국 군대의 총사령관인 대통령의 권한에 대한 존경심을 잃었다는 이유로 그를 보직해임하고 다른 보직으로 전보시킬 것을 배석한 브라운 국방장관에게 지시했다.

싱글로브는 하원 군사위원회의 소환을 받아 출두한 자리에서도 자신의 견해를 굽히지 않고 철군의 위험성을 경고했다.

미 중앙정보부(CIA)의 창설 멤버이기도 한 싱글로브 소장은 OSS(CIA의 전신) 장교로 2차 대전에 참전했으며, 그 후 중국의 내전 기간에는 만주지역의 정보책임자로 활동하고 이어서 6·25전쟁에도 참가한 정보 분야의 전문가였다. 그의 발언이 한 개인의 단순한 의견이 아니라 정통한 정보 분석에 근거를 두고 있고, 나아가서는 주한미군 장성들의 의견을 대변할 수도 있다는 점에서 파문이 클 수밖에 없었다.

그 무렵 주한미군사령부의 장군들 사이에는 전반적으로 철군에 반대하는 입장이 주류를 이루고 있었다. 사령관 베시 장군은 2월 초 워싱턴에서 카터 대통령을 면담했을 때 "박 대통령과의 신중한 협의 없이는 주한미군의 상태에 관해 어떤 변화도 있을 수 없을 것"이라는 점을 구두로 박 대통령에게 전달하라는 지시를 받은 바 있었다. 그는 철군계획이 선거공약으로 제기된 만큼 일단 선거가 끝난 후 행정부 관리들과의 협의를 통해 합리적인 조정안이 나오게 될 것으로 기대하고 있었기 때문에 일방적인 철군 강행 방침에 내심 당황하지 않을 수 없었다. 그는 브라운 합참의장과 하비브 차관의 방한에 대비하여 현지 사령관으로서의 자신의 기본 입장을 사전에 정리했다.

■ 주한 미 지상군은 현 상태에서 유지되어야 하며, 어떤 규모의 감축에도 반대함. 휴전 이후 전쟁이 없었던 것은 주한미군이라는 전쟁 억제력이 있었기 때문임.

■ 만약에 철수가 정부의 방침으로 결정되었을 때는 아래의 차선책을 건의함.

1) 지상군 감축은 상징적인 규모로 국한할 것. 미2사단의 3개 여단 중 1개 여단의 2개 대대만을 '79년 6월 이후에 철수하고 남은 부대는 무기한 잔류시키도록 할 것.

2) 철수하는 2개 대대의 무기 및 장비는 한국군에 이양할 것.

3) 주한 미 공군은 현 3개 대대에서 6개 대대 2개 비행단으로 증강할 것.

■ 철군 보완대책으로 한국군 현대화계획을 보강할 것.

베시 장군의 견해는 미상의 경로를 통해 사전에 박 대통령에게도 전해졌다. 그리고 베시는 철군 보완을 위한 한·미 간의 협상이 이루어져야 하고, 철군 보완대책은 주한미군의 유지비용보다 고가의 보완책이 되어야만 비용 대 효과 면에서 의회의 반대 여론을 이끌어낼 수 있다는 의견을 익명의 한국 고위층에게 전달한 것으로 알려지고 있다.

박 대통령과 미 대통령 특사인 브라운 합참의장 및 하비브 국무차관 간의 회담은 5월 25일과 26일 양일간에 걸쳐 진행되었다. 회담 벽두에 박 대통령은 철군에 관한 자신의 견해를 먼저 밝혔다.

■ 주한 미 지상군의 철수는 반대합니다.
■ 그러나 미 정부가 일방적으로 철군을 밝혔으므로 이를 기정사실로 받아들이고 굳이 붙잡지는 않겠습니다.
■ 철군으로 발생할 공백에 대비하여 선보완, 후철군이 이루어져야 하겠습니다.

박 대통령은 주한미군이 한반도와 동북아의 안정에 기여해온 것에 먼저 감사의 뜻을 표하고, 아직도 전쟁의 위험이 상존하고 있는 상황에서 갑작스러운 철군은 북한의 도발 의욕을 자극할 수도 있다는 점을 강조하고, 앞으로 수년이 한국의 안보에 가장 중요한 시기가 될 것이므로 충분한 보완대책이 사전에 이루어져야 한다는 점을 강조했다.

하비브 차관은 4, 5년 내에 철군한다는 것은 기본 구상일 뿐이며 한국과의 충분한 협의를 거쳐 시행할 것이라고 말하고, 한국 방위에 대한 미국의 공약은 확고하다는 점을 강조했다. 브라운 합참의장은 철군에 따르는 사전 보완조치의 필요성에 공감하며 카터 대통령도 반드시 약속을 지킬 것이라고 다짐했다. 이어서 그는 가지고 온 철군계획에 관해 설명했다.

■ 미2사단의 1개 여단(약 6,000 명)은 '78년 말까지 철수한다.
■ 또 하나의 여단과 병참지원부대(약 9,000 명)는 '80년 6월까지 철수한다.
■ 나머지 주력부대는 '80년 말 한·미 협의 하에 상황을 면밀히 검토해서 철수시기를 결정한다.
■ 전술핵무기는 단계적으로 감축 후 최종적으로 주력부대와 함께 철수한다.

브라운의 설명은 이미 알려진 내용을 공식적으로 확인하는 형식에 불과했다. 하비브 차관은 철군 후에도 UN군사령부의 지위나 정전협정의 효력유지에는 아무런 변동이 없을 것이라고 덧붙였다.

박 대통령은 2진 철수 후에도 주력부대는 남는다고 했는데, 주력부대란 사단사령부와 2개 여단 이상이 남았을 때 주력이라고 할 수 있지 않느냐는 점과, 미 지상군이 전부 철수하고 나면 UN군사령부가 한국군에 대한 작전통제권을 행사할 수 있겠는가 하는 점을 지적했다. 미 지상군이 완전히 철수하고 나면 UN군사령부의 작전통제를 받는 군대는 한국군밖에 없었다.

이어서 박 대통령은 한국의 자주국방을 지원하기 위해 미국의 해외군사판매(FMS) 정책에 한국을 NATO, 이스라엘, 일본 등과 같이 최혜국대우인 카테고리 'A'로 격상해줄 것을 요구했다. 박 대통령의 날카로운 지적에 하비브는 그 문제들에 대해서는 좀 더 검토해보겠다고 답변했다.

카터 대통령은 철군 보완대책으로 총 19억 달러 규모의 군사원조를 한국에 제공하기로 계획했던 것으로 알려졌다. '77년 7월 이 계획을 설명하기 위하여 브라운 국방장관이 상·하원 대표들을 백악관으로 초빙하여 브리핑을 했을 때 찬성하는 의원은 한 사람도 없었고 많은 의원들이 철군에 반대의견을 표명했다. 동석했던 안보보좌관 브레진스키는 카터 대통령에게 올린 보고서에서 "철군 문제로 의회와 힘든 싸움을 하게 될 것이 분명하다."고 했다.

실제로 '77년 11월 미 하원 국제관계위원회는 카터 행정부가 요구한 총 8억 달러 규모의 대한(對韓) 군사장비 이양에 관한 권한위임을 거부했다. 철군 보상책으로 주로 미2사단이 보유한 장비의 이양을 통해 한국군의 현대화계획을 보강하겠다는 법안이었다.

미 하원이 법안을 거부하는 이유는 두 가지였다. 첫째는 미 지상군의 전면철수에 반대하는 것이었고, 두 번째는 '로비 사건'에 대한 의회의 조사에 한국정부가 협조하지 않는다는 것이었다. '76년 10월 《워싱턴포스트》지의 폭로로 일명 '코리아게이트'로 비화된 '박 동선 로비사건'은 미 의회의 초미의 관심사였지만 한국 정부는 면책특권이 주어지지 않는 한 박 동선을 청문회에 세울 수 없다는 입장을 고수하고 있었다. 위원회 멤버의 한 사람이었던 애스핀(Les Aspin) 의원은 "코리아게이트 때문에 미 의회가 주한미군의 철수를 반대하는 역설적인 현상이 일어나고 있다."고 언급하기도 했다.

여러 요인들이 한꺼번에 겹쳐서 카터의 철군계획은 비틀거리고 있었다.

대통령 면전에서 대놓고 철군반대를 주장할 수 없었던 행정부 관리들은 의회에서 철군 보완대책이 통과되지 않는 한 철군은 연기될 수밖에 없다는 새로운 가능성을 발견했다. 백악관 상황실에서 열린 회의에서 홀브룩 국무부 차관보는 "박 동선 로비사건 때문에 의원들이 한국 원조계획에 찬성표를 던질 경우 유권자들로부터 정치적 보복을 당하지 않을까 두려워하고 있다. … 원조 없이 철군을 강행할 경우 미국이 동아시아로부터 발을 빼려는 것으로 비칠 수도 있어 카터 행정부의 대(對)중국 관계정상화계획이 수포로 돌아갈 수도 있다."고 말했고, 국가안보회의 위원인 아마코스트(Michael Armacost)도 "보상 없이 철군할 경우 일본에서도 심각한 부정적 현상이 일어날 것"이라고 거들었다. 에이브러모위츠 국방부 부차관보는 "보상 없이 철군을 강행할 경우 주한미군사령관인 베시 장군이 군복을 벗을 가능성도 있다."고 주장했다.

브레진스키는 "철군정책이 잘못된 결정인지는 모르지만 이미 결정된 것이다. 이제 와서 물러설 수는 없다."고 했다. 결국 그는 1차 철군을 연기하는 대신 철군병력을 1개 여단에서 1개 대대(약 800명)와 비전투 병력 2,600명으로 축소하는 조정안을 만들어 대통령에게 건의하기로 했다.

　카터 대통령은 내심 불쾌했지만 결국 그 조정안을 수락하고 '78년 4월 21일 이를 공표했다. 그리고 그는 사석에서 브라운 장관은 충성심이 부족하다고 강하게 비난한 것으로 전해지고 있다.

2. 한·미연합군사령부

(1) UN군사령부와 한국군 작전지휘권

닉슨 행정부의 대(對)중국 화해와 냉전완화의 기류에 편승해서 '71년 중국이 대만을 축출하고 UN 안보리 상임이사국이 되었다. 종래 미국을 중심으로 한 서방국가의 지배 하에 있던 UN의 판도에 아시아의 잠재적 강대국인 중국의 등장은 군소 공산권 국가들은 물론 제3세계권 국가들에게도 고무적인 상황 변화로 인식되고 있었다.

UN의 권위를 인정하지 않던 북한도 '73년도에 UN의 옵서버 자격을 획득하고 상주 대표부를 설치하는 것을 시작으로 적극적인 UN외교를 펼치기 시작했다. '73년도에는 'UN한국통일부흥위원회 (UNCURK)'의 해체를 요구하는 안건을 제안해서 이를 관철시켰다. 그 문제에는 한국 정부도 반대의사가 없었기 때문에 총회의 표결 없이 '합의 성명서'로 처리되었다.

'74년도에는 북한이 "UN군사령부를 해체하고 UN의 기치 하에 주둔하고 있는 모든 외국군을 철수해야 한다."는 안건을 상정했지만 한국과 미국 등 서방진영의 반대로 뜻을 이루지 못했다. 그러나 '75년도에는 주로 공산권과 제3세계 국가들의 지원에 힘입어 북한 측 제안 (3390 b호)과 서방 측이 제기한 "정전협정 유지를 위하여 상호 수락할 수 있는 대안에 동의한다면 '76년 1월 1일을 기해 UN군사령부를 해체한다."는 서방 측 제안(3390 a호)이 동시에 총회에서 의결되는 이변이 일어났다.

미국은 이 문제의 구체적인 협의를 위해 남·북한과 미·중이 참여하는 4자회담을 제안했지만, 공산 측은 한반도의 평화를 공고히 하기 위해 정전협정을 평화협정으로 대체할 것을 주장하고 이를 위해 북한과 미국과의 양자회담을 요구했다. 한국은 정전협정 당사자가 아니라는 이유를 들어 한국의 참여를 배제한 것이다. 양측의 요구와 주장이 팽팽히 맞서면서 이 문제는 더 이상의 진전이 없었다.

그러나 한국의 입장에서 보면, 비록 UN총회의 의결이 엄격한 구속력을 지니고 있는 것은 아니었지만, UN군사령부 해체와 외국 군대 철수의 당위성이 총회의 결의로 통과되었다는 사실은 한반도 정세에 새로운 변수로 작용할 가능성을 배제할 수 없었다.

UN군사령부는 '50년 7월 7일 UN안보리의 결의 제1588호에 의해 창설되었다. 당시 안보리는 한국전에 참전하는 모든 나라의 군대를 미국의 책임 하에 통합해서 지휘할 연합군사령부를 편성하도록 결정하고 사령관의 지명 권한을 미국에 위임한 것이다. 미국은 다음 날인 7월 8일 맥아더(Douglas MacArthur) 원수를 극동지역 미군 총사령관 겸 UN군사령관으로 임명했다. 이와 때를 같이하여 이승만 대통령은 7월 14일 한국의 육·해·공군에 대한 지휘권을 UN군사령관에게 위임하는 서한을 맥아더 장군에게 전달했다. 7월 14일은 UN의 기(旗)가 맥아더사령부에 도착하고 UN군사령부가 공식적으로 발족하는 날이었다. 이때부터 한국군은 비록 UN의 회원국은 아니었지만 UN군의 일원으로 전쟁을 수행하게 된 것이다. 이승만 대통령과 맥아더 장군 사이에 교환된 지휘권이양에 관한 서신은 UN사무총장에게 보고되어 UN의 공식 문서로 채택되었다.

이 대통령이 '현 적대행위가 계속되는 동안' 국군의 지휘권을 UN

군사령관에게 위임하기로 했지만 모든 권한을 위임한 것은 아니었다. 당시에는 지휘권에 대한 교리적인 세부 구분이 없었기 때문에 일반적인 의미로 지휘권이라는 용어를 사용하고 있었지만 그 실제적 의미는 작전에 관한 지휘권에 국한되었다.

비록 작전에 관한 사항이라도 그것이 국가 이익에 중대한 영향을 주는 사안으로 판단될 경우 이 대통령은 독단적인 결심과 명령을 주저하지 않았다. '국군의 38선 돌파 명령'이나 '반공포로 석방 명령' 등이 대표적인 사례다.

그뿐만 아니라 이 대통령은 한반도 분단 상황의 근본적 해결이 없는 정전회담에 반대하여 대표 파견을 거부하고, 국군을 UN군사령부로부터 철수하는 문제를 제기하는 한편, '단독 북진' 여론을 조성하여 미국 측 관계자들과 갈등을 빚기도 했다. 결국 한·미 양측은 정전협정에 대한 보완책으로 '53년 10월 1일 '한·미상호방위조약'을 체결했고, 그 조약을 발효시키기 위한 '합의의사록('54년 11월)'에 "UN군사령부가 한국 방위를 책임지는 동안 한국군을 UN군사령부의 작전통제권(Operational Control) 하에 둔다."는 조항을 명문화했다.

UN군사령부는 전쟁 기간 동안 참전 16개 회원국 군대로 구성되었지만 '67년 태국 군대의 철수를 마지막으로 모든 참전국 군대가 철수하고 남은 것은 주한미군과 작전통제를 위임받은 한국군이 전부였다. 좀 더 정확히 말하면 UN군사령부의 즉각적인 작전통제를 받는 군대는 한국군이 유일하다고 할 수도 있었다.

미 극동군사령관이 겸직하던 UN군사령관은 '57년 7월 극동군사령부가 해체되면서 일본 도쿄에 있던 사령부를 서울로 이전하고, 새로 창설된 하와이의 미 태평양전구사령부가 지역 내의 모든 미군에 대한 지휘권을 보유하게 되었다. 비록 UN군사령관이 주한 미8군사령관을 겸직하도록 했지만 기본적으로 8군은 태평양전구사령부의 작전지휘를 받는 부대로 유사시에만 그 지휘권을 UN군사령부에 위임하도록 되어 있었다. 따라서 전·평시를 막론하고 UN군사령부의 작전통제를 받는 군대는 한국군밖에 없었다. 한국은 UN회원국도 아니었다.

박 대통령이 "미 지상군이 모두 철수하고 나면 UN군사령부가 한국군에 대한 작전통제를 할 수 있겠는가?" 하고 반문한 것은 바로 그 점을 지적한 것이다. 이 말은 만약에 미 지상군이 전부 철수한다면 한국군이 더 이상 UN군사령부의 작전통제를 받아야 할 이유가 없다는 의미로도 해석할 수 있었다.

카터의 철군계획대로 미 지상군을 일방적으로 철수하고 나면 UN군사령부는 더 이상 존속할 근거가 없었다. 만약에 UN군사령부가 해체된다면 정전협정 당사자로서 정전체제 유지에 책임이 있는 미국으로서는 그 기능을 수행할 대안이 없을 뿐만 아니라 한국군에 대한 작전통제권도 유지할 수가 없었다. "철군계획이 그대로 강행된다면 한반도에는 전쟁이 일어날 수밖에 없다."는 주장은 결코 근거 없는 과장이 아니었다.

그때부터 한·미 군 고위층 간에서는 UN군사령부의 기능을 대체할 수 있는 새로운 연합지휘체제에 관한 논의가 본격적으로 시작되었다. 기본적으로 카터의 전면 철군에 반대의사를 갖고 있던 미 합참이나 주한미군의 고위층에서는 관심을 갖고 그 문제를 다루었다. 한국 측에서는 합참본부장인 유 병현 중장(대장 예편, 합참의장, 주미대사)이 그

일을 맡았다. 그는 육군본부 작전참모부장으로 근무하던 시절 '한·미 1군단(집단)'을 창설하는 데 주도적인 역할을 담당했던 경험을 갖고 있었다.

(2) 한·미연합군사령부 창설

'77년 7월 서울에서 열린 제10차 한·미 연례안보회의에서 서 종철 국방부장관과 브라운 미 국방부장관은 미 지상군의 1진이 철군을 완료하기 전에 '한·미연합군사령부'를 새로 창설하고, 정전협정의 관리를 위하여 UN군사령부를 축소된 형태로 존속시킬 것을 합의했다.

이에 따라 한·미 공동으로 '창설준비위원회'가 구성되고 한국 측 대표로는 그동안 미측과 협의를 진행해온 유 병현 합참본부장이 임명되었다. 준비위원회는 연합사령부의 세부 편성과 운용체제를 완성해서 다음 해 연례안보회의에 보고하도록 임무를 부여받았다.

UN안보리의 결의안에 설치 근거를 둔 UN군사령부와는 달리, 한·미연합군사령부는 '53년에 체결된 '한·미상호방위조약'에 근거해서 설치되는 기구였다. 조약이 체결되고 25년 만에 처음으로 연합방위체제가 구축되는 셈이었다. 이것은 그동안 국제적 환경의 변화와, 한편으로는 카터의 철군계획에 불안을 느낀 미 군부의 적극적인 지원에 힘입은 바가 컸지만 가장 중요한 것은 한국군이 그만큼 성장했다는 것을 의미하고 있었다.

'60년대의 월남 참전을 통해서 뛰어난 전투능력을 인정받았고, '70년대의 거국적인 자주국방 노력을 통해 급속한 발전을 거듭해온 한국군은 마침내 주한미군의 대등한 협력자로서 그 역량과 수준을 확보하기에 이르렀던 것이다.

특히 '71년 7월에 창설되었던 '한·미1군단(집단)'의 운용 경험은 양국의 군사지도자들에게 매우 인상적인 성공 사례로 평가되고 있었다.

당시 의정부에 주둔하고 있던 미1군단은 미7사단과 함께 철군목록에 포함된 부대였다. 그러나 미군 2개 사단과 지역 내 한국군 부대들을 작전통제하여 수도권의 방어를 책임지고 있던 미1군단의 갑작스러운 해체는 이 지역의 작전지휘체제에 심각한 문제를 야기할 수밖에 없었다.

중동부지역의 방어를 전담하고 있던 제1야전군에 작전지역을 인계할 경우 그 임무가 과중하고, 지휘 폭이 과도히 신장되어 북한의 기습적인 초기 공세에 효과적으로 대응하기 어렵다는 분석평가가 나왔다. 그뿐만 아니라 지역 내에 잔류하고 있는 미2사단을 비롯한 미군 전력에 대한 지휘통제에도 문제가 있었다. 주한미군의 수뇌부도 이 문제에 공감했다. 그래서 한국 육군본부가 제시한 연합군단 편성안을 중심으로 철군 조정안을 마련해서 미 합참에 건의하기로 했다. 그것이 곧 '한·미1군단(집단)'이었다. 한국군과 미군이 동수 비율에 의해 인력과 직책을 반분하여 연합부대를 편성하는 개념이었다.

비록 1개 군단사령부에 국한되는 것이었지만 그것이 지니는 상징성과 실제적 의미는 매우 큰 것이었다. 6·25전쟁 이후 일방적으로 미군사령부의 작전지시를 받아오던 한국군이 처음으로 한 부대의 작전계획과 명령의 작성, 그리고 부대의 운용에 관해 대등한 권한으로 참여하게 된 것이다. 수직적이고 의존적이던 동맹관계가 양국 구성군의 우수한 자질과 상호보완적인 협동체제에 의해서 수평적인 연합작전체제로 발전하는 시범적 사례가 되었고, 그것이 곧 한·미연합군사령부가 탄생할 수 있는 모태가 되었던 것이다. 휴전 이후 처음으로 한국군과 주한미군이 수도권의 절대 고수와 반격작전개념에 합의한 최초의 연합작전계획인 '작계 5027-74'도 바로 이 사령부를 통해서 탄생했다.

새로 창설되는 한·미연합군사령부에 대한 지휘체계는 상호방위조약의 정신에 따라 양국의 대통령, 국방장관, 합참의장으로 이어지는 국가군사지휘체계(NMCA : National Military Command Authority)의 공동 지휘를 받도록 했다. 이에 따라 양국의 합참의장을 공동 의장으로 하는 군사위원회(Military Committee)를 구성해서 연합군사령부에 대한 전략지시를 통해 지휘권을 행사하고, '78년부터 매년 1회 연례안보회의와 병행하여 군사위원회(MCM)를 개최하기로 합의했다.

사령부의 편성은 이미 '한·미1군단(집단)'을 통해 실효성이 입증된 대로 상호 동수개념에 의해 인력과 직책을 배분하기로 했다. 또한 연합군사령부 예하에는 육·해·공군 구성군사령부를 편성하고, 연합군사령관은 이 부대들에 대한 작전통제를 통해서 임무를 수행하기로 했다.

'78년 7월 미국 서부의 샌디에이고에서 열린 연례안보회의에서 연합군사령부 편성안이 양국 국방장관에 의해 조인되었고, '78년 11월 7일 박 대통령 임석 하에 노 재현 국방부장관과 브라운 미 국방부장관의 공동 주관으로 '한·미연합군사령부'가 정식으로 창설되었다. 한국 방위에 대한 명목상 UN군사령부의 지휘체제를 끝내고 한·미 양국의 연합방위체제가 탄생하는 순간이었다.

3. 북한군 OB(전투서열) 재평가

(1) 갑자기 불어난 북한군 전력

'79년 1월 시무식이 끝난 며칠 후 베시 연합사령관이 노 재현 국방 장관과 김 종환 합참의장을 차례로 방문했다. 사령관의 얼굴은 심각하게 굳어 있었다. 그는 지난 1년간 미 정보 당국에서 집중적으로 실시한 정밀분석 결과 북한군의 전투력은 지금까지 한·미 군 당국이 알고 있는 것보다 약 40% 이상 증강되었음이 확인되었다고 말했다.

북한 지상군의 병력은 현행 OB(Order of Battle : 전투서열)에 기록된 48만 5,000명에서 68만 명 수준으로 증가되었고, 전투사단 및 여단은 30개에서 40개로 증가되어 있었다. 전차는 2,200대 수준에서 2,800대로, 각종 화포는 약 5,000문에서 8,000문 수준으로 증가되고, 북한이 '60년대부터 증강하기 시작했던 비정규전부대(경보병부대)도 약 10만 명으로 증가되어 있었다. 더욱 놀라운 것은 북한 지상군 전력의 대부분이 휴전선을 연해서 전진 배치되어 있다는 사실이었다.

당시 한국의 지상군 전력은 병력 약 52만 명에 상비 전투사단이 21개, 전차는 M47과 M48A2C로 구성된 구형 가솔린 전차 700여 대가 주력이었고, 추가로 현대화5개년계획에 의해 미군으로부터 지원된 M48 전차 420대를 디젤형인 M48A3(90mm 주포)와 M485A5(105mm 주포)로 개조하는 작업이 진행되고 있었다. 화포는 구형 105mm 약 1,300문과 155mm 약 800문, 8인치와 기타 화포를 포함해서 총 2,300여 문을 보유하고 있었고, 새로 개발한 국산 155mm와 다연장포가 양산 준비단계에 있었다.

군사력의 양적 개념에서 북한군과 균형을 이룬다는 것은 현실적으로 한계가 있을 뿐만 아니라 불필요한 자원의 낭비를 초래할 수도 있기 때문에 개략적으로 50% 수준의 양적 대비를 유지하면서 군사력의 질로 그 열세를 보완해나간다는 군사력 건설의 기본 구상은 북한군 OB의 갑작스러운 변동으로 큰 혼란에 빠질 수밖에 없었다.

국방부장관과 합참의장은 이 사실을 즉각 청와대에 보고했다. 대통령은 내심 크게 놀라는 눈치였으나 위기에 처할수록 침착해지는 평소의 습관대로 큰 동요 없이 우리의 군사력건설 목표와 방향을 재검토해서 장기적인 대책을 연구해 보고하라는 지시를 내렸다. 그에 따라 합참에서는 전략기획국장 손 장래 소장(소장 예편, 주미 공사)을 중심으로 북한의 위협을 재평가하고 이에 대응할 한국군 전력구조의 재설계, 전력증강 중점 및 방향의 재조정을 포함한 종합적인 대비책을 연구하기 위해 밤낮 없는 강행군을 계속했다.

북한군 OB 재평가는 한국군 내부에 큰 충격을 주는 사건이었지만 군 수뇌부와 주한미군사령부 고위층 간에는 전혀 예상치 못한 사태라고 말할 수는 없었다. 카터의 철군계획이 공식화된 후 '77년 12월에 취임한 노 재현 국방장관은 베시 UN군사령관과 매주 1회 조찬간담회를 개최하고 있었다. 이 자리에서는 주로 철군에 대한 대응책, 한·미연합군사령부의 편성 방안, 그 밖에 한·미 간 주요 관심사항 등이 논의되었는데, 이 자리에서 베시 사령관은 자신의 요청으로 '78년 초부터 미 국방부에서 북한의 군사력 증강에 대한 정밀분석 작업에 들어갔다는 사실을 귀띔해주었다. 그러나 그 내용에 관해서는 아직 공식적으로 확인할 수 없었다.

    문제의 발단은 '75년 12월 미 NSA(National Security Agency: 국가안보국)의 정보분석관 암스트롱(John Armstrong)의 보고서로부터 시작되었다. 그는 어느 날 북한지역의 항공사진을 분석하다가 미상의 기갑부대가 군사분계선 북방의 새로운 지역에 주둔하고 있는 것을 발견했다. 의아하게 생각한 그는 과거에 찍었던 항공사진과 일일이 대조를 하면서 북한의 전선지역을 분석해보았다. 그 결과 많은 새로운 부대들이 발견되었다. 그는 일단 상부에 보고서를 제출하고 추가적인 인원을 지원받아 전 북한지역의 군사시설에 대한 정밀분석을 진행했다. 약 2년에 걸친 분석 끝에 그는 북한 지상군의 전력이 지금까지 알려진 것보다 훨씬 규모가 크다는 결론에 도달했다. '77년 12월 암스트롱은 주한 UN군사령부를 방문해서 베시 사령관에게 그 내용을 브리핑하고 주한미군의 의견을 물었다.

    카터의 일방적인 철군 방침으로 난처한 입장에 처해 있던 베시 장군은 즉시 미 국방부에 북한군 OB에 대한 전반적인 재평가를 실시해 줄 것을 요구했고, 국방부 DIA(Defence Intelligence Agency: 국방정보국) 주관으로 각 부서에 흩어져 있는 정보 전문가를 소집해서 약 1년간의 작업 끝에 공식적인 '북한군 OB 재평가'를 완료했던 것이다. 그러나 이 과정에서 비밀이 누출되어 '79년 1월 8일자《아미타임스(The Army Times)》지의 보도를 필두로 미국의 모든 신문들이 이 내용을 1면 기사로 집중 보도하는 사태가 발생하고 말았다.(돈 오버도퍼, 같은 책, 103~104쪽)

(2) 철군계획의 유보

북한군 OB 변경내용이 외부에 노출된 직후 미 의회는 하원 군사위원회의 조사소위원회 스트래턴(Semuel S. Stratton) 위원장과 공화당의 비어드(Robin L. Beard) 의원의 명의로 카터 대통령에게 공한을 발송하도록 했다.

서한의 내용은 미국의 정보 분석자들이 지난 몇 년간 북한 지상군의 전력평가에 중대한 과오를 범했다는 사실을 지적하고, 갑자기 불어난 북한군의 전력에 심각한 우려를 표시했다. 따라서 카터 대통령이 CIA와 DIA로 하여금 즉시 의회에 상세한 내용을 보고하도록 지시해줄 것을 요구하는 한편, 새로운 정보가 극동지역에서 미국의 중대하고 장기적인 안보에 미치는 영향에 대해 의회의 평가가 끝날 때까지 더 이상의 철군을 즉각 중지해줄 것을 강력히 요구하는 내용이었다.(스트래턴 의원 서한, '79. 1. 3)

스트래턴 소위원회는 '75년 5월에도 싱글로브 장군을 소환하여 주한 미 지상군 철군에 대한 의견을 청취한 바 있었다. 당시 싱글로브 장군은 주한미군이나 한국군 고위 장교 가운데 철군계획에 찬성하는 사람은 아무도 없다고 말하고, 주한미군은 한국과 일본을 포함한 동북아의 전략적 방어망을 구축하고 있으므로 불명확한 이유로 그 방어망을 약화시키는 것은 납득하기 어렵다고 증언한 바 있었다.

브레진스키 안보보좌관은 비어드 의원에게 보낸 답신에서 "이미 오닐(Tip O'Neil) 하원의장에게 보낸 대통령 서한에서 밝힌 바와 같이, 카터 대통령은 철군이 한반도의 군사적 균형과 한국의 안보를 보장할 수 있는 방법으로 추진되기를 바라고 있다."고 말했다.(브레진스키 서

한, '79. 1. 15)

카터의 보좌관들은 이 새로운 사태의 발전으로 '선거 공약'인 철군 계획의 멍에로부터 벗어날 수 있다는 희망을 갖고, 현 시점에서 미국의 대(對)한반도정책을 전반적으로 재검토해볼 필요가 있다는 것을 대통령에게 건의했다. 카터는 별로 마음이 내키지 않았지만 대통령 검토각서 PRM-45호(Review on Policy toward Korea)를 통해 건의를 수용했고, 그 검토가 끝날 때까지 철군을 잠정적으로 유보한다는 결정을 내렸다. 그리고 그는 2월 18일자 서신을 통해 박 대통령에게 그 사실을 알려주기도 했다.

6월 8일 국무장관 밴스를 위원장으로 하는 정책검토위원회가 백악관 상황실에서 열렸다. PRM-45호에 대한 정책검토회의였다. 표면상으로는 미국의 대한(對韓)정책에 관한 검토였지만 그 실제 내용은 철군계획의 재검토였다.

위원회는 4가지 옵션(선택)을 중심으로 토의를 진행했다. 옵션과 발표 시기는 하루 전 NSC의 상급 참모인 플랫(Nicholas Platt)이 주관하는 실무정책검토위원회에서 구상한 내용이었다.

- 1안 : 현 철군계획을 그대로 추진한다.
- 2안 : 철군기간을 연장하고 속도를 늦춘다.
- 3안 : 기간을 연장하고 속도를 줄이되 최종 단계의 철군은 남북 긴장완화와 군사력 균형의 여부에 따라 결정한다.
- 4안 : 더 이상의 철군은 중단한다.

* 모든 옵션은 '81년도의 정치적 상황과 군사력 균형에 대한 재평가를 필요로 한다.

안보보좌관 브레진스키는 '1안'을 추진할 수 있는 가능성을 아주 배제해서는 안 된다고 주장했고, 군축국(ACDA : Arms Control and Disarmament Agency) 대표인 키니(Spurgeon Keeny)는 '2안'을 지지했다. 합참의장 존스(David Johns) 장군은 '4안'에 대한 지지를 분명히 했지만 나머지 참석자들인 밴스와 홀브룩 차관보, 브라운 국방장관과 아마코스트 부차관보, 주한 미국대사인 글라이스틴(William Gleysteen) 등은 모두 '3안'을 지지했다. 비록 선택한 옵션에는 차이가 있었지만 모든 참석자들은 철군계획이 재검토되어야 한다는 데는 공감을 표시했다.

다음은 철군계획의 변경이 한국의 방위력 증강 노력에 미치는 영향에 대한 평가였다. 글라이스틴 대사는 한국이 현재 지출하고 있는 방위비는 GNP의 5.6% 수준이며, 최대한 노력할 때 6.5%까지 증액이 가능할 것이라고 했다. 한국 경제는 현재 심각한 인플레이션 등으로 성장의 고통을 겪고 있기 때문에 그 이상은 무리이며 그 범위 내에서 방위비 지출을 늘려나가도록 촉구하는 한편, 잠수함이나 미사일, 항공기 등에 대한 지출을 줄이고 지상군의 증강에 자원을 집중하도록 유도해야 한다고 말했다.

브라운 장관은 한국에 F-16 전투기를 판매하기로 약속하고 그 시기를 아직 결정하지 않았는데 너무 오래 미룰 수는 없는 사안이라고 말했고, 글라이스틴 대사는 그 문제에 대한 한국 정부의 기대가 매우 높지만 만약에 우리가 철군계획을 조정한다면 그 욕구도 다소 완화될 수 있을 것이라고 말했다.

 마지막으로 철군에 관한 최종 결심과 발표 시기에 관해서는 카터 대통령의 아시아 순방 때 한국에서 발표하는 방안과, 순방 후 미국에 돌아와서 하는 방안이 검토되었는데, 극적인 효과를 노리기 위해서는 한국 체재 중에 발표하는 것이 상책이지만 이것은 정책의 융통성을 감소시키고 의회와 협의할 기회를 박탈할 수도 있었다. 그래서 6월 하순 도쿄에서 예정된 서방선진7개국(G7) 정상회담을 마친 후 오히려 일본 수상과 협의하고, 이어서 한국을 방문해서 박 정희 대통령과 세부적인 협의를 가진 다음 귀국 후 의회 지도자들과 협의과정을 거쳐 발표하는 것이 최선이라는 데 의견을 모았다. 그리고 발표 내용은 철군 문제를 단독으로 다루지 않고 미국의 대(對)아시아정책에 포함해서 발표하기로 했다. 7월 하순경에는 밴스 국무장관의 'ASEAN' 국가들에 대한 순방이 계획되어 있었다.(Policy Review Committee Summary of Conclusions, '79. 6. 8)

4. 한·미 정상회담

(1) 카터의 3자회담 제의

정책검토회의(PRC)를 마친 후 카터의 보좌관들은 6월 29일 일본에서 열리는 G7 정상회담을 끝내고 곧장 한국을 방문해서 박 대통령과 철군 문제를 협의할 것을 건의했다. 그 자리에서 카터는 자신이 한국에 체재하는 동안 남·북한이 참가하는 '3자회담'을 개최할 것을 제안해서 또 한 번 보좌관들을 곤혹스럽게 만들었다. 일설에 의하면 카터는 최초 자신과 박 대통령, 그리고 북한의 김일성 주석이 휴전선의 중립지대에서 만나자는 아이디어를 제시했다가 참모들의 반대에 부딪혀 단념한 것으로 알려지고 있다. 이번에는 직위와 직책에 관계없이 남·북한과 미국의 대표로 구성된 '3자회담'을 제안한 것이었다.

일 년 전인 '78년 9월에 사다트 이집트 대통령과 베긴 이스라엘 수상을 캠프 데이비드로 초청해서 약 2주간의 마라톤협상 끝에 '중동평화협정'을 이끌어낸 경험이 있는 카터 대통령은 한반도에서도 다시 한 번 극적인 장면을 연출해낼 수 있을 것으로 기대하고 있었음에 틀림없다. 이미 대통령 임기의 후반에 들어선 그로서는 다음 선거를 위해서라도 뭔가 인상적인 성과가 필요했으리라는 점을 짐작하기 어렵지 않았다.

카터의 참모들은 회담의 성사 가능성에 회의적이었지만 일단 글라이스틴 주한미대사를 통해 한국 정부와 협의하도록 의견을 모았다.

한국 정부의 입장에서 보면 '3자회담'이란 월남 패망의 단초가 되었던 '파리 회담'의 악몽을 연상시키는 용어였다. 당시 미국과 월맹이 주도하는 3자회담에서 월남 정부 대표는 옵서버에 불과했다. 자신의 주장을 펴보지도 못한 채 미국과 월맹 양 당사자의 합의에 따라 평화협정에 서명하고 2년 후에 나라를 잃게 되었다.

한국 정부 관계자들은 처음부터 단호하게 3자회담 안을 거부했다. 그러나 박 대통령의 생각은 달랐다. 외교 채널을 통해 미국과 협의를 진행하도록 지시했다. 북한이 응해줄 리도 없는 사안을 가지고 쓸데없는 불협화음을 조성할 필요가 없다는 판단이었던 것으로 짐작된다.

사실상 북한은 '73년 UN에 상주 대표부를 설치한 이래 지속적으로 미국과 직접 대화의 채널을 추구하고 있었다. 특히 '75년 말 UN총회에서 UN군사령부의 해체와 외국군 철수 안이 통과된 이후 북한은 정전체제를 평화협정으로 바꾸고 주한미군의 철수 문제를 협의하기 위하여 미국과 양자 회담을 개최할 것을 끈질기게 요구하고 있었다. 이를 위해 파키스탄이나 유고 등 제3국 정치지도자들을 동원하기도 하고, '79년 1월에는 미국을 방문한 중국의 실권자 덩샤오핑(鄧小平)을 통해 미국을 설득하기도 했다. 한국을 배제한 상태에서 미국과 직접 담판하겠다는 북한의 일관된 전략이 카터의 3자회담 제안으로 갑자기 수정될 가능성은 매우 희박하다는 것이 박 대통령의 판단이었던 것이다.

외무부는 6월 19일자로 주한미대사관에 보낸 서한을 통해서, 카터 대통령이 한국 방문 중에 '3자회담'을 제안한다면 한국 정부는 적극적으로 검토할 용의가 있지만 '파리 회담'의 전철(format)을 되풀이하지 않도록 양국 정부는 몇 가지 문제에 대한 충분한 협의와 사전 동의가 필요하다는 점을 분명히 했다.

■ 미국은 안보, 정치, 경제 등 제 분야에서 한·미동맹의 공고함을 과시해서 북한이 상황을 오판하거나 이간질을 획책하지 못하도록 할 것.

■ 주한미군의 추가적 철군이 없다는 점을 공약하고 7월 15일 이전에 이를 발표할 것.

■ 양국이 회담의 주제와 절차, 진행 방법에 관해 사전에 합의할 것.

■ 3자회담은 한국과 북한이 주역할(key role)을 맡고, 회담 진행과정에서 한국과 미국이 교대로 아 측 대표를 맡을 것 등이었고, 이 의견에 미국이 동의한다면 한국 정부는 언제든지 3자회담에 관해 미국과 협의할 준비가 되어 있다고 밝혔다.(3자회담에 관한 한국의 입장, 외무부 서한, '79. 6. 19)

3자회담은 한·미 정상회담에서 양국이 함께 추진하는 것으로 공동성명을 통해 발표하고 그 제안서를 제3국을 경유해서 북한에 보냈다. 그러나 한반도 내부 문제는 미국의 간섭 없이 남·북한이 자주적으로 풀어가야 하고, 정전체제에 관한 문제는 북한과 미국 두 당사자 간에 협의해야 한다는 북한의 완강한 주장에 막혀 결국 실현되지 못하고 얼마 후 폐기되고 말았다.

(2) 한·미 국방장관 회담

한·미 정상회담이 있기 하루 전인 6월 29일 미측의 요청에 의해 노재현 국방장관과 브라운 미 국방장관의 회담이 열렸다. 이 회담은 백악관 정책검토위원회에서 결정한 대로 철군계획의 수정 문제와 한국의 국방비 증액 문제, 한국의 전력증강계획(FIP: Force Improvement

Plan)에 대한 미국의 지원 문제 등을 정상회담에 앞서 세부적으로 협의하기 위한 것이었다.

노 재현 국방장관은 최근 북한군 OB 재평가를 통해 북한의 위협이 크게 증가하고 있는 것이 확인되었으므로 철군계획은 현 단계에서 중단해야 한다고 주장했다. 북한의 오판을 방지하고 전쟁을 억제하기 위해서 미2사단의 주둔은 긴요하며 이것은 한반도의 평화뿐만 아니라 동북아의 안정에도 긴요하다는 점을 강조했다.

브라운 장관은 북한군의 급격한 증강이 위협이 되고 있다는 사실에 공감을 표시하고, 북한군 증강뿐만 아니라 태평양, 인도양 지역에서 소련의 군사력이 증강되고 있는 것도 중요한 위협이 되고 있다는 점을 강조했다. 미국은 이러한 위협에 대비하여 태평양함대의 전력을 증강하고 신예 전투기(F-15)와 조기경보통제기(AWACS)의 배치를 추진 중에 있다고 말하고, 한국 정부도 대북 군사력 불균형을 해소하기 위해 보다 많은 자원과 노력을 배정해야 미 의회를 포함한 미국의 여론으로부터 지지를 얻을 수 있을 것이며, 한국군의 전력증강은 지상군의 증강에 우선을 두고 대전차방어능력과 포병화력을 중점적으로 보강해야 할 것이라고 강조했다.

이어서 브라운 장관은 한국 정부가 요구한 F-16 전투기와 탱(Tang)급 디젤잠수함 1척의 판매에 원칙적으로 동의하지만 그 시기는 지상군 전력 보강이 이루어진 후가 적절할 것이라는 의견을 제시하고, 한국이 원하는 항공기 공동조립생산(Co-Assemble)사업은 F-5, A-7, F-4 등이 가능하고, 필요하다면 미 공군에서 운용 중인 F-4 팬텀기를 MIMEX(Military Material Excess) 판매방식으로 지원할 수 있다고 했다.

한국의 지대지유도탄 개발과 관련해서 NHK-1의 2단계 사업은 한국의 독자적인 모델을 개발하지 말고 나이키 허큘리스의 사양을 개량해서 사용하는 것이 경제적이며, 필요하다면 미국은 기술적 지원을 제공하겠다고 말했다. 이것은 한국의 미사일 개발 능력이 한·미 간에 양해한 180km를 초과할지도 모른다는 사실에 대한 미국 정부의 우려를 암시하는 완곡한 표현이었다.

그 밖에도 브라운 장관은 한국의 대전차방어능력을 보강하기 위하여 미 공군이 새로 장비한 A-10 근접지원기를 한국도 구매하기를 희망한다고 했다. 노 재현 장관은 한국은 우선 대북 열세를 만회하는 것이 급선무이므로 현재로서는 A-10기를 구입할 여력이 없다는 점을 이해시키고, 그 대신 주한 미 공군에 A-10기를 전개해줄 것을 희망하며, 그 경우 한국이 전개에 필요한 토지와 시설공사를 제공하겠다는 뜻을 밝혔다. 브라운 장관은 이 문제를 귀국 후 군 수뇌들과 협의하여 결과를 통보해주기로 했다.

노 재현 국방장관은 회담 결과를 곧바로 대통령에게 보고했다. 백악관이 그동안 철군계획의 수정에 관한 토의를 계속해왔지만 아직 분명한 결론을 내리지는 않은 것으로 보인다는 점과 카터 대통령이 한국의 국방비 증액에 특별한 관심을 갖고 있으며 정상회담에서 이 문제를 거론할 것 같다는 의견을 보고했다. 박 대통령은 한국 정부가 그동안 GNP 6%를 국방비로 배정하고 그중 30%를 전력증강에 투자해왔다는 근거자료를 준비하도록 지시했다.

그날 밤 합참 전략기획국에 비상이 걸렸다. 전력계획과장(율곡과장) 박 영학 대령(소장 예편, 국방부 평가실장)과 주무관들은 한밤중에 불려와 대담 참고자료(back up data)를 만드느라 꼬박 밤을 새우고 새벽에 청와대로 달려가는 소동이 벌어졌다.

사실상 GNP 6%나 투자비 30%는 예산편성을 위한 가이드라인으로 상세한 통계자료가 유지되고 있는 것도 아니었다. 매년 예산편성 단계에서 GNP의 6%를 국방비로 배정해도 회계연도 말 결산 때에는 5.6% 또는 5.7%로 낮아져버렸다. 매년 예상치를 초과하는 빠른 GNP 성장률 때문이었다. 그것이 당시 한국경제의 특징이었다.

(3) 박 정희 – 카터의 만남

'79년 6월 30일 한·미 정상회담이 서울에서 열렸다.

도쿄에서 G7 정상회담을 마치고 29일 늦게 서울에 도착한 카터는 곧장 헬기를 타고 동두천에 있는 미2사단(Camp Casey)으로 직행해서 주한미군 지휘관들을 만나고 다음 날 아침 장병들과 조깅을 하는 인상적인 장면을 미국의 유권자들에게 선물했다. 청와대로 향하는 연도에는 수십만 명의 환영인파가 태극기와 성조기를 흔들면서 열렬히 그를 환영했고 그 또한 매우 감동적인 뉴스가 되기에 충분했다.

일부 관계자들에게는 '끔찍했던 시간'으로 회자되기도 했던 박-카터 회담은 30일 오전 11시부터 12시 20분까지 청와대 소회의실에서 개최되었다. 한국 측에서는 최 규하 국무총리와 박 동진 외무장관, 노 재현 국방장관, 김 용식 주미대사, 김 계원 비서실장이 배석하고 최

광수 의전실장이 통역을 맡았다. 미측에서는 밴스 국무장관과 브라운 국방장관, 브레진스키 안보보좌관과 글라이스틴 대사, 홀브룩 차관보 그리고 플렛 NSC 참모가 기록담당관으로 배석했다.

박 대통령은 간단한 환영인사와 함께 지난 30여 년간 한·미동맹과 미국이 제공해준 군사적·경제적 지원에 감사를 표했다. 그리고 카터 행정부가 이룩한 미·중공 간의 관계정상화가 동북아 정세에 미칠 긍정적인 효과에 대해 환영의 뜻을 전했다.

이어서 그는 최근 북한군의 군사력 증강에 관해 언급하고, 북한이 땅굴을 파고 특수 8군단의 침투훈련을 강화하는 것은 남한에 대한 기습공격을 계획하고 있는 증거라고 했다. 휴전 이후 북한은 4만 4,000건의 휴전협정 위반을 자행했고, 10년 전에는 적의 게릴라부대가 청와대 습격을 시도하고 공해상에서 미 정보함 푸에블로호를 납치하는 사건이 있었다는 것을 환기시켰다. 최근 북한은 위장된 평화공세를 펴기도 했지만 그것은 한·미동맹에 쐐기를 박으려는 책략이며 남한을 적화통일하려는 그들의 기본 전략에는 변함이 없다는 것을 강조했다.

주한미군은 한반도의 평화뿐만 아니라 일본의 안보와 동북아의 안정에도 긴요하다는 점을 강조하고, 한반도의 현 상황을 고려할 때 미국이 더 이상의 철군을 계속하는 것은 '현명하지 못한(unwise)' 처사로 보인다는 점을 지적했다. 그리고 한국은 미국의 공약을 의심하는 것은 아니지만 전쟁이 일어난 후에 도와주는 것보다 전쟁억제력을 유지해주기를 절실히 바란다는 뜻을 전했다. 북한의 오판으로 전쟁이 재발할 경우 미국이 치러야 할 대가는 막대할 것이며 희생 또한 클 것이므로 최소한의 비용으로 최대한의 효과를 거둘 수 있는(The maximum results for the minimum price) 주한미군의 병력은 현 수준에서 동결되기를 바란다고 말했다.

　마지막으로 그는 무역 증대를 포함한 한국의 경제발전에 기여한 미국의 지원에 감사하고, 최근 OPEC(석유수출국기구)의 유가인상이 개발도상국에 미치는 부정적인 영향을 참작해서 선진국들이 적절한 대책을 세워줄 것을 당부했다.(Memorandum of Conversation, White House, '79. 7. 3)

　통역을 통해서 전달되는 박 대통령의 발언시간은 약 45분이 걸렸다. 그 발언이 계속되는 동안 NSC 참모인 플렛은 카터의 턱 근육이 실룩거리는 것을 보았다. 그가 긴장할 때면 나타나는 현상이었다. 밴스 장관은 후일 회고록에서 카터의 냉랭한 태도로 방 안의 온도가 내려가는 것을 느낄 수 있었다고 술회했다. 회담에 배석했던 노 재현 장관도 "박 대통령은 하고 싶은 얘기를 다 하기로 작정한 듯 굳은 표정으로 또박또박 발언을 계속했다. 방 안의 공기는 무거웠고 카터 대통령은 초조한 기색이 역력했다."고 당시의 분위기를 전해주었다.

　일부에서는 박 대통령이 회담에서 거론하지 않기로 했던 철군 문제를 중점적으로 얘기했기 때문에 일어난 사태라고도 했지만 그것은 사실이 아닌 것 같았다. 미 국무부에서 작성한 정상회담 준비계획에 보면 회담 목표와 핵심 의제의 첫 번째가 안보 공약과 철군 문제였고, 두 번째가 한국의 인권 문제와 정치 자유화, 세 번째가 경제협력이었다. 미측이 사전에 작성한 공동성명 초안에도 양 대통령이 철군 문제에 관해 협의했다는 내용이 명기되어 있었다.

다만 카터는 이 문제가 비공개로 진행된 단독회담(Private Session)에서 다루어지기를 원했고, 미국 국민들에게 인권을 탄압하는 독재자로 알려진 박 대통령과 공개적으로 철군 문제를 협의하고 또 박 대통령의 선제안(initiative)에 의해서 철군계획을 변경했다는 인상을 남기는 것이 싫었던 것이 아닌가 생각된다. 그날의 단독회담 기록을 보면 카터의 상반된 태도를 이해할 수 있다.

(4) 단독회담, 불편한 대화

단독회담은 12시 23분부터 1시 20분까지 한 시간 동안 열렸다. 이 자리에는 통역 담당관 최 광수 의전실장과 미측 기록담당관 플렛 두 사람이 배석했다. 마침 플렛이 5분쯤 늦게 입장했기 때문에 카터는 기록을 위하여 그동안에 자신이 발언했던 내용을 플렛에게 다시 설명해주는 것으로부터 시작했다.

카터: 나는 박 대통령에게 내가 그와 긴밀히 협의할 진지한 의도로 한국에 왔음을 말했고, 내가 제안했던 철군계획(1단계 3,400명을 의미)이 한국에 가용한 전력의 0.5%밖에 되지 않는데도 주한미군의 병력수준이 변경되어서는 안 된다는 완고한 주장에 깜짝 놀랐다는 점을 얘기했다. 나는 한국의 경제력이 큰데도 왜 남·북한 간에 그렇게 큰 군사력의 격차가 발생했는지 질문했고, 나와 그가 조화롭게 병력수준에 합의했을 때 한국이 군사력증강을 위하여 무엇을 할 수 있는지를 물었다. 다음은 박 대통령이 대답할 차례다.

박 정희: 북한의 군사력증강이 알려지기 전부터 우리는 전력증강 계획(율곡계획)을 수행해왔고 그 1단계가 '81년에 끝납니다. 그때까지 우리는 남·북한의 군사력 불균형을 해소할 생각이었지만 최근 북한군의 갑작스러운 증강으로 또 다른 5개년계획이 필요할 것으로 생각합니다. '80년 말까지 징수하기로 된 방위세도 5년간 더 연장해야 할 것 같습니다. 주한미군의 추가적인 철군 여부와 상관없이 우리의 전력증강 노력은 계속될 것입니다. 본인의 솔직한 희망은 북한의 남침 위협이 해소될 때까지 미2사단의 주력과 연합사령부의 기능이 유지되었으면 하는 것입니다. 그러나 병력수준을 결정하는 것은 각하의 고유한 특권이라고 생각합니다.

카터: 2차 FIP(율곡계획)로 북한 군사력을 따라잡을 수 있다고 생각하십니까?

박 정희: 북한이 더 이상 급격한 증강을 하지 않으면 가능하다고 생각합니다.

카터: 이 문제는 전적으로 각하의 결심에 달려 있지만, 한국은 GNP의 약 5%를 국방비로 쓰고 북한은 20%를 군사비로 지출하고 있습니다. 5, 6년 후면 북한의 군사력을 따라잡을 수 있다는 견해에 우려를 표하지 않을 수 없습니다.

박 정희: 작년에도 6%를 계획했지만 여러 차례 추경예산이 편성되면서 비율이 낮아졌을 뿐입니다. 앞으로도 6~6.5%를 국방비로 사용

할 계획이며 경제력의 신장에 따라 그 액수는 훨씬 커지게 될 것입니다.

카터: 이 문제로 각하와 논쟁을 하려는 것은 아니지만 한국의 6%가 북한의 20%와 대등하다면 어떻게 북한이 그렇게 빨리 군사력의 우세를 달성할 수 있었는지 이해가 가지 않습니다. 정보 보고에 의하면 최근 들어 소련과 중국의 북한에 대한 지원은 미미한 것으로 알려지고 있습니다.

박 정희: 한국과 북한은 경제, 사회, 정치적으로 매우 다른 체제를 갖고 있습니다. 만약 우리가 GNP의 20%를 국방비로 사용한다면 당장 폭동이 일어날 것입니다. 북한은 그것이 가능하지만 우리는 할 수 없습니다.

카터: 한국이 20%를 사용할 수 없는 이유를 잘 알겠습니다. 내가 알고자 하는 핵심은 미군의 병력수준에 관계없이 한국이 어떻게 군사력 불균형을 해소해나갈 수 있느냐 하는 것입니다. 현재로서는 그것이 어렵고, 경우에 따라서는 더 악화될 수도 있으며 철군이 불가능해질지도 모른다는 우려가 듭니다.

박 정희: 북한이 20%를 쓰고 있다는 것은 하나의 가설일 뿐입니다. 아무튼 현재 북한군은 전차와 항공기 등 특정 분야에서 우위를 점하고 있는 것이 사실입니다. 그러나 우리의 기본 목표는 전쟁을 방지하는 것이고 주한미군의 주둔은 북한의 오판을 방지하는 것입니다. 우리는 전쟁에서 승리하기를 바라는 것이 아니라 전쟁이 일어나지 않는

것을 바라고 있습니다.

카터: 한국이 군사력을 증강하는 데 있어 지상군과 다른 전력 분야 중 어느 것이 가장 시급하다고 생각하십니까?

박 정희: 우선순위를 정하기는 어렵지만 지상군에 우선을 두고 다음이 공군, 해군 순입니다.

카터: 병력수준은 어떻습니까?

박 정희: '54년 한·미 간에 합의한 60만 병력 실링 내에서 전차, 포병화력 등 장비를 보강하고 향토예비군의 장비를 현대화해나갈 것입니다.

카터: 각하께서는 60만의 실링을 유지하기를 원합니까? 아니면 그 제한을 폐지하기를 원합니까?

박 정희: 그 제한은 한국군이 미국의 보조금(Grant Aid)으로 유지할 때 만들어진 것이지만 지금은 보조금을 받지 않고 있습니다. 만약에 병력의 증가가 필요할 때는 그 문제를 각하와 협의하겠습니다. 그러나 당장은 장비 보강에 주력하려고 합니다.

카터: 오늘 아침 베시 장군의 보고에 의하면 실링보다 1,000명 이상 초과하고 있다고 들었습니다.

박 정희: 아마도 사실일 것입니다. 그러나 우리는 병력의 수를 늘리는 것보다는 장비의 질을 개선하는 것이 급선무입니다. 특히 전차와 TOW와 같은 대전차무기, 그리고 대전차방어능력이 있는 항공기가 필요합니다. 또한 지형이 주는 방어력을 이용하는 것도 중요합니다. 이를 위해 우리는 진지의 요새화와 대전차 운하 등을 건설하고 있습니다.

카터: 각하께서는 미2사단과 한·미연합사의 존재에 대해 특히 관심이 있다는 것을 이해하겠습니다. 그 밖에 미국의 핵우산도 계속 유지되기를 원하십니까?

박 정희: 그렇습니다.

카터: 만약에 우리가 또 다른 병력수준의 조정이나 감소를 결정할 때에도 적절한 통고와 협의를 원하십니까?

박 정희: 그렇습니다.

미측이 보관하고 있는 단독회담 회의록을 들여다보면 그다지 우호적이고 품격을 갖춘 대담이라고는 할 수 없지만 카터는 적어도 3분의 2 이상의 시간을 철군과 관련한 군사 문제의 토의에 할애하고 있다는 것을 알 수 있다. 남은 시간 동안 카터는 한국의 인권 상황에 관해 언급했다.

그는 최근 한국 정부가 구속된 일부 학생과 정치인들을 석방한 것에 사의를 표하고 긴급조치9호(EM-9)의 해제와 더 많은 구속자들의 석방을 요구했다. 박 대통령은 한국이 처한 특수한 상황을 설명하고 당장에 긴급조치9호를 해제하기는 어렵다고 했다.

　카터는 "EM-9을 계속하겠다는 것이냐?"고 되물었고, 박 대통령은 당장은 어렵지만 카터 대통령의 충고를 유념해서 그 방향으로 노력하겠다고 답변했다. 결국 인권 문제에 있어서도 두 정상은 적절한 합의점을 찾을 수가 없었다.(Memorandum of Conversation, The White House, '79. 7. 5)

　오버도퍼 기자가 쓴 『두 개의 코리아』에서 보면, 그날 회담을 마치고 돌아가는 카터 대통령의 심기가 매우 불편했던 것으로 알려지고 있다. 정동의 미국대사관저로 향하는 차 속에서 그는 동승한 보좌관들에게 화를 내며 어떤 반대가 있더라도 철군을 강행하겠다는 뜻을 밝혔다.

　글라이스틴 대사는 철군을 강행할 경우 뒤따를 여러 가지 위험과 부작용을 열거하면서 카터 대통령을 설득했고 밴스와 브라운 장관도 글라이스틴을 거들었다. 그들은 대사관 정문 앞에 리무진을 정차시킨 채 차 안에서 논쟁을 계속했다. 카터는 "철군계획 재검토는 먼저 한국 정부가 한국군의 전력을 보강하는 데 더 많은 노력을 기울이고 더 많은 정치범을 석방해야 한다는 전제조건을 받아들여야만 가능하다."고 다시 한 번 강조했다.

　이튿날 오전 밴스 국무장관과 글라이스틴 대사가 다시 청와대를 방문해서 박 대통령과 그 문제들을 협의했다. 박 대통령은 어제의 짧은 회담에서 진의가 잘못 전달되었을 수도 있을 것 같아 내년도 국방예산은 반드시 GNP의 6% 또는 그 이상으로 증가하겠다는 자신의 계획을 자세히 설명하고, 구속자 석방 문제에 관해서도 카터 대통령의 뜻을 유념해서 그 방향으로 계속 노력하겠다는 것을 약속했다.

그날 오후 카터 대통령은 다시 청와대를 예방해서 공동성명서를 발표하고 이한(離韓) 인사를 하는 것으로 처음이자 마지막인 박 대통령과의 정상회담을 마무리했다. 박 대통령은 김포공항까지 차량에 동승해서 카터 대통령을 환송했다.

카터 대통령이 귀국한 후 7월 20일 백악관은 "한반도의 군사정세에 대한 재평가가 완료되는 '81년도까지 주한미군의 철군계획을 중단한다."는 결정을 발표했다. 카터 대통령은 이 결정을 주한미대사관을 통해 사전에 박 대통령에게 전달했으며 박 대통령은 카터의 현명한 결단에 감사하는 서한을 보냈다.

제5장
한 시대의 종언

1. 마지막 종합 보고

'79년 9월 하순에 '북한군 OB 변경에 대한 대책보고'가 청와대에서 열렸다. 연초에 박 대통령의 "현행 전력증강계획의 목표와 방향을 재검토해서 장기적인 대책을 강구하라"는 지시에 따라 그동안 합참에서 연구했던 내용을 보고하는 자리였다.

노 재현 국방부장관, 김 종환 합참의장과 육·해·공군참모총장이 배석하고 합참 전략기획국장 손 장래 소장(소장 예편, 주미공사)이 보고를 했다. 손 소장은 기갑병과 출신으로 보병사단장을 마치고 '76년 초 합참에 부임하여 율곡사업이 본격적인 궤도에 올랐던 가장 중요한 시기에 3년 동안 군 전력증강의 실무 책임을 총괄해온 전문가였고 대통령의 신임도 두터웠다.

그는 먼저 북한군의 전력증강 내용과 장기적인 증강 전망을 분석 평가하고, 대북 군사력의 격차는 양보다 질로써 해소해나간다는 기존의 전력증강 방향을 재확인했다.

　지상군의 가장 취약한 분야인 기갑/대기갑 전력은 이미 완료단계에
있는 M48A3 전차 280대의 개조사업에 이어 국내에 새로 건설한 전
차 생산시설을 이용해서 105mm 강선포를 장착한 M48A5 전차 140
여 대를 추가로 개조, 생산해서 북한군이 보유한 신형 T62 전차의 위
협에 대응해나가겠다고 했다. 그리고 이 사업이 끝나면 곧바로 한국
의 독자 모델인 한국형 전차(ROKIT : ROK Indigenous Tank)의 생산
에 들어가겠으며, 이 전차가 실전배치되는 '80년대 중반이면 대북 기
갑전력의 질적 우세를 확고히 유지할 수 있다고 보고했다.

　대기갑 전력으로는 각 군단에 대전차미사일 TOW중대를 새로 편
성하고, 소총중대급에는 ADD에서 개발한 한국형 대전차무기인
KLAW를 배치하고, 106mm 무반동총의 양산을 확대하겠다고 했다.

　포병화력은 세계적으로 점차 대구경화·장사정화하는 추세에 부응
하여 구형 105mm와 155mm 견인포의 생산을 중단하고 사거리가
30km로 연장된 신형 155mm를 1,000여 문 생산해서 화력의 질을
보강하고, 군단급에 130mm 다연장로켓 대대를 신편해서 북한군의
방사포 위협에 대응하겠으며, '80년대 중반부터는 155mm 자주포의
국내 생산에 착수하여 화력의 생존성과 기동전 능력을 강화해나가겠
다고 보고했다.

　북한군 사단 수의 증가와 기갑·기계화여단의 증가 그리고 특수전
부대의 증강과 관련해서는 지상군 전력구조의 전반적인 재검토가 필
요하므로 시간을 갖고 연구를 계속해나가겠으며, 그 결과는 추후 별
도로 보고하겠다고 했다.

서해5도를 비롯한 특정지역에 대한 적의 국지도발 위협에 대응해서는 새로 배치된 백곰(NHK-1) 포대와 전방지역에 추진 배치된 나이키 허큘리스 포대에 살상범위가 넓은 국산 분산탄두를 100여 발 생산, 배치하여 응징보복능력을 강화해나가겠다고 보고했다.

항공전력은 이미 기종선정회의에서 결정된 대로 F-5E/F 68대에 대한 국내 조립생산을 내년도부터 추진하겠으며, 차세대 전투기인 F-16의 조기구매를 추진해서 장차 국내생산의 기반을 확보해나가는 한편, 미군이 운용 중인 F-4팬텀기 4개 대대를 MIMEX(잉여장비판매) 방식으로 구매해서 항공전력의 대북 질적 우세를 조기에 확보하겠다고 보고했다.

또한 신형 공대공미사일인 AIM-7E를 도입해서 북한의 MIG-19/21에 대한 상대적 우세를 강화해나가겠으며, 지상군의 대전차방어능력을 보강하기 위하여 주한 미 공군에 A-10근접지원기 1개 대대를 배치하는 문제를 협의해나가겠다고 보고했다.

해상전력은 미사일고속정 세력을 계속 증강하는 한편, 신형 함대함미사일 하푼(Harpoon)을 조기에 도입하고, 한국형 구축함(1,500톤급) 사업에 이어 노후한 연안경비정을 대체할 한국형 경비함(PCC) 28척을 새로 건조해서 해상방위능력을 보강하겠으며, 미국으로부터 3,000톤급[탱(TANG)급] 디젤잠수함 1척을 도입하여 운용 기술을 습득하고 수중전력 건설의 기반을 발전시켜나가겠다고 보고했다.

지대지유도탄 개발 사업은 NHK-1(백곰)에 이어 2단계인 NHK-2

에서는 미사일의 체계 개량과 국산화를 완성하고, '80년대 중반까지 독자적인 한국형 장거리 미사일(NHK-3)을 실전배치할 수 있도록 추진해나가겠으며, 이미 확보된 미사일 기술기반을 바탕으로 함대함유도탄과 방공미사일 개발능력을 확대해나가겠다고 보고했다.

약 1시간에 걸친 북한군 OB 변경에 대한 대비책을 보고한 손 장군은 '81년에 종료되는 '전력증강8개년계획'에 이어 2차 율곡계획에 대한 구상을 지금부터 발전시켜나가겠으며 2차 율곡이 끝나는 '80년대 중반까지는 대북 방위전력과 억제전력 기반을 완성할 수 있을 것으로 확신한다고 결론을 맺었다.

보고가 끝난 후 박 대통령은 "율곡 8개년계획이 종료되는 '81년도까지 북한과 군사력 균형을 이룰 수 있을 것이라는 우리의 예상은 그들의 갑작스러운 전력증강으로 빗나가고 말았다. 그러나 우리가 계획을 잘 세워서 노력하면 머지않아 따라잡을 수 있을 것이다. '80년도에 끝나도록 되어 있는 방위세 징수도 일단 5년 정도 연기하는 방안을 검토해야 할 것이다."라고 말했다. 이어서 대통령은 "주한미군의 철수가 '81년까지 중단된 것은 다행한 일이지만 그때 가서 또 어떤 변고가 일어날지는 모르는 일이다. 따라서 '80년대에는 주한미군이 존재하지 않는다는 전제 하에 우리 힘으로 전쟁을 억제하고 초전에 승리할 수 있는 자주국방태세를 완비하지 않으면 안 된다."는 것을 강조했다.

훈시를 마친 대통령은 갑자기 환등기 옆에 쭈그리고 앉아 있는 영관급 실무 장교들을 불러 악수를 하고 나서 "자네들이 수고를 많이 한다는 것을 알고 있다. 율곡사업은 소신 있고 책임감 있는 전문가들이 있어야 성공할 수 있다. 힘들어도 참고 열심히 노력하기 바란다."
고 말하고는 군 수뇌들을 향해 "우수한 실무자들을 장기 보직을 시켜
전문가로 양성하고, 그렇다고 경력관리에 불이익이 가지 않도록 해야
할 것이요."라고 세심한 배려를 해주었다. 전에 한 번도 없던 일이었
다. 놀란 실무자들은 가슴이 떨리는 감동을 주체할 수가 없었다.

북한군 OB 변경에 대한 대책 보고는 국방부, 합참과 군 수뇌들이
군 전력증강과 관련해 대통령에게 보고한 마지막 종합 보고였다. 그
리고 그 보고를 통해 2차 율곡사업의 추진 방침과 방위세 징수기간의
연장이 공식화되었다는 것도 역사적으로 중요한 의미를 지니고 있다.
이 보고가 있고 한 달 남짓 지나서 '10·26 대통령시해사건'이 일어
났고, 율곡과 자주국방은 그것을 설계하고 진두에서 이끌어온 총사령
탑을 잃어버리게 되었던 것이다.

2. '70년대의 자주국방 건설

우리 국군은 1946년 1월 미 육군 군정청 산하의 '남조선 국방경비
대'로 태릉(泰陵)에서 창설되었다. 일본군으로부터 회수한 '38식', '99
식' 소총으로 무장한 치안 보조부대였다. 1948년 8월 15일 대한민국
정부가 수립되면서 다음 달 육군과 해군으로 재창설되었고, 이듬해 10
월에는 공군이 창설되어 외관상 3군 체제를 갖추었지만 제대로 군사
력이 정비되기도 전에 6·25전쟁을 맞이했고, UN군이 참전하면서부터
는 실질적으로 미8군의 예하 단위부대로 전쟁을 수행하게 되었다.

미군이 주는 무기와 탄약으로 미군 사령관의 작전지시(통제)를 받
아 임무를 수행했고 식량을 제외한 장비, 물자의 거의 모든 것을 미군
의 보급과 지원에 의존했다. 대검 하나, 철모 하나, 군화 한 켤레도 자
력으로 보급할 능력이 없었다.

병력이나 부대 수도 미군이 인가한 실링(한도) 내에서 운용해야 했
고 마음대로 부대를 늘리고 줄일 수도 없었다. 독립국가의 독립된 군
대라고 부를 수가 없었다. 각급 제대마다 미군의 고문관이 배치되어
부대 운영 전반을 감독하고 통제했다. 이 상태는 '60년대 후반까지 계
속되었다. 그러다가 '1·21사태', '울진·삼척사태'를 만났고 이어서
'닉슨 독트린'을 맞게 된 것이다.

'닉슨 독트린'이란 단순히 미 지상군의 철수를 의미하는 것만은 아
니었다. 미국을 전쟁의 늪으로 끌어들일 수 있는 아시아의 두 나라,
즉 월남과 한국에 자국의 방위에 대한 책임을 되돌려주겠다는 의미였
다. 그동안 미국이 도울 만큼 도왔고, 힐 만큼 했으니 이제는 스스로

제 나라를 지키라는 것이었다. 스스로 지킬 의지와 능력이 있을 때 미국도 도와주겠다는 뜻이었다.

이것은 선택의 문제가 아니었다. 국가 존망의 위기였다. 절대 우위의 군사력을 바탕으로 끊임없는 도발로 전쟁의 빌미를 노리는 북한의 위협 앞에서 국가와 국민의 안전을 책임진 국가지도자의 입장에서는 고통스러운 번뇌와 결단의 시간이었다. 반년 간의 고심 끝에 내놓은 해답이 곧 '자립경제와 자주국방'이었다. 경제를 일으켜서 자주국방을 이루겠다는 담대한 부국강병책이었다.

많은 사람들은 좋은 무기를 들여다 군대에 나누어주면 강한 군대가 만들어지고 강한 국방력이 이루어질 수 있다고 단순하게 생각하는 경향이 있다. 지금도 그렇게 생각하는 국가지도자, 정치인, 군인들이 의외로 많다. 그들은 나라의 경제가 잘되어서 충분한 군사비를 지불하고 첨단 무기를 부지런히 사들이면 국방에는 문제가 없다고 믿고 있다. 문제의 본질을 피해가는 일종의 자기최면이라고도 할 수 있다.

국방이란 하나의 거대한 시스템이다. 끊임없는 예측과 선택의 과정이다. 미래를 예측하고 위협을 식별하는 통찰력이 있어야 하고, 그 위협에 대응할 군사력의 구조를 설계하고, 구조에 맞는 적정한 수단을 선택하는 정교한 논리의 과정이 뒷받침되어야 한다. 조성된 군사력을 합목적적으로 운용할 수 있는 절제된 전략과 군사이론이 개발되어야 한다. 그것이 국방의 소프트웨어(Software)에 해당하는 부분이다. 한국군이 아직 갖추지 못한 부분이었다.

그 과업이 합참에 부여되었다. 당시까지만 해도 조직은 있지만 하는 일이 별로 없어서 '양로원'으로 불리기도 하던 합참이 그 막중한 과업을 통해서 새롭게 태어나고 마침내 자주국방 건설을 향한 동력기관의 역할을 담당하게 된 것이다.

국방의 하드웨어(Hardware)는 무기체계와 군수지원 능력으로 요약할 수 있다. 그것은 국가의 과학기술 역량과 경제 규모와 산업적 기반 위에서만 가능하다. 남의 무기를 사다 쓰는 국방에는 한계가 있다. 기술종속에서 벗어날 수도 없을 뿐만 아니라 유사시에 지속적인 군수지원체제를 유지할 수가 없다. 전쟁 지속 능력을 보장할 수가 없다는 뜻이다. 국방과학연구소(ADD)를 설립하고 중화학공업 진흥을 통한 방위산업 기반 구축을 함께 시작한 이유가 거기에 있다.

'71년 11월 무모하게 밀어붙였던 '번개사업'은 새로 탄생한 국방과학과 가내공업 수준의 생산기술을 자주국방의 기반으로 결합하는 하나의 시금석이었다. 불과 4개월 만에 기본 병기의 국산화에 성공하자 그동안 의중에 숨어 있던 대형 과제들이 한꺼번에 쏟아져나왔다. 대구경 화포의 국산화와 지대지미사일 개발, 항공기, 함정, 전차의 국산화계획, 방위산업과 중화학공업 건설, 원자력 에너지 개발계획 등이 그것이었다.

한편, 육군은 독자적 전쟁계획인 '태극 72'의 연구를 통해 작전기획 능력을 개발하고, 새로 정립된 '수도권 고수개념'을 바탕으로 휴전 이후 방치되어왔던 전 전선을 요새화하는 한편, 최초의 연합작전계획인 '작계 5027-74'를 탄생시켰다.

합참은 '현대화5개년계획'과 '국방8개년계획'을 통해 각 군의 군사기획 능력을 계발하고 업무체제를 통합, 관장하는 한편, '연구개발 목표기획서'를 중심으로 국방과학연구소의 연구목표와 과제를 선별하고 통제하는 체제를 확립했다.

이 모든 구상과 시행이 '70년에서 '72년에 이르는 짧은 기간에 거의 동시적으로 이루어졌다. 그만큼 자주국방력 건설이 시급했다는 뜻도 되지만, 더욱 놀라운 것은 이 모든 것이 한 사람의 고뇌에 찬 숙고와 설계와 추진력에 의해 이루어졌다는 사실이다. 통찰력과 결단력을 지닌 국가지도자 한 사람의 힘이 참으로 위대하다는 것을 깨닫게 하는 부분이다.

'70년대의 10년은 정부와 국민, 군과 산업체, 과학자와 기술자들이 한 덩어리가 되어 '자주국방'의 뜨거운 열기 속에 몸과 마음을 불사르던 시기였다. 실패를 두려워하지 않고 불가능에 도전하던 시기였다. 건국 이래 숙명처럼 기대어오던 대미의존과 군사적 종속의 굴레를 벗어나 주권국가의 독립된 군대를 새로 건설하고, 강한 국방력으로 항구적인 국가안보의 새 틀을 짜겠다는 웅지와 열정이 타오르던 한 시대였다.

역사상 처음 있는 일이었다. 아주 오랜 일은 접어두고, 적어도 조선왕조 개국 이후로는 분명 처음 있는 일이었다. 사대교린(事大交隣)의 생존철학을 내세워 스스로 문약(文弱)의 기풍에 빠져 국방을 경시하다가 외침을 맞아 허망하게 무너지던 오백 년 왕조의 역사를 되돌아보면 결코 틀린 말이 아니다.

임진년, 조총을 들고 동래에 상륙한 왜군이 흡사 마라톤을 하듯이 산길과 들판을 달려 한양까지 오는 데 불과 보름밖에 걸리지 않았다. 놀란 임금은 싸워볼 생각도 못한 채 백성과 도성을 버리고 황망하게 북쪽으로 피난길에 올랐다. 도성이 불타고 국토가 폐허가 되고 수십만의 백성이 도륙을 당하고 볼모로 잡혀갔다.

7년 전쟁의 참화를 겪고도 정신을 못 차린 조정은 여전히 갓 쓰고 도포자락 휘두르며 당파싸움에 여념이 없었고, 30여 년 후에 똑같은 일을 되풀이했다. 겨울철 압록강을 도강한 청나라 군대가 개성까지 달려오는 데 5일 남짓 걸렸다. 미처 피난도 못 가고 남한산성에 포위된 채 두려움과 굶주림에 떨던 임금은 마침내 삼전도에서 '삼배구고두(三拜九叩頭)'의 치욕을 당하고 수십만 명의 백성들이 노예로 끌려갔다.

상비군이 없는 나라, 왕권 수호와 지배계급의 기득권 보호를 위해 존재하던 소규모 경군(京軍)을 제외하고는 싸울 수 있는 야전군을 기르지 못했던 나라가 당연히 겪어야 할 비극이었다. '한 번도 남을 침략한 적이 없는 나라', '평화를 사랑하는 백의민족(白衣民族)'이라는 자화자찬이 얼마나 초라하고 부끄러운 것인가?

6·25전쟁 초기에도 마찬가지였다. 적을 알지 못하고, 자신의 형세를 살필 줄도 모르고 허세를 부리다가 3일 만에 서울을 내주고 남쪽으로 패주했다. 뼈아픈 역사의 반복이었다.

'70년대의 자주국방 건설은 바로 이 뼈아픈 역사의 실패를 거울삼아 스스로 나라를 지킬 수 있는 군대와 과학·기술력과 산업기반을 한꺼번에 갖추겠다는 거대하고 야심에 찬 국가동원령이었다. 국민들은 불평 없이 방위세를 부담하고, 초등학교 학생부터 봉급쟁이 어른들까지 모두 방위성금을 냈다. 학생들이 모은 돈으로 고속정을 만들고 '학생호'라는 이름을 붙이기도 했다.

기업가들은 손해를 볼 줄 알면서도 기꺼이 방위산업체 배정에 응했다. 이해관계를 떠나서 역사적인 과업에 동참한다는 사명감을 앞세웠다.

과학자들과 기술자들은 싸움터에 나선 전사들처럼 비장한 각오로 밤낮을 가리지 않고 연구와 생산에 몰두했다. 해외에서 성공한 수많은 과학자들이 보장된 직장과 풍요한 삶을 버리고 조국의 부름을 받고 자주국방에 동참했다.

군대는 국내에서 생산된 최신 장비와 독자적인 전략이론으로 무장하면서 주권국가의 자주적인 군대의 모습을 갖추기 시작하고 자주국방의 소명과 자신감에 차 있었다. 또 다른 한편에서는 강대국의 간섭과 방해를 극복하고 원자력 에너지의 자립화라는 끈질긴 집념이 그 결실을 목전에 두고 있었다. 일찍이 우리 역사에 그렇게 뜨겁게, 그렇게 타오르던 시기가 또 있었던가?

'79년 10월 26일 초저녁 궁정동에서 울린 몇 발의 총성은 그 뜨거웠던 한 시대를 마감하는 조종과도 같았다. 그 사건이 지닌 정치적·사회적 의미는 논외의 문제다. 오로지 자주국방에만 매달리던 사람들에게는 거친 풍랑을 해쳐가던 작은 배가 갑자기 선장을 잃어버린 것과도 같았다. 맹렬히 달리던 기관차의 동력기관이 일시에 꺼져버리는 느낌이었다. 언제 누가 다시 그 희망의 불길을 피워 올릴 수 있을 것인가?

제6장
시련을 극복하고

1. 과학자들의 수난

(1) 격동하는 국내정세

'10·26 대통령시해사건'의 충격에서 헤어나기도 전에 '12·12 군사정변'이 일어나면서 나라 전체가 큰 혼란에 빠졌다.

군은 말할 것도 없었다. 계엄사령관인 육군참모총장이 공관에 침입한 일단의 군인들에 의해 체포되고, 다음 날 이른 새벽에는 국방부 청사에서도 총격전이 벌어졌다. 신군부가 동원한 공수부대 병력이 국방부를 장악하고 국방부장관도 연금이 되었다. 자주국방에 착수하던 '70년대 초부터 육군참모총장, 합참의장, 국방부장관을 역임하면서 중요한 역할을 담당했던 노 재현 장관이 불명예스러운 모습으로 군을 떠났다. 김 종환 합참의장도 경질되고, 얼마 지나지 않아 율곡의 실무책임자인 전략기획국장 손 장래 장군도 군복을 벗었다.

노 재현 장관의 후임으로는 주 영복 공군참모총장이 부임하고, 김 종환 의장의 후임으로는 유 병현 연합사 부사령관이 전보되었다. 합참으로서는 그나마 다행한 일이었다. 유 장군은 합참에서 국장과 본부장을 역임했고 군사력 건설과 군사전략 업무에도 정통했다. 손 장래 장군의 후임으로 보임된 권 영각(중장 예편, 국방부차관) 소장은 합참 근무경력은 없었지만 군내에서 행정의 달인으로 불릴 정도로 치밀하고 강직한 성격의 소유자였다. 거기에다 전력계획(율곡)과장으로 근무하던 박 영학 대령이 준장으로 진급하여 전략기획국 차장으로 국장을 보좌할 수 있게 되었기 때문에 업무에 공백을 피할 수 있었다. 적어도 인적 구성만으로 본다면 합참의 업무수행체제에는 별다른 이상이 없었다.

문제는 전반적인 나라의 분위기였다. 군사정변으로 군을 장악한 신군부가 점차 국가 대권에 대한 야심을 드러내면서 국민의 저항운동이 시작되었고, 5월 18일에는 계엄령이 전국으로 확대된 가운데 광주에서 계엄군과 시민들 사이에 무력충돌이 발생해서 수많은 시민과 군인들이 희생되는 대참사가 일어났다. 이 사건을 계기로 신군부는 5월 31일 '국가보위비상대책위원회'를 구성해서 국가 통치체제를 장악하고, 8월 16일에는 최 규하 대통령의 사임 성명을 받아 9월 1일 전두환 정권을 탄생시켰다.

이러한 격동 속에서 율곡업무가 제 기능을 유지하기는 어려웠다. 오 원철 수석이 불명예를 안고 퇴진하면서 청와대 경제 제2수석실이 폐지되고, 대통령의 의사결정을 보좌하던 '5인위원회'도 폐지되었다. 대통령의 직접적인 관장 하에 국가사업으로 추진하던 '자주국방 건설'이 국방부 단일 부처의 주관 사업으로 격하되었다는 것을 의미한다. 강력한 국가지도력에 의해서 정부와 군과 과학계와 산업계를 통합해서 국가 잠재력을 극대화하던 거대한 과업이 국방부와 군인들의 지혜와 사명감에 의존하는 체제로 축소되었다는 것을 의미한다. 특단의 대안이 제시되지 않는 한 자주국방 건설은 그 전망이 매우 어둡고 불안하게 되었다는 것이 전문가들의 생각이었다.

(2) ADD 공직자 정화계획

나라 안이 극도로 어수선하던 '80년도 중반 군내에 이상한 소문이 나돌기 시작했다. 2년 전인 '78년 9월에 온 국민을 열광시키고 국제적으로도 큰 관심을 모았던 백곰(NHK-1)의 시범발사가 사실은 기존 미국제 나이키 허큘리스 유도탄을 발사한 사기극이었다는 얘기였다. 좀 더 구체적으로 말하면, 방공무기인 나이키 허큘리스 유도탄은 항공기를 포착하지 못할 경우 안전을 고려하여 공중에서 자폭하도록 설계되어 있는데 바로 이 자폭장치를 제거해서 유도탄이 해상에 설치된 목표까지 날아가도록 한 것이라는 주장이었다. 출처를 알 수 없는 소문이 입에서 입으로 번지면서 급기야 ADD 과학자들을 국민을 속인 사기집단으로 성토하는 극단적인 표현까지 등장하기도 했다.

유도탄 개발과정을 잘 알고 있는 합참 전략기획국과 무기체계국의 소수 담당관들은 사업의 내용을 소상하게 설명해서 진실을 이해시키려고 노력을 해보았지만 이미 편견에 사로잡힌 사람들의 생각을 바꿀 수는 없었다. 그렇지 않아도 혼란한 시기에 터무니없는 악성 루머가 왜 떠도는 것인지 도무지 감이 잡히지 않았다.

그러던 중 '80년 7월 심 문택 ADD 소장이 갑자기 경질되었다. 심

소장은 '번개사업'이 한창이던 '72년 2월 KIST 원장 서리로 근무 중 ADD 소장으로 전보되어 8년 반 동안 각종 연구개발 사업을 진두에서 지휘해온 국방과학기술의 태두였다. 2대, 3대 소장을 역임하고 '80년 2월에 이사회의 결의를 통해 다시 4대 소장으로 연임이 확정되었는데 불과 5개월 만에 경질이 된 것이다. 이유는 알려지지 않았다.

후임으로는 서 정욱(진해기계창장, 후에 과학기술부장관) 박사가 부임했다. 서 박사는 서울대 전기공학과를 졸업하고 미 텍사스 A&M 대학에서 박사학위를 취득 후 공군사관학교 교관으로 근무하다 ADD 창설요원으로 선발된 공군중령 출신이었다. ADD 통신전자실장을 맡아서 분대용 무전기 AN/PRC-6의 개발을 시작으로 각종 군용 통신장비의 국산화를 주도한 사람으로 성격이 원만하고 친화력이 돋보이는 사람이었다. 그는 공군 출신 주 영복 국방장관에 의해 소장으로 발탁되었다. 그러나 마냥 기뻐해야만 할 일은 아니었다.

서 정욱 소장은 부임하자마자 ADD 실장급 이상 전 간부 130여 명의 일괄사표를 받았다. 명분상으로는 간부들의 보직조정을 위한 것으로, 실제 일부 보직조정이 이루어지기도 했다. 그리고 일부의 사표는 반려되기도 했다. 그러나 많은 간부들의 사표는 처리되지 않고 시간을 끌고 있었다.

그때부터 연구소 안에는 각종 소문이 나돌기 시작했다. 서 소장이 부임하기 전 장관으로부터 ADD의 인원을 절반으로 감축하라는 지시를 받았다는 얘기였다. 또 이 경서 부소장 겸 대전기계창장이 보안사령관인 전 두환 장군에게 불려가 유도탄 개발팀을 해체하라는 압력을 받았다는 소문도 있었고, 12·12사태 후 중앙정보부 차장으로 가 있는 김 성진 박사로부터 유도탄 개발부와 특수사업(890사업)팀을 해체하라는 독촉을 받고 있다는 소문도 있었다. 성격이 유한 서 소장은 오랫동안 동고동락해온 동료들을 차마 어떻게 할 수가 없어 막연히 시간을 끌고 있다는 것이었다.

그러자 상황을 파악한 과학자들이 스스로 떠나기 시작했다. 대전기계창장 직에서 해임된 이 경서 박사가 선두에 섰다. 유도탄개발의 총책임자였던 이 경서 박사는 서울대 재학 중에 도미하여 약관 27세의 나이에 미 MIT대학에서 박사학위를 취득한 알려진 수재였다. 당시 KIST 원장이던 최 형섭 박사의 권유로 귀국하여 KIST에 근무하다가 심 문택 박사와 함께 ADD에 와서 대전기계창 건설과 유도탄 개발 사업을 실질적으로 이끌어왔고, 현 경호 박사, 이 만영 박사에 이어 특수사업을 총괄하고 있었다. 그가 떠나자 많은 과학자들이 뒤를 이었다. 해외유치 과학자인 한 홍섭 박사, 역시 유치 과학자로 탄두부(890사업)를 이끌던 김 웅 박사 등이 그동안 열정을 쏟았던 연구소를 떠났다. 현역군인 신분인 강 인구 박사, 홍 재학(후에 항공우주연구원장) 박사 등은 보직에서 해임되어 대기하다가 전역을 한 후에 떠났다. 일부는 원 소속 군으로 복귀한 후 대기하다가 떠난 사람도 있었다. 그렇게 해서 그해 7월부터 9월까지 일부 관리직을 포함해서 70여 명의 연구인력이 해임되었다. 공식적으로는 그것을 '공직자 정화계획'이라고 했다. 국보위(국가보위비상대책위원회) 안에 '사회정화위원회'가 편성되어 서슬이 퍼렇던 시기에 자주국방에 헌신하던 과학자들이 정화 대상자로 분류되어 쫓겨난 것이다.

'80년 9월 ADD는 조직개편을 단행했다. 기존의 서울기계창, 대전기계창, 진해기계창 등 3개 지역창을 해체하고 지상무기, 해상무기, 항공기 및 유도무기, 통신전자, 화공기계 등 5개 연구개발단과 시험평가단(안흥)으로 재편성했다. 그리고 항공기 및 유도무기 개발단장에는 한 필순(대령 예편, 대덕공학센터장, 에너지연구소장) 박사를 임명했다.

ADD 창설 멤버의 한 사람인 한 박사는 주로 서울기계창에서 병참물자 개발실장, 레이저부장 등을 역임하면서 원형수류탄, 낙하산, 방탄헬멧, 레이저거리측정기 등을 개발한 레이저 분야의 권위자였다. 미사일 개발에 직접 참여한 일은 없었다.

새로 임무를 맡게 된 한 박사는 비록 예산은 대폭 삭감되었지만 공식적으로 유도탄 개발을 중단하라는 지시는 없었기 때문에 남은 인력들을 재편성해서 지대지유도탄의 2단계 사업인 NHK-2 개발 사업을 계속했다. '79년도부터 시작된 2단계 사업은 모방개발 단계인 백곰(NHK-1)과는 달리 독자적인 한국형 유도탄을 개발하고, 다음 단계인 NHK-3 단계에서는 사거리를 300km 이상으로 연장하는 장기적인 프로젝트였다.

그러는 과정에 '82년 3월 갑자기 한 박사가 '대덕공학센터(구 핵연료개발공단)'의 책임자로 전보되고 후임에는 최 호현 박사가 임명되었다. 역시 창설 멤버의 한 사람인 최 박사는 항공공업 초기부터 유도탄 개발에 참여했고 NHK-1의 유도조정장치 개발을 책임졌던 사람으로 당시 해군대령의 신분이었다.

(3) 유도탄 개발 사업의 종말

'82년 5월 국방부장관으로 영전한 윤 성민 합참의장의 뒤를 이어

김 윤호 1군사령관이 부임했다. 황 영시 육군참모총장과 함께 신군부의 후견인 중 한 사람이라는 소문이 있었다. 12·12 군사정변 당시 보병학교 교장(육군 소장)에서 1군단장, 1군사령관, 합참의장으로 수직 상승한 사람이었다. 전형적인 야전군인 타입으로 영어에도 능통했지만 직선적이고 성미가 급한 편이어서 실무자들이 가까이하기 어려워했다.

김 윤호 의장이 부임한 지 몇 달 후인 10월 말 안흥시험장에서 NHK-2유도탄의 시험발사가 있었다. NHK-2유도탄은 NHK-1과는 달리 1단 추진기관을 4개의 묶음(Cluster)에서 단일형으로 재설계하고, 지상레이더에 의한 유도방식을 탄두의 자체 유도방식인 관성유도방식(INS)으로 바꾸고, 탄두를 살상범위가 넓은 고폭분산탄으로 개발하는 것이 주 내용이었다. '81년 9월 비행시험에서 단일 추진기관의 성능을 확인하고 이번에는 유도조정장치에 대한 비행시험을 하는 단계였다. 유도탄 개발의 전 과정을 통해 몇 번씩 되풀이하는 ADD 자체시험의 하나였지만 무기체계국장의 사전보고를 받은 합참의장이 직접 참관하겠다는 지시를 내렸다.

10월 30일 오전에 합참의장 임석 하에 실시된 시험발사는 성공적으로 끝났다. 유도탄은 해상에 설치된 표적에 정확히 명중했다. 수행했던 연구개발과장 조 동호 대령(대령 예편, 작고)이 전하는 말에 의하면 의장은 시험 성공에 크게 기뻐하며 현장에 있던 연구진들을 격려하고 표창을 상신하도록 지시했다고 하였다.

그런 일이 있고 얼마 지나지 않아서 합참의장으로부터 율곡계획에서 연구개발비를 포함해 약 5,000억 원 규모를 삭감하라는 뜻밖의 지시가 내려왔다. 이유는 밝히지 않았다. 5,000억 원이면 거의 1년 투자비에 육박하는 액수였다. 율곡사업은 대부분 수년간에 걸쳐 계속되는 사업이기 때문에 도중에 자금지원이 중단될 경우 엄청난 혼란이 발생하고 국내외 생산업체와 계약이 체결된 사업은 소송에 휘말릴 수도 있었다. 율곡 실무자들은 이미 상부의 재가를 받아 확정된 계획이고, 대부분의 사업이 장기 계속사업이기 때문에 일방적인 삭감이 어렵다는 점을 설명했지만 그것으로 의장을 설득할 수는 없었다. 결국 수많은 사업의 집행이 유보되고 전망을 예측할 수 없는 혼란에 빠지게 되었다.

그러던 차에 서 정욱 ADD소장이 임기의 절반이 조금 지난 11월 갑자기 경질되고 후임으로 김 성진(준장 예편, 체신부장관, 과학기술부장관) 박사가 부임했다. 전 두환 대통령과 육사 동기인 김 박사는 ADD 창설 멤버의 한 사람으로 '번개사업'에 참여하고, 그 후 주미 연구개발무관, 부소장 겸 서울기계창장 등을 역임했으며, 12·12군사정변 이후 준장으로 진급하여 중앙정보부 차장으로 근무하다가 ADD소장으로 금의환향한 셈이었다.

김 소장은 부임하자마자 대규모 조직개편을 단행했다. ADD에서는 그것을 9차 조직개편이라고 했는데 그 핵심은 분야별로 편성된 5개의 사업단을 해체해서 연구개발단과 기술사업단으로 통합하는 것이었다. ADD에서는 엄격히 선별된 주요 무기체계만 개발하고 선진국의 핵심 기술을 학문적으로 연구하는 데 주력하는 한편, 일반 무기체계개발은 ADD 지원 하에 군과 산업체가 담당한다는 것이 기본 골자였다.

그것이 개발도상국인 한국의 실정에 현실적으로 타당한 것인지 아닌지는 따져볼 겨를도 없었다. 그 방침에 따라 수많은 개발과제들이 재검토 및 조정되고 중단되는 사태가 발생되었는데 그중 대표적인 것이 NHK-2지대지유도탄 개발사업의 중단이었다. 타당한 이유도 논리도 없었다. 실상을 아는 사람들의 눈에는 그 획기적인 조직개편이 NHK-2유도탄의 개발을 중단하기 위한 명분 쌓기로 보이기도 했다. 그뿐만이 아니었다. 조직개편과 함께 수많은 연구 인력이 졸지에 일자리를 잃는 사태가 뒤따랐다. 190여 개의 단위조직 중 약 70개 조직이 감소되고 2,600명의 인원 중 약 3분의 1인 839명이 강제로 ADD를 떠나야 했다. 그중 130여 명은 '사회정화 대상자'의 낙인이 찍히기도 했다. 그렇게 해서 자주국방의 핵심 사업이던 지대지유도탄 개발사업은 2단계 성공을 눈앞에 둔 시점에서 사업 자체가 소멸되고 연구인력도 뿔뿔이 흩어지고 말았다. 근근이 명맥을 유지해오던 특수사업팀도 마찬가지였다.

그해 12월 합참 무기체계국에서는 국방부와 ADD 관계자가 참석한 가운데 연구개발 '과제조정위원회'가 열렸다. 중단된 과제 예산은 전액 반납되었다. 이것으로 율곡예산 삭감 소동도 끝이 났다. 그러나 이 사건은 그동안 오로지 자주국방에만 매달리던 수많은 사람들에게 깊은 분노와 허탈감을 안겨주었다. 도대체 왜 이런 일이 일어날 수밖에 없었던 것일까?

신군부 인사들이라고 모두 애국심이 부족하고 국가관이 결여된 사람들이라고 볼 수는 없었다. 그들도 국가안보의 중요성을 잘 알고 있었고, 그중 일부는 박 대통령의 측근에서 자주국방과 율곡사업의 중요성에 깊이 공감했던 경험을 갖고 있었다. 문제는 정권의 안정이었다. 정통성에 도전을 받고 있는 그들의 입장에서는 정권의 안정이 가장 시급한 문제였고 그것을 위해서는 미국의 지원과 협조가 무엇보다 절실했다. 그래서 정권 초기부터 주한미대사관, 미군사령부, CIA지부 등과 긴밀한 관계를 유지하는 한편, 미국에 지인이 있는 인사들을 파견해서 미국 내의 여론 주도층과 접촉을 시도했지만 별 성과를 거두지는 못했다. 한국에 그다지 우호적이지 않았던 카터 행정부는 12·12 군사정변 이후 신군부와 일정한 거리를 두면서 유보적인 입장을 취해오던 중 '김 대중 사형언도'를 계기로 다시 관계가 악화되어 냉랭한 긴장상태를 유지하고 있었다. 매년 열리던 연례안보회의(SCM)도 중단된 상태였다.

그러던 차에 미국의 대통령선거가 치러지고 예상 밖에 공화당의 레이건(Ronald Wilson Reagan) 후보가 미국의 제40대 대통령으로 당선되었다. 신군부 측은 재빨리 레이건의 정권인수팀과 접촉해서 김 대중의 감형을 전제로 한·미 정상회담을 성사시키는 데 성공했다. 이 과정에 결정적 역할을 한 사람은 당시 합참의장 유 병현 대장이었다. 유 장군은 신군부와는 거리가 있는 전형적인 직업군인이었지만 한·미관계의 복원이 국가안보의 시급한 과제라는 생각에서 전 두환 대통령의 개인적인 부탁을 받아들였다고 했다.

'80년 11월 존스(David C. Jones) 미 합참의장의 초청으로 워싱턴을 방문한 유 장군은 국방부와 국무부 및 의회의 주요 인사들을 차례로 만나 한국의 국내 상황과 양국 관계에 관한 의견을 나누는 한편, 베이커(Howard Baker) 공화당 상원 원내총무의 은밀한 주선으로 정권인수팀의 알렌(Richard V. Allen, 백악관 안보특보 예정자)과 단둘이 만나 김 대중의 감형을 조건으로 레이건 정부가 취임 후 10일 이내에 전 대통령을 미국으로 초청해 정상회담을 갖는다는 데 원칙적인 합의를 보았던 것이다. 유 장군은 후대의 참고를 위하여 당시의 전말을 상세한 기록으로 남겨놓고 있다.(『유 병현 회고록』 '신춘계획' 편, 조갑제닷컴, 2013. 10. 12, 246~301쪽)

'81년 2월 2일 워싱턴에서 한·미 정상회담이 열리고 미 지상군의 철군계획도 공식적으로 폐기되었다. 전통적인 한·미동맹 관계도 빠른 속도로 원상회복이 되어가고 있었다. 그러나 이 과정에서 잃는 것도 많았다.

'70년대 중반부터 ADD와 대덕의 원자력연구소, 핵연료개발공단 등에는 미 대사관 요원과 CIA, IAEA 요원들이 거의 상주하다시피 했다. '78년도에 미 의회에 제출한 CIA보고서(National Foreign Assessment Center)에 의하면 미측은 한국의 미사일개발 활동과 원자력연구 활동에 관해 속속들이 파악하고 있었다. 비록 지대지유도탄 개발이 사거리 180km, 탄두 500kg을 초과하지 않는다는 양해 하에 추진되고 있었지만 북한의 공격에 대한 응징보복능력과 전술적 융통성을 갖추기 위해서는 사거리가 350km까지 증대될 필요가 있다는 사실을 미측 분석관들도 인정하고 있었다. 비록 '76년 박 대통령의 지시로 공식적인 연구계획은 중단되었지만 ADD 특수사업팀에는 특수탄두를 연구하던 전문가들이 모여 있고, 재래식 화학무기를 연구하는 인원들이 추가적으로 참여하고 있다는 사실도 알고 있었다. 대덕의 핵연료개발공단(KNFDI)은 운영개념이 변경되었지만 필요시 재처리시설이나 농축시설로 발전시킬 수 있다는 사실도 잘 알고 있었다.

대(對)한국정책을 다루는 미국 정부의 입장에서 보면 한국 정부가 국내 정치적 상황으로 대응력이 약화된 당시의 상황이 호기로 판단되었다는 것은 능히 짐작할 수 있다. 그동안 껄끄러웠던 문제들을 일거에 제거하기 위해 무리한 요구를 강행했을 수도 있다. 그렇게 해서 지대지유도탄 개발 사업을 중단시키고 특수사업팀을 해체하고, 원자력연구소를 에너지연구소로 개편하고, 핵연료개발공단을 대덕공학센터로 재편성하는 사태가 발생한 것이다. 결과적으로 당면한 정권의 안정을 위해 국가안보의 장기적인 미래를 희생시킨 셈이었다.

그렇다고 하더라도 ADD 과학자들을 대량으로 축출하고 전략무기 연구기반 그 자체를 무력화해버린 데는 중간 정책결정자들의 무지와 함께 정책을 집행하는 사람들의 개성과 과잉 의욕이 작용한 측면이 크다는 인상을 지울 수 없다.

2. 2차 율곡계획

(1) 시급한 당면과제들

합참이 당면한 시급한 과제는 '81년도에 종료되는 '국방8개년계획(1차 율곡)'에 후속될 새로운 5개년계획을 수립해서 사업의 연속성을 유지하는 일이었다. '82년도 이후에는 사업계획도 예산편성계획도 없었다. 경제기획원의 중기 경제전망이나 가용예산판단도 불투명했다. 다행히도 북한 OB 변경에 대한 대책을 보고하던 '마지막 보고'에서 2차 율곡계획의 개략적인 추진방향과 방위세 징수기간의 연장에 관한 기본 방침은 결정되었지만 그 자리에 참석했던 군 수뇌들은 모두 군을 떠나고 없었다. 정상적인 계획주기를 고려한다면 X-2년(집행 2년 전)인 '80년 9월까지는 계획의 초안이 완성되어야 하지만 국내 정치정세가 요동치는 와중에서 '80년 한 해가 지나고 말았다. 더는 지체할 수가 없었다. 자주국방의 존폐가 걸려 있었다.

합참은 내부적으로 2차 율곡계획 추진 방침을 결정하고 실무진으로 팀을 만들어 '82~'86년을 대상기간으로 하는 중기계획 작성에 착수했다. 경제성장률을 잠정적으로 추산하고 GNP의 6%를 국방비로, 국방비의 30%를 율곡 투자비로 사용한다는 전제 하에 연도별 가용예산을 판단해서 각 군과 사업부서에 할당하고 이를 기초로 전력증강 소요를 제기하도록 지시했다. '81년도 예산국회 일정과 의사결정 소요기간을 고려할 때 각 군에 가용한 시간은 3개월 정도였다. 일손을 놓고 있던 각 군의 불만이 이만저만이 아니었다. 무리도 아니었다. 해외도입 장비를 대상으로 신규 사업을 제기하려면 관련 정보수집에만 수개월이 걸렸고, 특히 미국의 주요 전투장비는 국무부의 간섭까지 겹쳐서 획득 가능성 판단이 쉽지 않았다. 그러나 어떤 일이 있어도 전력증강사업은 계속되어야 한다는 공감대가 형성되어 있었기 때문에 합참이나 각 군 본부가 전력을 다해 그 일에 매달렸다. 다행히도 당시에는 각 군 본부가 국방부 청사 인근에 위치해서 실무자들이 하루에도 몇 번씩 왕래할 수 있었고, 거의 합동작업으로 동시에 계획을 발전시킬 수가 있었다. 지금처럼 각 군 본부가 100여 km 이상 이격되어 있는 기형적인 조직배치 상황에서는 기대하기 어려운 일이었다.

합참이 당면한 또 하나의 시급한 과제는 율곡업무체계를 전반적으로 재설계하는 일이었다.

'70년대의 군사력 건설은 처음부터 합참을 중심으로 추진되었다. 합참에서 소수의 인원들이 기획과정을 통해 군사력 소요를 결정하고, 그 소요를 근거로 각 군에 예산을 할당하고, 종합적인 추진계획(율곡계획)을 작성했다. 그 밖에도 무기체계에 대한 선정과 시험평가를 담당하고, ADD의 연구개발 사업에 대한 과제선정과 통제업무를 담당했다. 국방비의 30%에 해당하는 투자비가 합참의 결정에 의해서 배분되고 집행되는 형식이었다. 어느 나라에도 없는 제도였다. 과도한 권한과 책임의 집중이 아닐 수 없었다.

이와 같은 현상은 자주국방 건설이 조직이나 제도적 기반이 없는 여건에서 갑자기 시작되었고, 고도의 보안성과 중앙집권적 통제가 필요했다는 점에서 그 원인을 찾을 수 있지만 적지 않은 문제점을 안고 있었다. 그중 하나가 국방예산 편성업무의 파행성이었다.

투자비와 운영유지비로 분류되는 국방예산은 서로 분리할 수 없는 연계성을 지니고 있었다. 투자비의 향방에 따라 운영유지비의 배정과 운영이 달라질 수밖에 없었다. 매년 예산편성 주기마다 국방부의 예산담당관들이 합참 율곡 실무자들의 책상 옆에 앉아 투자비 배정 상황을 파악하느라 고심하는 기현상이 되풀이되었다. 국방부가 매년 발간하는 '국방5개년계획'도 투자비 부분을 빼고 나면 중기계획문서로서의 기능을 유지할 수가 없었다. 발간은 하되 별로 볼 일이 없는 문서로 전락하고 있었다. 국방부 실무진들의 불만이 해마다 커지고 있었다. 그뿐만이 아니었다.

과도한 권한과 책임의 집중은 자칫 독선과 비리에 연루될 개연성을 안고 있었다. 율곡 담당자라고 해서 특별히 도덕적으로 검증된 인원은 아니었다. 자주국방에 대한 사명감이 투철하다고 해서 반드시 도덕적 해이로부터 자유로울 수 있는 것도 아니었다. 당시에는 국가지도자의 강력한 통제와 지도력에 의해서 문제를 최소화할 수 있었을 뿐이다.

국방부에 국방차관을 위원장으로 하고 경제기획원 차관, ADD 소장, 청와대 경제2수석, 합참본부장, 군수차관보를 위원으로 하는 '전력증강추진위원회'가 편성되어 집행단계 이전에 해당 사업을 정밀하게 재검토해서 사업추진 여부를 결정했다. 그리고 청와대 비서실에서는 경제2수석, 안보특보, 경제특보를 포함한 전문가들로 별도의 '5인위원회'를 구성해서 최종적으로 사업을 점검했다. 그리고 그 결과를 바탕으로 대통령이 모든 사업을 직접 통제하고 있었기 때문에 율곡 업무라인에 속한 인원들이 한눈을 팔 겨를이 없었던 것이다.

그러나 자주국방의 총사령탑이 사라지고, 율곡사업이 실질적으로 국방부 소관 사업으로 격하된 이상 율곡업무체계는 전반적인 개선과 보완책이 강구되어야만 했다. 보다 강력하고 짜임새 있는 시스템공학적인 보완이 이루어지지 않으면 율곡 기능은 빠르게 저하되고 결국은 부패의 연결고리에 얽힐 수밖에 없다는 것이 전문가들의 의견이었다. 그렇게 해서 시작된 것이 '국방기획관리제도'의 연구였다. 지난 10년 간의 경험과 새로운 율곡의 환경을 바탕으로 한국적 여건에 맞는 기획관리시스템을 구축하는 일이었다. 지혜와 노력과 시간이 요구되는 과제였다.

율곡사업은 고도의 보안성이 요구되는 사업이었기 때문에 처음부터 국회의 동의를 얻어 국회나 감사원의 감사대상에서 제외시키고 그 대신 군 특명검열단에서 율곡감사를 전담하도록 했다. 특명검열단은 1·21사태 이후 군의 작전준비태세를 감독하기 위해 만든 조직이었지만 '74년부터 1개 부서를 신설해서 율곡업무를 독단적으로 감시하도록 했다. 모든 율곡 관련부서가 특검단의 감사와 검열을 받고 그 결과는 대통령에게 직접 보고되었다.

당시에는 대부분의 해외구매가 미 국방부의 FMS(해외군사판매) 판매방식에 따라 정부 대 정부 간의 거래로 추진되고 있었고, 상업구매가 요구되는 특수한 품목이나 제3국에서 구입하는 장비도 정부의 보증 하에 직거래로 추진해서 오퍼상(중계업자)의 개입을 봉쇄하고 있었다. 무기거래에 따른 커미션(중계료)이나 가격담합 등의 비리를 원천적으로 봉쇄하기 위한 제도적 조치였다. '70년대의 전력증강이 20조에 육박하는 당시로서는 천문학적 규모의 예산을 투자하면서도 큰 잡음이나 비리가 없이 추진될 수 있었던 이유가 거기에 있었다.

10·26 이후 율곡의 환경이 빠르게 변하고 있었다. 여기저기서 오퍼상이 출현하기 시작했다. 민간 오퍼상뿐만 아니라 군 고급간부 출

신의 예비역들이 무기중계업무에 손을 대는 경우도 있었고, 국내 방위산업체에 진출한 예비역 간부들이 대군(對軍) 로비스트로 활동하는 사례도 늘어났다. 신군부의 어느 실세는 해외여행 중에 얻은 정보를 기초로 제3국의 특정 무기체계 도입을 문서로 요구하기도 했다. 그것이 규정과 절차에 맞는지 여부는 따져볼 생각도 하지 않았다. 국방부나 군내에서도 점차 상업구매를 선호하는 경향이 늘어났다. 물론 사업의 성격에 따라서는 상업구매로 얻는 이점이 없지도 않았다. 그러나 중간에 오퍼상이 개입하면서 부조리에 연루될 개연성이 그만큼 늘어날 수밖에 없었다.

국방부와 합참에서는 율곡사업의 취약점을 보완하기 위해서 특명검열단의 기능을 대폭 보강할 필요가 있었다. 지금까지 1개 부서로 전담시키던 율곡감사 업무에 특명검열단의 4개 부서 전부를 투입하도록 하고 관계자들을 장기 보직시켜 전문성을 강화해나가도록 했다. 그리고 모든 사업부서는 연 1회 정기 감사와 필요시 수시 감사를 받도록 제도를 보강했다.

10·26 이후 율곡사업 집행을 위한 의사결정이 지연되고, 예산 삭감 소동까지 일어나면서 국내 방위산업체의 가동률이 급격히 저하되었다. 특히 방위산업 전용 업체에 가까운 탄약, 총포, 군용차량 업체는 생산물량이 없어 조업을 중단하는 사태가 발생하기도 했다. 일부 공장에서는 비밀취급 인가를 지닌 숙련공들이 일감이 없어 토끼나 닭을 기르면서 소일하는 딱한 처지가 눈에 띄기도 했다.

합참에서는 급한 대로 연말 집행 잔액 예산을 모아서 '재투자사업'이라는 별도의 계획을 만들어 생산 물량이 없는 업체에 배정했다. 곧

경에 처한 일부 방위산업체에 최소한의 가동률을 보장하기 위한 한시적인 조치였지만 정상적인 율곡사업의 규정과 절차에는 맞지 않았다. 당시에는 별 문제가 없었지만 그 후로도 이 관행이 되풀이되면서 재투자 예산배정에 특정 업체의 이해관계가 음성적으로 개입하는 제도적 허점을 남기게 되었다.

(2) '82~'86 전력증강계획(2차 율곡계획)

2차 율곡계획 작성의 중요한 과제는 지상군의 전력구조를 재설계하는 일이었다. 장차전의 위협과 전쟁수행개념에 맞는 전체적인 전력구조를 설계하고 이를 바탕으로 군사력 소요를 발전시켜나가기 위한 작업이었다. 전선을 사이에 두고 적과 대치하고 있는 상황에서 선택할 수 있는 합리적인 기획 절차였다.

당시 지상군은 19개 상비사단과 10개 예비사단, 그리고 2차 예비사단 11개가 추가로 계획되어 편성 중에 있었다. 여기에 해병 1개 사단을 포함하면 지상군의 전력 규모는 41개 사단 정도였다. 그러나 예비사단은 편제상의 병력과 전투 장비를 갖추지 못한 기간편성에 불과했다. 최근 북한군 OB(전투서열) 변경으로 급격히 증강된 위협을 평가할 때 시급히 보완되어야 할 과제였다.

전력구조연구 작업은 북한군 OB 변경이 발표된 '79년 초부터 시작되었다. 육군의 두뇌집단(think tank)인 '80위원회'에 임무를 주어 육군의 전력구조를 새로 판단해서 보고하도록 하고, 합참은 별도의 연구팀을 구성해서 한국방어계획을 기초로 각 축선별로 배비할 상비 전력과 증원 전력, 후방방어 전력과 전략예비 전력을 포함한 지상군의 총전력 구조를 판단했다. 연구 결과는 수차례 지휘소훈련(CPX)과 워게임(war game)을 통해 타당성을 검증하고 연합사CFC)기획참모부(C-5)와도 긴밀한 협조를 유지했다. 그 작업은 '80년도 후반까지 진행되었는데 이러한 과정을 거쳐 최종적으로 확정된 것이 '지상군 50개 사단구조'였다.

지상군 50개 사단이란 육군 48개 사단과 해병 2개 사단 구조를 말한다. 육군의 48개 사단은 상비사단 21개, 향토사단 13개, 동원사단 14개로 구성되었으며, 상비사단 21개는 보병사단 17개와 기계화보병사단 4개로 구성했다. 그리고 별도로 4개 독립 기갑여단을 편성하여 전시에 기갑사단으로 증편할 수 있는 체제를 갖추도록 했다. 북한군 기갑전력의 대량 투입에 대비한 기동전 능력을 확보하기 위한 대책이었다. 해병은 포항에 위치한 전략예비 1개 사단에 추가하여 김포, 강화 축선에 1개 사단을 새로 창설하도록 했다.

6·25전쟁과는 달리 장차전이 국제전으로 확대될 가능성은 희박하며, 중·소가 직접 군사적으로 개입하지 않는 한 UN이 참전하는 일은 없을 것으로 판단했다. 주한미군은 평시 전쟁억제력으로서 중요한 기능을 수행하고 있지만 일단 전쟁이 발발하면 지상군 작전에 큰 영향을 주지는 못할 것으로 판단했다. 지난 10년 동안 주한미군 철군 문제로 미국과 갈등을 겪어온 경험을 근거로 대규모의 미 증원군이 전쟁에 투입될 가능성은 희박한 것으로 보았다. 한·미연합사가 창설되고 연합군에 대한 지휘권을 공유하게 되면서 미측이 매년 전시 증원군 목록(TPFDL: Time Phased Force Deployment List)을 한국 측에 제공하고는 있었지만 그것은 어디까지나 계획목적상 작성된 리스트에 불과했으며 반드시 실행을 전제로 한 계획은 아니었다. 결국 북한

이 단독으로 남침을 감행한다면 그것은 한반도 내부의 전쟁으로 그 성격이 국한될 것이며 한국군을 주축으로 적의 공격을 저지하고 국토를 수호해야만 한다는 것이 합참의 전략적 판단이었다.

이 지상군 50개 사단 구조는 군사력건설의 목표인 동시에 전력 구성의 기본 틀이라고 할 수 있었다. 화포, 전차, 기동, 통신장비는 물론 군수지원체제와 탄약고(ASP : Ammunition Supply Point) 배치에 이르기까지 모든 전력증강 소요가 이 기본 틀에 의해 체계적으로 재조정되었다. 이것은 자주국방을 위한 30년 기획의 제2단계인 '80년대 억제전력 건설'의 골간이기도 했다.

해군의 전력증강은 1차 율곡 기간에 소형 고속정과 유도탄정을 중심으로 추진되었으나 군원으로 도입되었던 연안경비정(PCE)들의 도태시기가 도래하면서 대체 전력의 확보가 시급해졌다. 마침 해군본부와 국내 조선소가 협력하여 시범 건조한 1,500톤급 호위함인 울산함이 '80년 초에 진수하게 되자 조함사업에 자신감을 갖고 노후화된 경비함들을 국내에서 건조하기로 결론을 내렸다. 그렇게 해서 28척의 연안경비정(KPX) 사업에 착수하게 되었다. 그리고 장기적으로 3,000톤급 구축함(DD)의 도태에 대비하여 대형 함의 건조계획을 발전시켜 나가기로 했다.

해군의 숙원사업 중 하나인 신형 함대함미사일 하푼(Harpoon)은 한·미 국방부장관 회담의 합의에 따라 2차 율곡 기간에 전력화하기로 계획에 반영했다. 그러나 탱(Tang)급 잠수함은 미국이 '50년대에 건조한 디젤잠수함으로 도태 단계에 있기 때문에 도입하더라도 정비유지에 많은 문제가 예상되었다. 그래서 수중전력 건설계획은 재래식 잠수함을 건조하는 제3국과 기술협력 등 가용한 방법을 재검토하기로 하고 구매계획은 취소하기로 했다.

공군은 F-16 신예 전투기의 도입계획을 신규로 제기했다. 최초 3개 대대 60대를 구매하고 2단계로 국내에서 기술도입생산을 추진하는 것으로 사업을 구상했으나 도중에 F-5E/F 76대의 국내 조립생산이 갑자기 결정되면서 가용 자금의 압박으로 36대로 구매계획을 축소했다. 2단계 기술도입생산도 뒤로 미루어질 수밖에 없었다. 이와 병행해서 F-4팬텀기 4개 대대를 잉여장비 판매방식(MIMEX)으로 추가 도입하고 사거리 40km의 신형 공대공미사일 AIM-7E를 신규로 도입해서 공중전 능력에서 대북 우위를 확고히 강화해나가기로 했다. 한편, 미국과의 합의에 따라 미 공군의 신예 근접전투지원기인 A-10기 1개 대대를 수원기지에 전개시켜 지상군의 대전차방어능력을 보강하기로 하고 부대시설의 소요를 계획에 반영했다. 장차 신예 항공기의 증강과 항공작전의 전술적 융통성을 강화하기 위하여 서해안 중심 지역에 새로운 항공기지의 건설계획을 발전시키기로 했다.

ADD 연구개발사업은 지대지유도탄의 2단계 사업인 NHK-2사업을 계속 추진하면서 새로 개발한 분산형 탄두를 양산 배치하여 응징보복능력을 강화해나가기로 했다. 이와 함께 중거리 함대함미사일인 해룡의 개발 사업에 착수하고 육군의 휴대용 대전차무기인 KLAW를 전력화하는 한편, 개량형 다연장로켓과 사거리 30km의 신형 155mm 포를 개발하여 양산하기로 했다.

한국의 고유 모델인 한국형 전차는 '80년대 후반에 전력화를 목표로 2차 율곡 기간에 계획을 추진하기로 했다.

　　2차 율곡계획('82~'86)은 '81년 10월에 대통령 재가를 받아 가까스로 예산국회의 심의를 거쳐 '82년부터 집행이 가능하게 되었다. 정상적인 계획주기에 비해 1년이 지연되었지만 혼미한 정치상황 속에서 합참과 각 군 실무자들의 헌신적인 노력에 의해 '자주국방'의 명맥을 차질 없이 이어갈 수 있게 된 것이다. 그리고 2차 율곡부터는 자금 표시가 달러에서 원화로 바뀌고 전산화가 가능한 문서 분류체계(Code)로 개선되었다는 점도 새로운 변화였다.

3. 국방기획관리제도

(1) 전력계획과(율곡)의 조직 개편

손 장래 국장의 후임으로 부임했던 권 영각 소장이 1년이 채 안 되어 군단장으로 영전하고 그 후임으로 최 연식(중장 예편, 육사교장) 소장이 부임했다. 육사 11기로 전 두환 장군의 뒤를 이어 보병 1사단장을 역임하고 합참으로 전보되었다. 영관장교 시절 연구발전사령부에서 ADD의 창설에 관여한 경험이 있고 체계분석(OR/SA) 업무에도 조예가 깊은 최 소장은 사심이 없고 순수한 군인이었다. 실무 장교들의 방을 찾아 격의 없는 토론을 좋아했기 때문에 합참이 당면한 여러 문제에 관해 심도 있는 얘기를 나눌 기회가 많았다. 이미 정해진 계획주기를 넘겨버린 2차 율곡계획을 조기에 완성하는 문제와 율곡업무절차 개선, 율곡업무의 전산화 문제 등이 중점적으로 논의되었다.

당시 율곡과에는 경험 있는 실무자들이 떠나고 보충이 늦어지면서 비어 있는 자리가 많았다. 그 상태로는 당면 업무들을 차질 없이 수행하기가 어려웠다. 최 국장은 2차 율곡을 앞두고 전력계획과를 확대 개편하기로 결심을 했다. 지금까지 대령급 과장 한 사람이 이끌던 조직을 4명의 대령급 담당관이 업무를 분장하는 대과(大課)로 편성했다. 소수 정예 중심의 업무체제를 조직 중심으로 바꾼 것이다. 그리고 사전에 인원을 선발해서 지명 차출하는 방식으로 보충을 했다. 그렇게 해서 이종만(소장 예편, 주미무관) 공군대령과 유 삼남(대장 예편, 해군참모총장) 해군대령이 보직되고, 선임담당관 겸 과장으로 천 용택(중장 예편, 국방부장관) 육군대령이 차례로 보직되었다. 그리고 실무자급으로는 길 형보(대장 예편, 육군참모총장) 육군중령, 김 무웅(중장 예편, 해군참모차장) 해군중령 등 우수한 인원들이 전입하여 조직을 강화하게 되었다.

'81년 5월 주미대사로 떠나는 유 병현 합참의장의 뒤를 이어 윤 성민 1군사령관이 부임했다. 이미 군내에서 매우 신중하고 업무에 철저하기로 정평이 나 있는 인물이었다. 그는 자신이 이해하지 못하는 문제에는 결재를 하지 않았다. 핵심을 파악할 때까지 질문을 반복해서 보고자를 당혹스럽게 하기도 했다. 합참 근무경력이 없는 그에게는 율곡업무의 일상적인 용어 자체가 생소한 것들이었다. 그래서 기초부터 개인교습을 받기를 원했다. 매일 오후가 되면 집무용 책상을 사이에 두고 대령급 실무자가 마주 앉아서 강의를 하고 4성 장군이 펜을 들고 열심히 받아 적는 진풍경이 거의 4개월 동안이나 계속되었다. 그리고 그 과정을 통해서 합참의장은 자주국방과 율곡의 당면한 문제들을 체계적으로 이해하는 전문가가 되었다.

그때부터 합참은 합참의장과 전략기획국장의 전폭적인 이해와 지원 속에서 본격적인 제도개선작업을 추진하게 되었던 것이다.

(2) 국방기획관리제도의 정착

국방기획관리제도(PPBS)는 '60년대 초 미 국방부에서 상호 경쟁적이고 방만한 국방자원관리체제를 혁신하고 비용 대 효과(Cost/Effectiveness)의 개념을 확립하기 위해서 맥나마라(Robert S, McNamara) 장관이 채택한 제도였다. 그 후 이 제도는 캐나다, 영국 등 여러 나라에 도입되었으며, 한국은 '현대화5개년계획'에 착수하던

'70년대 초 합참에서 처음으로 이를 부분적으로 모방해서 사용했다.

율곡사업이 본격화되면서 합참은 나름대로 규정과 절차를 발전시키면서 제도의 토착화를 시도했지만 그 범위가 투자비에 국한되고 그 운용방식이 폐쇄적이었기 때문에 아직 제도적으로 정착되지 못하고 있었다.

'70년대 후반에 들어서면서 국방대학원에 전략기획과정과 국방자원관리과정이 설치되어 학문적 연구와 실무자 양성교육이 시작되었다. 이와 때를 같이하여 국방부 체계분석실을 중심으로 국방기획관리제도를 국방업무 전반에 확대 적용하려는 연구가 시작되었다. 조 정현 대령(준장 예편), 권 태영 박사(대령 예편), 김 형배 중령 등 체계분석(Operation Research & System Analysis) 전문가들이 중심이 되어 한국의 여건에 맞는 기획관리제도를 구상해서 율곡업무와 통합을 시도해보았지만 고도의 보안성과 전문성을 내세우는 합참의 고정관념에 막혀 번번이 뜻을 이루지 못했다. 그러나 상황이 급변하면서 이제 합참 스스로 변화를 시도해야 할 시기가 도래한 것이다.

제도개선의 핵심은 합참에 집중된 권한과 책임을 국방부와 각 군에 배분해서 '상호 견제와 균형'을 유지하고, 각 군의 말단 실무부서로부터 소요를 제기해서 모든 부서가 의사결정에 참여하는 개방적인 '상향식 집단의사결정체계'를 구축하는 것이었다. 율곡의 계획과 예산, 무기체계 채택과 평가분석 업무를 국방부와 각 군으로 이관하고, 합참에서는 군사전략기획을 통해 군의 전력구조와 군사력건설 소요를 결정하고, 무기체계의 작전요구성능(ROC)을 설정하고 그 성능을 시험평가하는 기능만을 보유하는 것이었다. 이에 따라 합참이 발간하는 합동전략목표기획서(JSOP)가 군사력건설 소요의 근거문서가 되고 모든 계획은 그 근거 위에서 발전시키도록 규정해서 계획과정에 외부의 간섭이나 불요불급한 사업이 끼어들지 못하도록 한다는 것이 개선안의 골자였다.

합참 내부에서도 반대하는 목소리가 없지 않았지만 율곡업무의 체질을 강화하고 자주국방의 동력을 유지하기 위해서는 관례와 기득권을 내려놓고 새로운 선택을 해야만 했다. 합참은 자체적으로 연구한 개선안을 국방부 체계분석실에 보내서 합참이 관장해온 전력증강 투자비와 국방부가 관장하는 운영유지비 분야가 통합된 한국적인 국방기획관리제도가 구축될 수 있도록 긴밀한 협조를 유지했다.

그로부터 1년 후인 '82년 5월 윤 성민 합참의장이 국방부장관으로 영전했다. 이미 전력증강과 군사기획업무에 전문성을 갖춘 장관은 강력한 지도력을 발휘해서 새로운 국방기획관리제도를 국방업무에 정착시켜나갔다. 그것은 단순히 미국의 기획관리제도(PPBS)를 모방한 것은 아니었다. 미국의 기획관리제도가 '국방자원의 효율적인 관리'에 주안을 둔 것이라면, 한국의 새로운 국방기획관리제도는 '군사력건설의 효율성'에 초점을 맞춘 제도였다. 기획, 계획, 예산에 집행과 평가 단계를 연계시킨 보다 종합적인 관리체계였다.

이것은 곧 율곡업무의 핵심 '틀'의 역할을 하게 되었다. 그 후 20년 동안 비록 예산 배정이나 무기구매 협상과정에서 크고 작은 잡음과 비리가 전혀 없지는 않았지만 무기체계의 선정이나 주요 의사결정과 관련된 '시스템적 비리'가 발생하지 않았던 이유가 바로 이 개방적인 '상향식 집단의사결정'과 책임과 권한의 안배에 따른 '상호 견제와 균형'의 제도적 장치에 있었던 것이다.

그뿐만이 아니었다. 국방기획관리제도가 확대 시행되면서 군에 큰 변화가 일어나기 시작했다. 소요 단계에서부터 실무자들의 토의와 검증을 통해 이루어지는 상향식 의사결정방식 때문에 관련부서 내에서, 그리고 부서와 부서 간에 지속적인 토의가 연중 계속되었다. 토의문화의 활성화였다. 마치 군대가 잠에서 깨어나는 것과도 같았다. 오로지 전투준비와 부대관리에만 매달리던 군이 이제는 군의 미래를 설계하는 업무에 함께 참여하고, 함께 고민하는 풍토가 조성되기 시작했던 것이다.

군사력 소요를 제기하기 위해서는 무기체계에 관한 전문지식은 물론 관련 작전계획이나 군사전략에 관한 배경지식이 필수적이었기 때문에 공개적인 토의를 위해서는 사전에 부단한 공부와 노력이 필요했다. 군 간부들의 논리적 사고와 전문성을 계발하는 계기가 형성된 것이다. 이것은 유형전력 증강에 못지않은 군의 내면적 변화와 발전을 의미하는 것이었다.

4. 지대지유도무기 '현무' 개발

(1) 아웅산 테러사건

'83년 5월 18일 자정경 국방부 청사에 화재가 발생해 9층 내부를 태우고 약 1시간 만에 진화되는 사고가 발생했다. 9층에는 합참의 작전국과 전략기획국이 들어 있었는데 이 사고로 대부분의 사무실 내부가 불에 타고 말았다. 특히 율곡과(전력계획과)와 율곡상황실의 피해가 컸다. 율곡상황실에는 그동안 많은 예산을 들여 추진해오던 율곡업무 전산화시스템이 거의 완성 단계에 있었는데 모두 불에 타고 말았다. 그뿐만 아니라 율곡 관련 서류와 자료들이 모두 소실되고 다만 철제 단열금고 안에 보관하고 있던 소량의 주요 서류와 역사자료만 가까스로 건질 수 있었다. 화재의 정확한 원인은 밝혀지지 않았다.

이 사고에 대한 도의적 책임을 지고 김 윤호 합참의장이 부임한 지 1년 만에 군복을 벗고, 후임으로는 이 기백(대장 예편, 합참의장, 국방부장관) 2군사령관이 부임했다. 전 두환 대통령과 육사 동기인 그는 12·12사태 이후 국보위 운영위원장을 거쳐 군단장, 군사령관, 합참의장으로 고속 승진을 했지만 신군부의 핵심 세력인 '사조직'과는 거리가 있는 것으로 알려졌다. 성격이 원만하고 말수가 적은 외유내강형 군인으로 후배 장교들 사이에 신망이 높은 편이었다.

이 의장은 부임하자마자 피해복구와 합참의 업무체제 정상화를 위해 지휘역량을 경주하다가 그해 10월 대통령을 수행해서 버마(미얀마)를 방문하던 중 '아웅산 테러사건'으로 치명적인 중상을 입고 구사일생으로 귀국하게 되었던 것이다.

'아웅산 테러사건'은 전 두환 대통령의 서남아시아 및 대양주 6개국

순방 중 첫 방문지인 버마의 수도 랭군에서 아웅산 국립묘지를 참배하기 위해 대기하던 중 북한 공작원이 설치한 폭발물에 의해 한국 정부의 주요 인사들이 한꺼번에 희생된 사건이다.

이 사건으로 서 석준 부총리겸 경제기획원장관, 이 범석 외무부장관, 김 동휘 상공부장관, 서 상철 동자부장관, 함 병춘 비서실장을 포함함 17명이 사망하고, 이 기백 합참의장 등 14명이 중경상을 입었다. 1·21사태 이후 북한이 대한민국 대통령을 시해하기 위해 꾸민 네 번째 도발로 그 수법이 '70년 6월 동작동 국립묘지에서 발생했던 '현충문 폭파사건'과 흡사했다. 전 대통령은 아직 현장에 도착하기 전이어서 화를 면할 수 있었다.

이 사건은 정부 출범 후 한·미관계의 복원을 통한 정권의 안정에만 관심을 쏟던 신군부 당국자들에게 한반도의 냉엄한 안보현실을 되돌아보게 하는 중대한 계기가 되었다. 불과 10개월 전에 ADD 과학자들을 대량으로 해고시키고, 연구개발 기반 자체를 무력화시켜버렸던 지대지유도탄 사업을 다시 시작하게 하는 전환점이 되었던 것이다.

(2) 합참의장의 간곡한 당부

지대지유도무기 개발 사업을 재개하던 당시의 정황을 구 상회 박사는 자신의 회고록 『무기체계 개발과 더불어 30년』을 통해 자세히 전하고 있다.

아웅산 사건 후 정부에서는 대대적인 개각이 이루어지고 이때 김 성진 ADD소장이 체신부장관으로 자리를 옮겼다. 후임 소장으로는 박 덕호(대령 예편) 부소장이 임명되고, 그동안 정책위원으로 연구직에서 떠나 있던 구 박사가 연구개발단장을 맡게 되었다. 새로운 보직에 대한 업무파악으로 분주하던 그는 어느 날 윤 성민 국방부장관의 호출을 받았다.

장관실에 들어가니 윤 장관은 "나하고 급히 갈 데가 있다."고 하면서 문을 나섰다. 장관의 관용차가 아닌 흰색 승용차에 수행 부관도 대동하지 않고 찾아간 곳은 김포에 있는 국군통합병원이었다. 5층의 한 병실로 들어갔더니 이 기백 합참의장이 머리와 얼굴에 온통 붕대를 감고 양 다리에도 발끝까지 깁스를 한 채 의자에 앉아 있었다. 신문을 통해 알고는 있었지만 합참의장의 처참한 모습을 목격한 구 박사는 북한의 만행에 다시 한 번 몸서리를 쳤다.

이때 윤 장관이 지대지유도탄 개발에 관한 문제를 꺼냈다. 그러자 이 의장은,

"북한의 상상을 초월한 만행을 직접 목격한 나로서는 국가 대사인 88올림픽이 개최될 수 있을지, 설령 예정대로 개최된다 해도 무사히 끝날 수 있을지 극히 의심스럽다. 북한은 모든 수단과 방법을 다하여 올림픽 개최를 방해하려 들 것이 불을 보듯 빤한데 어떠한 일이 있어도 이는 막아내야 한다. 사선을 넘어온 나 개인으로서도 북한의 이러한 만행을 도저히 용서할 수 없을 뿐만 아니라 이러한 만행을 또다시 저지르는 것을 절대로 묵과할 수 없다. 현재 우리는 이를 위해서 할 수 있는 모든 노력을 기울여야 할 것이다. 국과연(ADD)은 늦어도 올림픽이 개최되기 전 해인 '87년 말까지 무슨 일이 있어도 지대지유도탄을 개발하여 실전배치할 수 있도록 총력을 기울여달라. 이것은 대통령 각하의 명령이다."

자못 흥분과 결의에 찬 모습으로 말했다. 구 박사는,

"두 분께서 잘 아시는 바와 같이 지난 해 말 국과연이 800여 명의 인원을 감축했을 때 유도탄 개발 요원의 감축이 제일 많았고, 이때 저를 제외하고는 부장급 이상의 개발경험을 가진 분들이 전원 퇴직했습니다. 그뿐만 아니라 금년 1월 1일을 기해 지대지유도탄이 연구사업 (순수 연구목적의 사업)으로 전환되면서 K-2(NHK-2) 사업팀은 완전히 해체된 상태입니다. 그러므로 과거의 절반도 안 되는 연구원들을 데리고 '87년까지 실전배치하라는 지시는 저로서는 감당할 수 없습니다."

구 박사의 자신 없는 답변에 이 의장은 붕대를 감은 손으로 구 박사의 손을 꼭 잡고 말했다.

"무슨 일이 있어도 반드시 해내야 하고 또 하지 않으면 안 된다. 그러니 할 수 있다고 약속하라."

이 의장의 말은 명령 겸 부탁으로 들렸다. 옆에 있던 윤 장관도 거들었다.

"유도탄 긴급 개발지시는 결코 이곳에서 간단히 판단할 사항이 아닌 국가안보에 심대한 영향을 미칠 중대사로서 어떠한 일이 있어도 반드시 완수되어야 한다. 빠른 시일 내에 개발 계획서를 국방부에 제출토록 하라. 필요한 예산은 전액 배당하겠고, 또 인원의 증원이 필요하다면 이도 승인하겠다."

윤 장관은 지난 연말에 ADD의 대폭적인 기구 축소와 인원감축을 승인한 터라 누구보다 그 사정을 잘 알고 있었고 사업을 기간 내에 추진하는 데 많은 어려움이 있으리라는 것을 이해하고 있었다.

국방부장관과 합참의장의 간곡한 명령과 당부에 더 이상 고집을 부릴 수도 없었던 구 박사는 "최선을 다해 기필코 기대에 부응하도록 노력하겠습니다. 그러나 결과에 대해서는 이 자리에서 장담을 할 수 없습니다."라고 답변을 끝냈다.

그렇게 해서 지대지유도탄 개발 사업은 그토록 많은 과학자들에게 지울 수 없는 상처를 주고, 또 그토록 많은 사람들에게 분노와 허탈감을 안겨주면서 중단된 지 불과 10개월 만에 다시 재착수하게 되었던 것이다. 국가안보를 책임진 사람들이 왜 통찰력과 균형 잡힌 사고능력을 갖추어야 하는 것인지를 되새겨보게 하는 교훈적인 사례가 아닐 수 없다.

(3) '현무' 유도탄 개발

지대지유도탄의 2단계 개발사업인 NHK-2는 나이키 허큘리스(Nike Hercules)의 모방개발인 NHK-1(백곰) 사업의 경험과 기술기반을 토대로 기존 무기체계가 지닌 미비점을 보완해서 독자적인 한국형 유도무기를 개발하는 것으로 그 특징은 유도방식을 지상 레이더에 의한 지령유도방식에서 미사일 자체 유도방식인 관성유도방식(Inertial Guidance)으로 바꾸고, 성능이 향상된 새로운 추진기관과 이동식 발사대를 개발하고, 위력이 강화된 고폭 분산탄두를 개발하는 것이었다.

새로운 추진기관은 설계와 시제를 완료하여 '81년 9월의 비행시험에서 성능이 입증되었고, '82년에는 추진기관의 양산을 위한 추진제 공장이 ADD 경내에 준공되었다. 관성항법장비는 미국의 수출규제 때문에 영국의 페란티(Ferranti)사와 협력하여 시스템 설계는 ADD가, 제작은 페란티사가 담당하도록 해서 시제품을 비행시험 중에 있었다. 고폭 분산탄두는 '82년 말까지 개념설계가 완료된 상태였고, 이동식 발사대는 '81년 말부터 제작에 착수하여 '83년 말 완료할 계획이었다. 이 상태에서 NHK-2 사업이 중단되고 연구 조직이 해체되었던 것이다.

　구 상회 박사는 ADD로 돌아와 박 덕호 소장에게 결과를 보고하고, 유도탄과 관련이 있는 부·실장을 소집해서 대책회의를 열었다. 유도무기부의 박 찬빈 박사, 탄두부의 윤 여길 박사, 추진기관부와 추진제 공장을 책임 맡고 있는 이 채우 박사 등에게 유도탄 긴급 개발에 관한 국방부의 지시를 전달하고, 사업의 중요성과 시급성을 설명했다.
　지난 연말 NHK-2사업의 중단과 인력 감원으로 사기가 저하된 간부들의 결의를 다지고 각오를 새롭게 하기 위해 이 충무공의 '사즉필생 생즉필사(死則必生 生則必死)'의 고사를 인용하면서 "우리 모두 최선을 다한다면 하늘도 반드시 우리의 뜻을 이루어줄 것이다. 지난해에 있었던 가슴 아픈 일들은 모두 잊어버리고, 우리 모두 최선을 다해 선배들이 백곰에서 보여준 신화를 다시 한 번 재현하자."고 격려와 당부를 했다.
　'83년 11월 29일 상부의 재가를 받아 확정된 계획은 '87년 말까지 지대지 유도무기 1개 포대를 전력화하여 실전배치하는 것이었다.

ADD는 연구개발단 산하에 문 신행 박사를 책임자로 체계3실을 새로 편성하여 사업에 착수하는 한편, 침체된 분위기를 일신하기 위해 공모를 통해 유도무기의 명칭을 '현무(玄武: 북방을 지키는 신)'로 정했다. 부족한 연구 인력을 보충하기 위하여 과제 인력 60여 명을 긴급 선발하는 계획도 세웠다.

현무 미사일은 NHK-2사업을 계속하는 개념이었으므로 작전요구성능에 큰 변동은 없었다. 그러나 한정된 시간 속에서 선행개발과 실용개발, 생산업체의 가동과 군부대 운용요원에 대한 교육, 교범제작 등을 거의 동시적으로 수행해야 했기 때문에 과학자들은 물론 방위산업체 요원들도 휴일을 잊은 채 사업의 성공을 위해 불철주야로 총력을 경주했다. 이들의 열의와 노력은 '번개사업' 때와 비교해 결코 뒤지지 않았다. 그렇게 해서 '84년 9월 22일 초도 제작한 현무 유도탄의 선행개발시험(DT-1)을 하게 되었다.

새로 개발한 이동식 발사대의 성능확인에 주안을 두고 약 12km로 사거리를 단축하여 실시한 첫 비행시험은 성공적으로 끝났다. 이어서 '85년 5월 25일에는 장거리 비행시험이 실시되었다. 새로 개발된 추진기관의 성능확인에 주안을 두고 실시한 두 번째 시험도 성공적이었다. 탄착범위는 예상 오차범위인 207m보다 훨씬 적은 87m로 확인되어 우수한 성능이 입증되었다.

이 시험이 끝난 직후 청와대로부터 백곰의 개발과정과 현무의 개발현황을 보고하라는 지시가 내려왔다. 6월 27일 11시 윤 성민 국방부장관과 새로 부임한 정 진권 합참의장, 박 덕호 ADD소장이 배석한 가운데 구 상회 박사는 백곰의 개발경위와 국산화 현황 등을 보고하고 이어서 백곰과 현무의 차이점, 국산화 비율과 참여 업체, 앞으로의 사업계획 순으로 보고했다. 보고가 끝난 후 전 두환 대통령은 구 박사의 손을 힘차게 붙잡으며 "수고했다. 그리고 비행시험의 성공을 축하한다. 지난번 것(백곰)은 미제를 페인트칠한 것이었지만 이번 것(현무)은 제대로 된 것 같다. 더욱 열심히 노력해주기 바란다. 요다음 시험 때는 어떤 일이 있더라도 꼭 참관하겠다."고 했다. 비록 구 박사는 그런 말을 남기지 않았지만 듣기에 따라서는 백곰은 가짜였기 때문에 중단을 시키는 것이 당연했고, 국산 미사일 개발은 현무부터가 시작이라는 정설을 세우기 위한 뜻으로도 들렸다.

3차 비행시험은 '85년 9월 21일에 대통령과 국방부장관, 합참의장 및 각 군 참모총장 등이 임석한 가운데 비공개로 진행되었다. 탄착지점은 약 180km의 실거리에 설정되고 탄두는 탄착지점 900m 상공에서 폭발 분산하도록 계획되었다. 완성된 무기체계가 아닌 개발단계의 유도탄을 국가원수를 모시고 시험발사를 하는 것이었기 때문에 담당관들의 불안감과 긴장감은 극에 달했다. 그러나 시험결과는 대성공이었다. 발사 카운트다운을 거쳐 굉음과 함께 불기둥을 끌고 솟아오른 유도탄이 예정된 비행경로를 따라 정확히 목표 상공에 도착하자, "탄착 명중!" 소리와 함께 모두가 박수를 치고 환호했다.

전 대통령은 시험 성공에 흥분을 감추지 못하고 핵심 연구원들과 일일이 악수를 나누면서 격려와 치하를 아끼지 않았다. 그러고는 "지난번의 백곰 유도탄은 대부분이 미국의 것이었는데 이번 현무는 진짜 국산 유도탄임을 자랑스럽게 생각한다."고, 하지 않았으면 더 좋았을 얘기를 덧붙여서 과학자들의 마음을 쓸쓸하게 만들기도 했다.

현무는 '85년 말까지 모든 개발시험을 마치고 '86년부터는 본격적인 실용개발에 들어가게 되었다. 실용개발단계에서는 모두 6회의 성능확인 시험을 실시했는데 도중에 사소한 사고도 없지 않았으나 그때마다 문제점을 보완해가면서 '87년 말까지 실용개발과 양산 및 부대 운용시험을 완료하고 '88년 1월부터 1개 포대가 작전임무를 개시하여 88올림픽에 대비할 수 있게 되었다. 과학자들과 방위산업체 기술자들의 집념과 노력의 결과였다.

88올림픽이 성공적으로 끝난 후 ADD는 합참의 지시에 따라 현무의 2단계 사업에 착수했다. '94년 말까지 추가 포대를 전력화하여 1개 대대 단위의 전술작전 능력을 완비하는 데 목적이 있었다. 그러나 이 무렵부터 미국의 간섭이 다시 시작되었다. '89년 10월 미 국무부는 현무 추가생산에 필요한 미사일/항공기 관련 모든 부품과 추진제 원료에 대한 수출을 중단시켰다. 현무에 대한 기술 자료를 미측에 공개하고, 수입된 품목을 타 사업에 전용하지 않는다는 보증과 미국 관리들의 현장검증을 보장하라는 것이었다. 한국의 국방기술발전을 통제하고 유도무기 개발을 원천적으로 봉쇄하겠다는 것과도 같았다. 현무사업은 다시 중단의 위기에 빠졌다. 할 수 없이 정부는 미국의 요구를 수락하고 현장검증 보증서를 문서로 전달한 후에 1년 후부터 다시 부품 수입을 재개했다.

'94년 말까지 현무는 추가 포대의 창설을 통해 대대 단위 전술작전체제의 구축을 완료했지만 지대지 유도무기의 개발 사업은 사실상 그것으로 끝나고 말았다. '70년대에 최초로 구상했던 K-3(300km급), K-5(500km급)의 후속 사업은 이루어지지 않았다. 지대지 유도무기는 사거리 180km, 탄두 500kg을 초과하지 않는다는 정부의 공식적인 약속과 미 관리들의 철저한 현장검증으로 더 이상의 연구개발이 불가능했기 때문이었다. 그 기간에 북한은 Scud-B(340km), Scud-C(500km), 노동1호(1,300km), 대포동1호(2,000km) 등으로 그들의 미사일 전력을 계속 발전시켜나가고 있었다.

5. 자군 이기주의(自軍利己主義)와 의사결정의 혼란

'10·26사건' 이후 군사력건설에 대한 국가지도부의 강력한 통제력이 제도적으로 약화되면서 각 군 본부의 목소리가 점차 커지기 시작했다. 자군의 전력증강에 대하여 해당 군이 명확한 의견과 주장을 펴는 것은 그만큼 군이 발전하고 있다는 점에서 환영해야 할 일이지만, 기본적으로 기술 주권에 바탕을 둔 장기적인 자주국방태세를 지향하는 국방부, 합참의 사고방식과 성능제일주의적인 군의 요구가 잦은 충돌을 일으키면서 의사결정과정에 갈등과 혼란을 야기하는 경우가 많아졌다.

북한의 직접적인 위협 앞에서 전투준비태세 완비에 바쁜 군의 입장에서는 상대적으로 성능이 우수한 무기체계를 도입해서 전투능력을 보강하는 것이 시급하다는 주장이 타당했지만, 그것이 국방과학기술과 방위산업 발전을 제한해서 장기적으로 자주국방의 목표 달성을 지연시키게 될 수도 있다는 점을 이해하려 들지 않았다. 그뿐만 아니라 해군, 공군과 같이 전력 규모가 작은 군에서는 우선 전투부대의 수를 늘리는 것에 주안을 둔 나머지 무기체계의 질보다는 양을 선호하는 현상이 나타나기도 했다. 자주국방의 철학과 방법론에 대한 광범위한 공감대가 형성되지 못한 데 원인이 있었다. 그리고 그 과정에 국내·외 관련 업체의 영향력이 끼어들면서 우려스러운 군산복합(軍産複合)의 징후가 나타나기도 했다.

(1) 한국형 경대전차무기(KLAW)

2차 율곡계획을 준비하는 과정에서 합참은 한국형 경대전차무기 (KLAW)를 양산해서 소총중대의 편제장비로 배치할 계획으로 육군에 소요제기 지침을 하달했다. KLAW는 '76년 8월 기존 경대전차무기로 는 북한의 T-54와 T-55 전차의 전면장갑(380mm급)을 관통할 수 없 다는 미국의 시험결과를 확인한 박 대통령의 긴급지시로 ADD가 개 발해서 '78년 10월 '백곰' 시범발사 때 함께 선보였던 무기체계였다. 시범이 끝난 후 대통령은 육군참모총장에게 KLAW를 전투부대에 배 치할 것을 지시하기도 했다. 그러나 상황이 바뀌고 군 수뇌부가 바뀌 면서 군의 의견도 달라졌다.

육군의 주장은 KLAW가 무겁고 휴대가 불편하기 때문에 미국에서 개발 중인 바이퍼(Viper)(FGR-17)를 도입해서 전력화하겠다는 것이 었다. 바이퍼는 경대전차무기 LAW의 후속 무기체계로 소련의 T-62, T-72 등 신형 전차에 대응하기 위해 '70년대 중반부터 개발에 착수 한 것으로 어느 시기에 구매가 가능할 것인지 점칠 수 없는 무기였다. 그러나 육군의 주장이 너무 완강했기 때문에 결국 KLAW의 양산은 실현되지 못했다.

바이퍼는 '82년에 첫 시제품이 출품되어 시험평가에 들어갔지만 군 의 작전요구성능(ROC)을 충족시키지 못했고, 안전상에도 문제가 많 아 '83년 말에 개발이 중단되고 말았다. 결과적으로 육군은 그때까지 일선 소총중대에 대전차무기가 없는 전투준비태세상의 허점을 스스 로 방치한 셈이었다. 소총중대에 대전차무기를 편제하는 것은 적 전 차부대의 충격행동(Shock Action)으로 최 일선 전투부대가 심리적 공 황상태에 빠지는 것을 방지하고 대전차방어에 자신감을 부여하는 데 목적이 있었다. 그러나 그 문제를 심각하게 따지는 사람도 없었다.

그 후 육군은 독일에서 개발한 판저파우스트(PZF-3) 바주카포를 긴급 구매했지만 비싼 가격 때문에 소총중대의 편제 소요를 충족시킬 수가 없었다. 그러자 다시 대대 중화기중대에 대전차무기를 편성하는 방안을 발전시키고 미국의 드래곤(M-47 Dragon) 대전차미사일의 도입을 추진했다. 그러나 드래곤은 발사기 단가만도 10만 달러에 가까운 고가장비였고 미사일의 전투예비량 확보를 고려하면 예산소요가 너무 컸다. 그뿐만 아니라 드래곤은 배치 후 성능개량사업을 계속했다. 예산을 확보하고 구매협상에 들어갈 무렵이면 드래곤Ⅱ가 개발되고, 그것을 구매하려고 하면 다시 슈퍼 드래곤(Super Dragon)이 개발되었다. 그때마다 가격도 계속 올라갔다. 그런 식으로 10여 년을 끌다가 결국 드래곤 사업은 무산되고 말았다.

그 후에 궁여지책으로 나온 것이 90mm 무반동총이었다. 드래곤 대신 90mm 무반동총을 대대에 편제한 것이다. 그러나 90mm 무반동총은 '60년대에 미국이 개발해서 월남전에서 사용한 후 '70년대 중반부터 TOW와 드래곤으로 대체된 무기였다. 관통력도 KLAW에 현저히 뒤떨어진 350mm급 무기체계였다. 정상적인 군사력건설이라고 할 수 없었다.

한 번의 잘못된 의사결정이 군의 전투준비와 국방과학기술 발전에 미치는 부정적인 영향을 보여주는 사례였다.

(2) 500MD TOW기

500MD TOW기는 '76년 초 500MD(500M Defender) 헬기의 국

내생산을 결정한 후 한국 국방부가 개발비를 담당하고 휴즈(Hughes) 사가 개발을 맡아 자매회사인 휴즈 에어크래프트(Huges Aircraft)사의 TOW 미사일을 장착한 우리의 무기체계였다. 당연히 특허권도 한국 정부에 있었다. 500MD 생산 물량 300대 중 75대를 TOW기로 생산했는데 이것은 단기간에 육군의 대전차방어능력을 획기적으로 증강시키는 효과가 있었다.

500MD TOW기는 5엽 회전익(5-Blades)으로 소음이 적고 기동성이 양호할 뿐 아니라 공중선회(Hovering) 시 안정성이 있기 때문에 명중률이 높았다. 한국과 같이 산악과 구릉이 많은 지형에서는 적전차의 관측으로부터 차폐된 지형지물에 매복해 있다가 은밀히 접근해서 기습적인 사격을 하고 즉각 회피비행을 하는 데 그보다 우수한 공격헬기는 없었다. 그것은 수많은 사격시범과 전술훈련으로 입증이 되었다. 물론 야간전투능력과 항속거리, 적재능력(TOW 4발)을 포함한 몇 가지 기능에서 아직 미흡한 부분이 없지 않았지만 그것은 기술상의 문제로 얼마든지 개선이 가능한 사안이었다. 한국군이 500MD TOW기를 실전배치한 직후 이스라엘군이 한국에 특허료를 지불하고 30대를 구매했는데 얼마 지나지 않아 시리아군 전차부대와의 전투에서 우수한 성능이 입증되었다는 보고가 있었다.

군의 전력구조를 설계하는 합참과 육군 정책기획실의 전문가들은 이미 개발한 500MD TOW기를 중심으로 항공 대기갑 전력을 증강해나간다는 구상을 하고 1차적으로 수도기계화사단에 항공대대를 편성해서 전차와 TOW기의 협동작전능력을 개발해나가도록 했다. 그러나 항공병과 장교들을 중심으로 반대가 거셌다. 500MD TOW기는 성능이 미흡하기 때문에 주한미군이 장비하고 있는 AH-1 대전차공격헬기(Cobra)를 주력 기종으로 선정해야 한다는 주장이었다. 그리고 작전 분야의 비전문가들이 그 주장에 동조하면서 결국 육군 전체의 의견으로 굳어졌다. 그래서 500MD TOW기는 더 이상 생산을 못하고 '80년대 말 막대한 예산을 투자해서 약 3개 대대의 AH-1S 코브라(Cobra)를 도입하게 되었다.

AH-1 코브라는 월남전 초기에 미국의 벨(Bell)사에서 개발한 무기체계로 당시에는 최고의 성능을 지닌 공격헬기였다. 그러나 단가(Unit Cost) 면에서 500MD TOW기의 두 배가 넘었고, 특히 생존성 면에서 상대적으로 취약성이 높은 장비였다. '67년부터 '73년까지 1,100여 대가 월남전에 투입되었는데 그중 300여 대가 손실되었다. 비정규전 상황에서 약 30%의 손실률을 보인 것이다. 대공무기와 포병의 엄호를 받는 대규모의 전차부대와 교전하는 정규전 상황에서 코브라의 손실률이 얼마가 될지는 검증된 자료가 없다.

무기체계의 선정에는 비용 대 효과와 함께 그 무기체계를 운용할 작전환경과 지형의 특성이 신중하게 고려되어야 하는데 군의 일방적인 성능제일주의에 밀려서 500MD TOW기는 개발을 해놓고도 장기적인 사업으로 연결되지 못했다. 많은 예산을 투입해 생산시설을 갖추고, 기체와 엔진, 회전익을 포함해서 약 50%에 가까운 국산화율을 달성한 상태에서 '90년대 초 500MD 사업은 영구 중단되고 말았다.

그러나 미국에서는 휴즈사가 MD(McDonnell Douglas)사와 합병되고, 다시 보잉(Boeing)사와 합병된 후에도 500MD 기종은 민수용과 군수용으로 개량을 계속하고 있으며 2012년에는 무인 헬기로 개발한 AH-6(Little Bird) 모델이 한국에서 시범비행을 실시하기도 했다.

한편, 북한은 '85년경에 제3국을 통해 500MD 민수용 모델 80여

대를 수입해서 그중 약 60대에 러시아제 AT-3(Sagger) 미사일을 장착하여 대전차공격헬기로 개조한 것으로 분석되고 있으며, 2013년 '정전기념일' 퍼레이드에 그중 일부를 공개하기도 했다.

(3) 단거리 함대함미사일 '해룡'

단거리 함대함미사일 '해룡'은 해군의 소요제기에 의해 ADD가 '78년 1월 개발에 착수하여 '86년 12월에 완료한 무기체계다. 사거리가 3~12km로 주로 북한의 소형 고속정의 침투위협에 대응하기 위한 것이었다.

그 무렵 해군은 PKM급 고속정에 프랑스제 엑조세(Exocet) 중거리 미사일과, 미국에서 도입한 PGM급 대형 고속정에 스탠다드(STD Arms) 중거리 미사일을 장비하는 한편, 최신예 하푼(Harpoon) 장거리 미사일의 도입을 미국과 협의하고 있었기 때문에 단거리 미사일의 국내 개발이 불필요하다는 국방부와 합참의 반론이 제기되기도 했다. 그러나 해군의 주장은 중·장거리 미사일은 고가의 장비로 비용 대 효과 면에서 소형 고속정에 사용하기는 부적합하므로 적 함포의 사거리 밖에서 공격의 성공률을 높이기 위해서는 단거리 미사일의 개발이 반드시 필요하다는 것이었다. 당시 ADD는 백곰(NHK-1)의 개발에 전력투구하고 있었기 때문에 연구 인력의 여유가 없었지만 현 천호(당시 해군대령) 박사를 책임자로 해서 별도의 연구팀을 편성했다. 해군 중령이었던 양 창주(고인) 박사도 참여했다.

ADD는 '78년 1월부터 '81년 8월까지 3년 반에 걸친 개념연구와 탐색개발 끝에 유도무기의 사양을 최종적으로 확정하고 '81년 9월부터 '86년 12월 사이에 선행개발과 실용개발을 병행해서 추진했다. 기간 중에 20회의 비행시험을 통해 유도탄의 각종 기능을 확인했으며, 최종 실용운용시험단계에서는 고속정을 15~30노트의 속력으로 이동하면서 4개의 상이한 표적에 사격하여 100%의 명중률을 확인했다. 실용운용시험을 마친 후에도 ADD는 해군의 요구에 따라 1년 동안 부대운용시험을 합동으로 실시했다.

시험평가절차를 마친 '해룡'은 '87년 2월 해군의 건의에 의해 합참에서 전투장비로 채택되었으며, 국방부에서는 군수품 규격서를 확정하고 생산준비를 지시했다. 그러나 해군의 지휘부가 교체되고 나서 얼마 후인 '89년 6월 해군은 '해룡'의 반능동 레이저유도방식(Semi-Active Laser Guidance)이 해무와 온도, 습도 등 해상의 기상조건에 따라 영향을 받으며, 가격이 고가이고 군수지원체제 유지에도 문제가 있다는 점을 들어 실전배치에 반대한다는 의견을 제시해 국방부, 합참의 담당자들을 당혹스럽게 했다. 해군의 의견이 전혀 타당성이 없는 것은 아니었지만 그렇다고 새로운 사실도 아니었다. ROC(작전요구성능) 설정단계에서부터 시험평가에 이르기까지 매 단계마다 의사결정에 참여했던 해군으로서는 이미 알고 있는 제한사항이었다. 그럼에도 불구하고 해군이 갑자기 태도를 바꾸게 된 근본적인 이유는 단거리 함대함미사일의 효율성 문제 때문이었다. 단거리 미사일은 함대함유도무기의 초기 단계에 개발된 무기로 이미 선진국에서는 개발이 중단된 무기체계였다. 그뿐만 아니라 우리 해군이 성능이 우수한 중·장거리 함대함미사일을 계속 증강하면서 북한 소형 고속정의 침투도발이 현저히 줄어들어 단거리 미사일을 대량으로 생산해야 할 작전적 소요가 사라지게 된 것이다.

결국 '해룡'은 '개발에는 성공했지만 쓸모가 없는 무기체계'로 타협이 이루어졌다. 약 220억 원의 예산을 투자해서 9년 동안, 한때는 100여 명의 연구 인력이 투입되기도 했던 이 사업은 그렇게 애매한 선에서 종결되고 말았다. 책임을 지는 사람은 한 사람도 없었다. '70년대의 자주국방 과정에서는 상상도 못할 일이었다.

(4) 한국형 초계함(KPX)

한국형 초계함 사업은 2차 율곡계획을 준비하는 과정에서 28척의 소요가 제기되었고 '81년 말에 시제함 4척이 건조되었다. 신형 전투함을 건조할 때는 통상 1척의 시제함(試製艦)을 건조해서 시험평가를 마친 뒤 양산에 들어가는 것이 정상적인 절차였지만 조함사업에 바빴던 해군은 코리아 타코마사를 주계약(主契約) 업체로 해서 현대, 대우, 조선공사 등 4개 업체에 골고루 동시 발주를 해서 4척을 건조한 것이었다.

이 사업은 해군본부에 편성된 조함실이 주관하고 함정의 상세설계는 코리아 타코마사가 맡았다. 그러나 시제함의 시험평가에서 많은 문제점이 발견되었다. 선체, 속도, 무장 면에서 모두 문제가 있었다.

시제함은 750톤(경하중량)급으로 길이가 76m, 폭이 약 10m였다. 엔진은 MTU 디젤엔진 2기로 최고 속도는 25노트였다. 무장은 76mm 주포와 30mm 2연장 포 1문을 부포로 탑재하고 있었다. 함대함미사일도 없었다. 한 번 건조하면 적어도 20년 이상 운용해야 할 주력 전투함의 하나였지만 여러 가지 면에서 해군의 작전적 요구를 충족시키지 못했다.

초계함은 해군의 주장대로 500척이 넘는 북한의 고속정 세력을 상대로 NLL 남방의 연안을 방어하는 함정이었다. 최고 25노트의 속도로 30~40노트가 넘는 적의 고속정을 포착, 섬멸하는 하는 데는 전술적으로 한계가 있었다. 무장도 문제였다. 76mm 주포와 30mm 부포 각 1문으로는 화력이 빈약했다. 고속정 수준에 불과했다. 더구나 30mm 부포(기관포)는 이미 도태 단계에 있는 무기였다. '75년부터 건조하고 있는 PGM급 고속정에도 이미 40mm 포를 장비하고 있었다. 40mm부터는 근접신관(Proximity Fuse)의 적용이 가능해서 탄이 표적(항공기)에 명중하지 않고 스치기만 해도 전자식 신관에 의해 탄이 폭발해서 표적을 파괴할 수 있었다. 폭 10m에 길이 78m의 함형은 급속 선회기동을 할 경우 함의 균형유지에 취약점이 있었다. 상대적으로 내파성(耐波性)이 약해서 악천후 속에서 장시간 기동할 경우 승조원들의 피로감이 높아질 수밖에 없었다. 인체공학적인 요소가 충분히 고려되지 않은 것이다.

합참에서는 해군의 조함 책임자를 불러서 제기된 문제들을 하나하나 따져보았다. 성능이 미흡한 전투함정을 서둘러 건조해야 하는 이유를 묻자 예산이 부족해서 어쩔 수 없었다는 얘기였다. 예산이 부족하면 척수를 줄이더라도 제대로 된 함정을 만들어야 하지 않겠느냐는 질문에 그는 북한 해군에 비해 수적으로 열세하기 때문에 질보다는 양도 중요하다는 논리였다. 해군이 이미 신형 40mm 부포를 무기체계로 채택해서 PGM급 미사일 고속정에 장착한 단계에서 구형 30mm 부포를 채택한 이유를 묻자 30mm가 가격도 낮을 뿐만 아니라 업체에 발주한 탄약의 양이 많아서 재고 활용 측면에서 30mm를 채택했다는 답변을 해서 질문하는 사람들을 어리둥절하게 만들기도 했다.

합참에서는 현 단계에서 초계함 건조 사업을 중단하고 새로운 ROC(작전요구성능)를 설정해서 합참의 검토를 받은 후에 사업을 재개하도록 해군본부에 지시를 내리는 한편, 특명검열단으로 하여금 특별 감사반을 편성해서 조함사업의 실태를 면밀히 분석해보도록 했다.

해군의 반발도 컸다. 군함을 건조하는 것은 해군 고유의 영역인데 합참의 간섭이 도를 넘어서고 있다는 것이었다. 합참의 입장도 완강했다. 군함은 한 번 건조하면 장기간 운용해야 하는데 실제로 함정을 운용해야 할 전투병과(항해병과) 장교들의 의견을 충분히 수렴하지 않고 성능이 미흡한 전투함정을 대량으로 건조하는 것은 군사력건설의 개념에 맞지 않으며 반드시 바로잡아야 한다는 것이었다. 합참 전략기획국장 최 연식 소장이 직접 해군본부를 방문해서 합참의 입장을 설명하기도 했다.

결국 이 문제는 합참의 담당관과 ADD 진해연구소의 선박 전문가들, 그리고 해군 조함 관계자가 마산에 있는 코리아 타코마사에 모여 약 일주일간 숙식을 함께 하면서 초계함의 기본설계를 다시 조정한 후에 사업을 재개했다.

그때 개선되었던 주요 내용은, 우선 선체의 길이(샤프트)를 약 10m 늘려서 함의 안전성을 보강하고 배수톤수를 930톤(경하중량)으로 증가했으며, 속도는 기존 디젤엔진 2기에 가스터빈(Gas Turbine) 1기를 추가하여 32노트로 증가시켰다. 무장은 76mm(OTO Melala) 1문을 함미에 추가하여 총 2문을 장착하고, 부포는 신형 40mm(브레다)로 교체했으며 중·장거리 함대함미사일을 장비할 수 있도록 탑재 공간을 확보했다. 개선 내용이 알려지자 해군의 전투병과 장교들과 전략 분야 전문가들이 개인적으로 감사의 뜻을 전해오기도 했다.

초계함은 총 24척이 개선된 ROC에 따라 순차적으로 건조되어 실전에 배치되었으며, 시제함으로 만들었던 4척은 훈련전대에 배치하여 교육용으로 활용한다는 보고가 있었다.

한편, 특명검열단에서는 특별감사를 통해 몇 가지 개선책을 건의했다. 해군이 조함사업과 관련한 율곡예산의 집행을 직접 담당하는 것은 제도적으로 취약점이 있으므로 업체의 선정과 계약업무는 국방부와 조달본부로 이관해야 한다는 것이었다. 이 문제는 군수차관보실이 중심이 되어 상당한 개선이 이루어졌다. 두 번째 건의사항은 새로운 군함을 건조할 때는 군에서 작성한 ROC에 따라 ADD 진해연구소(구 진해기계창)에서 시제함을 개발하고 합참의 주관 하에 시험평가 과정을 거쳐 양산에 들어가야 한다는 것이었다. 이것은 신규 무기체계 개발에 적용되는 일반적인 절차였다. 그러나 해군은 조함사업이 해군 고유의 영역이라는 주장을 굽히려 들지 않았다. 결국 이 부분의 개선은 이루어지지 못했고 그 후로도 비슷한 과오가 되풀이되었다.

이보다 오래전인 '75년 경 해군은 '조함연구소'의 설치안을 국방부에 건의한 적이 있었다. 군함을 건조하는 데는 특수한 전문기술이 필요하다는 것이 그 이유였다. 당시 해군은 군수참모부의 조함과를 중심으로 소형 고속정(PK급)을 자체 건조하고 있었고, 또 다른 선박 관련 연구소로는 KIST(한국과학기술원)에 '선박연구실'이 있었다. 이 연구소에서는 해군의 중형 고속정인 PKM을 최초로 개발했다. 해군은 장기적인 조함 소요에 대비해서 규모가 큰 별도의 연구기관을 갖기를 희망했다.

해군의 건의안은 국방부 심의 과정을 거쳐 국방부, 과기처, 청와대가 참여하는 정책결정회의에 회부되었는데 결론은 같은 선박 관련 연구기관을 중복해서 운영하지 말고 하나로 통합하기로 결정하고 KIST의 선박연구실과 해군의 조합연구소 안을 합해서 ADD에 단일 연구소를 만들기로 했다. 그렇게 해서 '76년도에 만들어진 것이 '진해기계창(ADD 진해연구소)'이었다. KIST와 ADD, 그리고 해군의 조함 관련 전문가들이 모두 모였다. 해군본부 조함과장 출신의 손 운택 박사, 독일에서 잠수함 연구를 마친 김 영수(당시 해군중령) 박사, 김 홍열(당시 해군소령) 등 해군의 전문 인력들이 포함되어 있었다. 그러나 해군은 선박연구소가 ADD 소속으로 창설되자 해군본부 조함과를 조함실, 조함단으로 점차 확대하면서 신형 함정 개발을 포함한 조함사업의 통제기능을 계속 강화해나갔다. 함정 건조에 관한 주도권을 양도하지 않겠다는 의도였다. 결국 ADD 진해연구소는 창설된 이후 소형 잠수정(돌고래) 개발 사업을 제하고는 단 한 번도 신형 전투함 개발을 주도적으로 수행해본 적이 없다.

(5) 차세대 전투기 F-16

'79년 가을, 그동안 미측과 수년을 끌어왔던 차세대 전투기 F-16의 구매사업이 타결되어가는 과정에서 공군은 F-5E/F의 한·미 공동조립사업을 건의했다. 합참에서는 반대했다. 미국의 신예 전투기인 F-16은 1단계로 3개 대대(60대)를 도입하고 그 이후에는 국내 조립생산을 통해 국내 항공산업의 기반을 발전시켜나간다는 장기적인 구상을 발전시키고 있었다.

　F-5 기종은 '60년대 초에 미국에서 생산되어 주로 개발도상국에 제공하는 기종으로 미 공군은 사용하지 않는 무기체계였다. 제작사인 노스럽(Northrop) 항공사가 자사 제품 고등 훈련기 T-38(Talon)을 토대로 개발한 경전투기로 속도는 마하 1.3, 항속거리는 약 1,400km였다. 무장은 사이드 와인더(Side Winder) 단거리 공대공미사일 4기를 장착하고 폭탄적재 능력은 약 7톤이었다. 전천후 작전능력은 없었다.

　한국 공군은 '65년경부터 F-5A기의 배치를 시작하여 주력 전투기로 운용해왔는데, '72년부터는 제작사가 F-5A의 성능을 향상시킨 F-5E(Tiger II, 마하1.6)를 출시하고 한국 공군도 140여 대를 추가 구매하여 약 250여 대를 보유하고 있었다.

　그러나 F-5E는 북한이 보유하고 있는 MIG-19나 MIG-21에 비해 성능이 떨어진다는 평가가 나와 있었다. 특히 마하 2급의 MIG-21기 약 100여 대의 위협에 대응할 수 있는 수단은 F-4D/E 팬텀기 50여 대가 전부였다. 그래서 차세대 전투기인 F-16의 도입을 갈망했고, 미국의 반대로 시간을 끌다가 겨우 타결이 되는 시점에 다시 구형 F-5E/F의 조립사업을 제기한 것이다. 논리적으로 이해가 안 되는 사안이었다.

　F-5 기종은 처음부터 해외 판매용으로 제작된 항공기였기 때문에 제작사의 판촉활동도 활발했고 미국 정부에서도 외교적으로 적극 지원하고 있었다. 박-카터 정상회담 하루 전에 열렸던 한·미 국방장관회담에서도 브라운 미 국방장관이 F-5E의 조립생산을 권유했

고 주한미국대사관이나 미 군사지원단(JUSMAG-K)에서도 같은 의사를 표시했다. 노스럽사에서도 회사의 간부들을 한국에 보내 막후활동을 계속했다. 정부와 공군 내에도 F-5를 선호하는 인사들이 있는 것으로 알려졌다. 결국 정치·외교적인 요인들이 복합적으로 작용해서 F-5E/F 공동조립사업이 결정되었고, 그 바람에 F-16 구매사업은 자금의 압박으로 물량을 36대로 축소해서 사업을 추진하게 되었다.

고도 정밀무기인 항공기를 도입할 때는 완제품 도입단계와 국내 조립단계를 거쳐 국내 개발단계로 발전시키는 것이 정상적인 사업추진 절차라고 할 수 있는데 한편에서는 차세대 전투기를 도입하면서 다른 한편에서는 구형 전투기를 조립생산하는 혼란스러운 현상이 발생한 것이다. 의사결정의 혼선이라고 볼 수도 있고 한국적인 특이한 현상이라고도 할 수도 있었다.

F-5E/F(제공호)는 '81년 말부터 조립생산을 개시하여 '86년까지 총 68대가 생산되었다. 약 절반은 반조립(SKD : Semi Knock Down) 방식으로, 절반은 부품조립(CKD : Complete Knock Down)방식으로 생산되었고 최종 국산화율은 약 20%였다. 항공기를 국내에서 조립 생산할 경우에는 기술이전료와 시설투자비, 인건비 등으로 단가가 직도입(直導入)에 비해 약 30% 정도 비싼 것이 통례이기 때문에 이 손실은 추가 생산 물량이나, 습득한 기술을 바탕으로 국내 개발 사업으로 연계함으로써 보상을 받을 수 있어야 한다. 그러나 F-5E/F는 후속 물량도 없었고 개발 사업으로 연계되지도 못했다. 따라서 공장설비에 막대한 예산을 투자했던 이 사업은 단 한 차례로 종결되었다. 모든 설비와 치공구들은 무용지물이 되고 말았다. 국가 예산의 낭비이고 전

력증강 투자비의 손실이었다. 군사력건설 과정에 합리적인 의사결정의 중요성을 다시 한 번 되돌아보게 하는 사례라고 할 수 있었다.

F-16 차세대 전투기는 '86년까지 36대가 도입되고, '88년도에 집행 잔액이 발생해서 추가로 4대를 도입했다. 그러나 이 사업은 곧바로 국내 생산 사업으로 연결되지 못했다. F-16이 도입되는 과정에 공군의 차세대 전투기 기종이 F/A-18(Hornet)로 바뀌어버린 것이다. 5공화국 때의 일이다.

F/A-18은 노스럽사가 '70년대 중반에 개발했던 YF-17기를 기반으로 맥도널 더글러스(MD)사와 기술제휴를 해서 함재기(艦載機)로 개량한 항공기였다. 미 해군의 A-7 공격기를 대체하는 항공기로 주·야간 적지 침투비행이 가능한 우수한 항법장비와 강력한 대지·대함 공격능력을 갖추고 있었다. 그러나 속도와 기동성, 항속거리 면에서는 F-16에 뒤지며 가격도 2배에 가까웠다. 공중전을 주 임무로 하는 전투기(Fighter)와 대지공격용 공격기(Attacker)의 성능을 상호 비교하는 것도 기술적으로 어려운 문제였지만, 북한의 MIG-21, MIG-23 등 신예기를 상대로 개전 초기 제공권의 확보에 최우선을 두고 있는 공군이 왜 갑자기 대지공격능력에 주안을 둔 F/A-18을 주력 기종으로 선택하게 되었는지 이해가 가지 않는 부분이 많았다.

우여곡절 끝에 결국 국방부는 6공화국 초기인 '89년 12월 F/A-18 120대를 공군의 차기 전투기로 구매한다는 결정을 발표했다. 그러나 곧바로 문제가 뒤따랐다. 당시 공군에 가용했던 전력증강 투자비로는 미측이 요구하는 대금지불계획(Payment Schedule)을 맞출 수가 없었던 것이다. 군의 능력을 초과하는 과욕이었음이 밝혀졌다. 그래서 또

몇 년을 머뭇거리다가 이번에는 청와대가 재검토를 요구해서 '91년 3월 다시 기종이 F-16으로 환원되었던 것이다. 일각에서는 청와대가 군 전력증강에 개입하는 데 불만을 토로하는 사람도 있었고, 이제야 사업이 제대로 가게 되었다고 환영하는 사람도 있었다.

　F-16(KF-16)은 '94년 말 미국의 공장에서 생산된 12대가 인도되었다. 그리고 F-16사업이 시작된 지 14년 만에 마침내 국내 조립생산 사업에 착수하게 되었다. '94년 6월부터 2000년 4월까지 36대는 반조립(SKD) 방식으로, 72대는 부품조립(CKD) 방식으로 6년간에 걸쳐 사업을 추진했다. 합참에서는 원 제작사의 생산중단에 대비하여 추가적으로 20대를 더 생산하도록 지시를 해서 '02년에 전력화를 완료했다. 그렇게 해서 확보된 180대의 F-16이 한국 공군의 최신예 주력 전투기가 되었고, 북한 공군력에 대비한 전력의 질적 우세를 확고히 다지게 되었던 것이다. 그리고 KF-16 국내 조립생산사업은 제작사와의 절충교역(Offset) 계약에 따라 한국형 고등훈련기(KTX) 개발사업으로 연결되었던 것이다.

제2부

북한 핵의 위협
속에서

제1장
노 태우 정부의 국방개혁

1. 합동군제도(合同軍制度)로 전환

(1) 국방태세연구위원회

'81년 봄에 국방대학원 안보문제연구소에 '국방태세연구위원회'가 구성되었다. 국방태세상의 문제점들을 포괄적으로 발굴해서 개선책을 제시하는 것을 목적으로 내세웠지만 그 핵심 과제는 군제(軍制)의 연구였다. 한국군의 비효율적인 군제를 개선해서 보다 능률적인 군사지휘체제를 갖추자는 취지였다.

이 과제는 당시 보안사령관이던 노 태우 대장에 의해 제기되었고 위원회의 편성과 지원업무도 보안사령부가 책임을 맡았다. 국방대학원 안보문제연구소장인 김 종휘 교수가 위원장을 맡고 각 군으로부터 대령·중령급 장교 10여 명이 선발되었다. 육군의 조 성태 대령, 해군의 박 희옥 대령, 공군의 이 영우 대령 등이 참가하고 합참에서도 율곡 담당관(조 영길 대령)과 실무 장교 1명이 차출되었다.

연구를 주도하는 측에서 사전에 구상했던 안은 이른바 '통합군제도(統合軍制度)'를 채택하는 것이었다. 합동참모본부를 대신해서 통합군사령부를 새로 편성하고, 각 군 본부를 지상군사령부, 해군사령부, 공군사령부로 개편해서 통합군사령부에 예속시켜 한 사람의 사령관에 의한 강력한 단일 지휘체계를 편성하는 안이었다.

해군과 공군에서 파견된 인원들이 즉각 반발을 했다. 군제이론에 바탕을 둔 논리적인 반발이라기보다는 소군(小軍)의 자군(自軍) 보호심리에서 비롯된 본능적인 반발이라고 할 수도 있었다. 육군 측 위원들은 당분간 관망하는 자세였다. 합참에서 나온 사람들은 그동안 군사력 건설 과정에서 나타났던 자군 이기주의(自軍利己主義)와 의사결정의 혼란을 최소화하기 위해서라도 합참의 권한과 기능이 강화되어야 할 필요성을 느껴왔지만 그렇다고 통합군제도에 동조할 수는 없었다. 그래서 '70년대 초 특검단에서 많은 인원을 동원해서 연구했던 통합군제도안이 군 내외에 논란을 일으키고 결국 대통령 결재 과정에서 채택되지 못했던 이유를 들어 반대의사를 표했다. 즉, 군제란 그 나라의 정치체제와 불가분의 관계가 있으므로 자유민주주의체제를 기본으로 하는 우리나라는 자유민주주의에 맞는 군제를 선택해야 한다는 것이 그 핵심이었다. 연구의 목표와 기본 방향에 대한 합의가 이루어지지 않은 상태에서 연구의 진척이 이루어질 수는 없었다. 일방적으로 연구를 밀어붙일 만큼 군제이론에 정통한 전문가도 없었다. 매일 모이면 결론이 나지 않는 토의로 몇 달을 보냈다. 그러는 과정에 추가로 제기된 과제가 육군 방공포사령부의 지휘체계 개선에 관한 문제였다.

국군 현대화계획에 따라 주한미군의 대공미사일인 호크(Hawk)와 나이키 허큘리스(Nike Hercules)가 한국군에 이양되면서 전시 공중

공간통제에 문제점이 발견되었다. 미사일의 사격 권한을 육군이 갖게 되면서 주·야간 수시로 출격하는 공군과 미 공군 항공기의 안전 확보가 우려스럽게 된 것이다. 그래서 방공사령부를 공군의 작전통제로 전환하고, 공군 작전사령관과 육군 방공사령관이 한 상황실에 같이 위치해서 임무를 수행하도록 조정했다. 그러나 방공사령부에는 미사일 외에도 수많은 대공화기가 있었다. 수도권 방공벨트에 밀집된 대공포와 지상군 작전을 지원하는 방공무기들이었다. 이 부분에 대한 지휘권은 육군이 갖고 있었다. 따라서 공군과 육군의 지시가 상충될 경우에는 방공포사령관이 선택할 수밖에 없었다. 전시의 긴박한 상황에서는 심각한 문제를 야기할 수도 있었다.

위원회에서는 방공부대의 운용실태를 면밀히 분석하고, 장기적인 군사력 발전의 전망을 고려해서 방공사령부와 대공미사일부대는 공군으로 예속을 전환하고 육군은 지상전투 엄호를 위한 저고도 방공 기능만을 보유하도록 체제를 정리했다. 그리고 그 과제를 끝으로 연구위원회는 해산되었다. 군제연구는 한 발짝도 진전시키지 못한 상태였다.

(2) 818연구위원회

'88년 2월 노 태우 정부가 출범하고 김 종휘 교수가 청와대 외교안보보좌관이 되었다. 취임 후 얼마 지나지 않아 노 태우 대통령은 오자복 국방부장관에게 "국방태세 전반에 걸쳐 제2의 창군에 버금가는 혁신적인 개혁을 추진할 것"을 지시했다. 이에 따라 국방부와 합참에서는 '장기 국방태세 연구계획'을 수립해서 각 군의 수뇌들이 배석한 가운데 대통령에게 보고를 하고 재가를 받았다. 그날이 8월 18일이었다. 그래서 그 계획을 '818계획'이라고 부르게 되었다. 연구의 핵심은 역시 군제의 연구, 즉 군 지휘체계 개선이었다. 상부의 지침은 '단일군 또는 통합군제도로 전환을 검토'하는 것이었다.

합참 전략기획국이 추진 책임을 맡고 그 밑에 연구위원회를 편성했다. 육군에서는 국방대학원 교수부장인 조 영길 준장이 선발되었다. 그는 '81년도의 '국방태세위원회'에 합참 대표로 참가한 경력이 있었다. 해군에서는 이 기정 준장, 공군에서는 조 건환 준장이 참가하고 그 밑에 각 군에서 선발된 20여 명의 대령급 장교들이 모였다. 그러나 군제를 다루어본 전문가는 별로 없었다. 그래서 위원회가 소집된 후 약 1개월 동안은 군 내외의 전문가를 불러다 교육 겸 토의를 계속하면서 서서히 공감대를 조성해나갔다.

한 나라의 군제를 채택하기 위해서는 그 나라의 정치체제는 물론 군사력운용을 위한 작전 환경과 지정학적 요소, 지휘의 효율성과 자원관리의 경제성 등 제반 요소를 종합적으로 검토해야 한다. 그것은 특정 군제에 대한 선입관을 바탕으로 선택할 수 있는 문제가 아니다.

지침으로 내려온 '단일군제도'는 상비군의 규모가 작은 나라에서 채택할 수 있는 제도였다. 상비군 규모가 4만 명 내외였던 캐나다가 한때 채택했다가 문제점이 발견되어 다시 3군 체제로 환원하고 있었다. 60만이 넘는 대군을 보유하고 있는 한국이 무작정 따를 수 있는 제도가 아니었다.

'통합군제도'는 처음부터 특정 국가의 군 운용 사례에 대한 이해가 부족한 상태에서 잘못 소개된 제도였다. '통합군'이란 용어도 한국군

내에서 만들어진 것이었다. '69년 '6일 전쟁' 후 이스라엘군의 기적 같은 승리에 심취한 한국군의 일부 젊은 장교들이 그 승리의 원인을 이스라엘군의 군제에서 찾으려고 했고, 그것을 이른바 '통합군제'라 는 이름으로 부각시키게 되었던 것이다. 그래서 '70년대 초 특명검열 단이 경제적 군 운용을 위한 군제연구를 시행하는 과정에서 '통합군 제'를 대안으로 선택했다가 채택되지 못한 전례도 있었다.

6일 전쟁 당시 이스라엘군은 10여 개의 지상군 여단과 200여 대의 항공기, 수척의 경비함정으로 구성된 소규모의 군대로서 국방상(장관)의 지휘 하에 한 사람의 '총참모장'에 의해 통제되고 있었다. 그러나 총참모장은 작전지휘권을 갖고 있지는 않았다. 이 점을 간과한 것이다.

총참모장(Chief of the General Staff)제도는 중국을 비롯한 공산권 국가에서 주로 사용하는 제도인데, 총참모장은 군의 최고 선임 장교임에도 불구하고 작전지휘권과 인사권을 갖고 있지 않다. 군의 지휘권은 당 중앙군사위원회가 갖고 있는 것이다. 북한도 마찬가지다.

한국군 장교들이 주장하는 '통합군제'와 가장 가까운 제도는 '총사령관제도'인데 이 제도를 채택하고 있는 나라는 지금은 터키가 유일하다. 터키는 1차 대전의 패배로 오스만제국(Osman Empire)이 멸망하고 국토가 사분오열된 상황에서 군인들의 독립전쟁으로 다시 세운 나라라는 역사적인 특수성을 지니고 있다. 한 사람의 총사령관이 군뿐만 아니라 국가의 모든 무장력을 장악하고 있으며 그 권위는 대통령이나 수상에 버금간다. 국방부장관은 총사령관의 보좌기구에 불과하며 공식 국가서열도 한참 아래다. 이런 상황에서 군에 대한 문민통제가 이루어지기는 어렵다. 터키가 건국 후 빈번한 군사혁명으로 군정과 민정을 번갈아 되풀이해온 이유가 거기에 있는 것이다.

'통합군제'를 주장하는 정치성향의 일부 군인들, 정확히 말하면 육군의 일부 장교들에게는 바로 이 터키의 군제에 대한 선호가 논리의 근거를 이루고 있으며 그 저변에는 '힘 있는 군대'에 대한 강한 집착이 깔려 있는 것이다. 경제적인 군 운용이나 지휘체계의 효율화는 겉포장용 수사에 불과하다. 그리고 기회에 민감한 일부 학자나 정치인들이 여기에 가담해서 정치적 변환기가 있을 때마다 혼란스러운 상황을 연출하고 있는 것이다.

연구위원회에서는 자유민주주의와 군에 대한 문민통제가 보편화되어 있는 구미의 선진국들이 채택하고 있는 '국방참모총장(Chief of Defense Staffs)제도'와 '합동참모의장(Chairman of Joint Chiefs of Staff)제도'를 모델로 해서 한국적 여건에 맞는 군제를 설계해나가기로 의견을 모았다. 자국의 영토에 대한 직접적인 침략 위협이 없는 선진국의 군제를 그대로 모방할 수는 없기 때문이었다.

20세기에 들어오면서 전쟁의 양상이 입체전 형태로 바뀌고 육·해·공군의 합동작전이 필수적인 요소로 대두하면서 전시에 군과 군을 협조시키고 군사력운용을 통합할 상위 조직의 필요성이 제기되었다. 그렇게 해서 몇 단계의 진화과정을 거쳐 정착된 것이 국방참모총장제와 합동참모의장제도였다. 어디까지나 군사력의 통합과 합동성에 주안을 둔 제도 발전이었다. 그리고 해당 국가의 안보환경이나 군사력의 규모에 따라 조금씩 차이가 있다.

한국처럼 휴전선을 사이에 두고 남북 100만에 가까운 상비전력이 상호 대치 중에 있고, 특히 수도권이 적의 포병 사정권 안에 있는 나라에서는 무엇보다 중요한 요소가 '신속한 결심'과 '신속한 대응'이다. 이것을 위해서는 합동 전력을 지휘해야 할 기구에 야전부대에 대한 전·평시 직접적인 지휘통제권을 행사할 수 있는 권한을 부여하지 않으면 안 된다. 그리고 그 권한을 행사하기 위해서는 야전 정보와 작전을 실시간으로 통제할 수 있는 능률적인 조직이 필요하다. 그렇게 해서 만들어진 조직은 기존의 합참 기능에 작전통제기구인 한·미연합군사령부(CFC)의 지휘기능을 결합한 형태의 조직개념이 되었다. 다시 말하면 '합참'과 '전구사령부'를 결합한 형태의 조직인 것이다.

이것은 다른 나라에는 없는 조직개념이었다. 예를 들어, 미국과 같이 주로 영토 밖의 해외 전쟁에 주안을 두고 있는 나라에서는 합참의 장에게 작전부대에 대한 직접적인 지휘권을 부여하고 있지 않다. 그러나 한국처럼 시간이 지배적 요소인 국내전의 상황에서는 직접적인 지휘권이 필수적인 요소가 되는 것이다. 그래서 작전을 주 임무로 하는 육·해·공군, 해병대의 16개 사령부를 '합동부대'로 지정해서 전·평시 합참의 작전지휘를 받도록 전환시켰다. 그 밖에도 국가 비상시 계엄사령관의 직책과 점령지역에 대한 민사군정권(民事軍政權)을 행사할 수 있도록 하고, 작전수행에 직접적인 영향을 주는 탄약, 유류, 통신, 수송 등 주요 전투지원 분야에 대한 운용통제권을 보유하고, 주요 작전지휘관에 대한 '임명 및 해임 동의권'을 행사함으로써 지휘권을 보강할 수 있도록 했다. 이것은 세계적으로 가장 강력한 합동군의 형태인 것이다.

연구위원회에서는 매일 연구된 내용을 각 군 본부에 전파해서 검토

후 의견을 제시하도록 했다. 비공개 형식의 밀실 연구를 배제하고 처음부터 연구과정을 공개해서 공감대를 조성해나가기 위한 조치였다. 시간이 지나면서 각 군이 연구 내용과 방향을 이해하고 발전적인 의견을 제시해주었다.

연구를 진행하는 과정에서 책임부서인 전략기획국과는 보이지 않는 긴장관계가 형성되기도 했다. 상부의 지침대로 단일군이나 통합군을 채택하지 않고 합동군제를 발전시키는 데 대한 우려와 불만 때문이었다. 그래서 전략기획국에서는 만약의 경우에 대비하여 별도로 통합군제에 대한 연구를 진행시키기도 했다. 그러나 군 내외의 여론은 합동군제로 기울고 있었다. 특히 김 영삼, 김 대중 등 정치지도자들도 문민통제에 반하는 통합군제에 대한 반대의사를 분명히 했다.

결국 '89년 11월 청와대 보고 과정에서 노태우 대통령의 결심에 따라 '합동군제'가 국군의 새로운 군제로 채택되었으며, '90년 7월 국군조직법 개정으로 확정되었다.

합동군제가 제대로 정착되고 발전하기 위해서는 몇 가지 전제조건이 있었다. 그 첫 번째가 작전통제권의 문제였다. 비록 합참에 전·평시 국군에 대한 작전지휘권을 부여했다고는 하지만 한·미연합군사령부가 작전통제권을 행사하고 있는 상황에서 합참의 작전지휘권은 유명무실한 것이나 다름이 없었다. **'자주적인 작전지휘체제의 확립'**은 자주국방건설의 궁극적 목표이고 명제였다. 그래서 미군 측과 장기간의 협의를 통해서 '94년 12월 1일부로 연합사의 작전통제권을 합참으로 전환했다. '50년 7월 UN군사령부에 그것을 위임한 지 약 44년만의 일이었다.

이에 따라 연합사는 평시 연합정보, 연합훈련, 연합C_4I, 연합계획 발전 등 **6개의 권한 위임사항**을 수행하다가 전쟁의 발발이 임박한 DEFCON '3'의 상황에서 한·미 합참의장의 합의에 의해 한국군과 주한미군의 지정된 작전부대에 대한 작전통제권을 행사할 수 있도록 결정했다. 그리고 양국의 합참의장은 군사위원회(MC)를 통해서 연합사에 대한 지속적인 지휘, 감독권을 행사할 수 있도록 했다. 작전통제권을 평시작전통제권과 전시작전통제권으로 분리해서 평시작전통제권은 합참의장이, 전시작전통제권은 연합사령관이 행사한다는 식의 2분법적 구분을 하는 것이 논리적으로 반드시 맞는 말은 아니다. '94년 12월 1일 이후 연습상황을 제외하고는 아직 한 번도 연합사령관에게 한국군 부대의 작전통제권을 위임한 적이 없다.

두 번째는 합동작전을 수행할 인력의 개발이었다. 합참의 임무와 기능을 활성화하기 위해서는 합동작전을 이해하고 교리적으로 훈련된 인력이 충원되어야만 했다. 아무리 우수한 조직과 기능이라도 그것을 운용할 수 있는 양질의 인력이 뒷받침되지 않는다면 그 효능을 발휘할 수가 없는 것이다. 개인의 능력과 적성을 무시하고 각 군의 인위적인 인력배분 기준에 따라 충원된 인력들로는 합참의 고유한 임무와 기능을 원활히 수행할 수가 없는 것이다. 그래서 '90년 10월 국방대학원에 합동참모대학을 재창설하고 합참, 연합사에 보직되는 실무자는 합동참모대학 졸업자 중에서 선발하는 것을 원칙으로 정했다.

2. 3군 본부의 이전 – 군사지휘조직의 분할

(1) 임시수도 건설계획(백지계획)

월남이 패망한 직후인 '70년대 중반 박 정희 정부는 임시수도(臨時首都) 건설계획을 추진한 적이 있었다. 수도권의 과도한 인구 증가를 막고, 수도권이 지닌 군사적 취약성을 극복하기 위한 대책으로 발전시킨 계획이었다.

비록 수도권 절대고수의 전략 목표를 세우고 방위력 증강에 전 국력을 동원하고 있었지만 아직 대비태세가 완비되기도 전에 월남이 패망하는 사태가 발생했고, 이에 고무된 북한 정권이 "한반도에서 전쟁이 난다면 잃는 것은 휴전선이고 얻는 것은 조국의 통일이다."고 호언장담하는 상황에서 적의 야포 사정권 안에 있는 수도권의 안전을 지킨다는 것이 군사적으로 매우 어렵다는 사실을 인정하지 않을 수 없었던 것이다.

박 대통령의 기본 구상은 휴전선과 평양과의 거리를 고려해서 휴전선 남쪽으로 약 160km 이격된 지역에 임시 행정수도를 건설해서 행정부와 입법부, 사법부를 모두 이전하는 것이었다. 그렇게 함으로써 전쟁이 발발하더라도 보다 안전한 위치에서 전쟁지도에 임할 수 있으며 정부의 기능을 안정적으로 유지할 수가 있는 것이다. 현재의 서울은 상공업 중심 도시로 발전시키다가 통일 이후에 수도로 환원한다는 개념이었다. 전쟁지도부와 국가의 핵심 기능이 전선으로부터 멀리 이격되어 있으면 적의 기습효과는 감소되는 반면 아 측은 전략적 융통성을 갖고 다양한 전술작전을 구사할 수 있으며, 그것이 곧 전쟁억제력으로 작용하게 되리라는 것이 대통령의 생각이었다.(오 원철, 같은

책, 286~291쪽)

일명 '백지계획(白紙計劃)'으로 알려진 이 계획은 오 원철 경제 제2수석이 총책임을 맡고, 박 봉환(후에 동자부장관) 제1무임소장관실 수도권인구정책조정실장과 김 병린 서울시 도시계획국장, 도시계획 전문가인 곽 영훈 박사 등이 참여한 것으로 전해지고 있다.

임시수도의 후보지로는 충남 논산군 일대와 공주시 장기면 일대의 두 곳이 검토대상으로 선정되었다. 후에 '계룡대'로 불리게 된 계룡산 동남쪽의 골짜기들은 처음부터 군 시설 배치에 적합한 지역으로 분류했지만 보안상의 이유로 표기를 하지 않고 있었다는 것이 당시 계획에 참여했던 사람들의 증언으로 전해지고 있다.(전 두환 수도이전 '620사업' 비화, 일요신문 제635호, 2004. 7. 18)

그러나 이 사업은 '78년 카터의 주한미군 철군계획이 몰고 온 급박한 안보위기 속에서 시행을 유보하지 않을 수 없었다. '79년 6월 서울에서 열린 한·미 정상회담을 계기로 철군계획은 잠정 중단되었으나 그 후 얼마 지나지 않아 '대통령 시해사건'이 일어났고, 청와대 사업기획단도 해체되었다.

(2) 620계획

전 두환 정부에 들어와서 백지계획이 어떻게 승계되고, 어떻게 수정되었는지는 알 수 없었다. '82년부터 고도의 보안 속에서 이 사업을 주관했던 것으로 알려진 김 재익 경제수석도 '83년 10월에 일어난 '아웅산 테러사건'으로 순직하고 말았다. 그 후로 이 사업이 어떻게 변형되었는지는 공개된 자료가 없다.

'84년경부터 군내에 이상한 소문이 떠돌기 시작했다.『정감록(鄭鑑錄)』에 등장하는 계룡산 부근에 정부 종합청사로 추정되는 대규모 공사가 진행되고 있다는 말도 있었고, 사실은 그것이 군사시설이라는 주장도 있었지만 확인할 방법은 없었다. 일명 '620사업'이라고 알려진 그 사업은 알려고 하는 것 자체가 당시에는 금기사항이었다. 그렇게 몇 년을 지내다가 정권이 바뀌고 마침내 '부대이동지시'가 하달되고 나서야 그것이 육·해·공군 본부의 이전사업이라는 것이 알려지면서 군이 큰 혼란에 빠지게 된 것이다. 각 군의 관계자들이 국방부와 합참에 몰려와 항의하는 소동이 한동안 계속되었다.

국방부와 합참은 이전계획에 포함되어 있지 않았다. 국군의 통수권자인 대통령이 서울에 위치하는데 국방부가 홀로 떠나갈 수도 없고, 국방부장관의 군령권을 보좌하는 합참이 국방부를 떠나갈 수 없다는 것은 자명한 일이었다. 그래서 국방부와 합참은 서울에 남고 육·해·공군 본부만 남쪽으로 이동하는 기형적인 부대배치가 이루어지게 된 것이다.

광의의 국방조직이란 국방부와 합참, 각 군 본부를 포괄하는 개념이다. 국방부, 합참, 각 군 본부가 하나의 유기체를 형성하여 공동의 목표를 향해 역량을 결집해나갈 때 국방조직의 효율성이 증대될 수 있는 것이다. 그래서 거의 모든 나라들이 국방조직을 구성하는 군의 상부 조직들을 단일 장소나 지근거리에 배치해서 지속적인 정보의 순환과 원활한 의사소통을 통한 일체감을 조성해나가고 있는 것이다.

펜타곤(Pentagon)으로 상징되는 미국 국방부의 내부배치가 그 대표적인 예다. 5각형의 구조로 된 하나의 건물 속에 국방부와 합참, 각 군 본부를 함께 배치하여 유기적인 단일 군사지휘체제를 형성하고 있는 것이다.

국방부/합참과 각 군 본부를 100km 이상 이격된 원거리에 분리시켜놓고 국방조직의 효율성과 일체감을 유지할 수 있다고 주장하는 것은 한마디로 어불성설이다. 지휘주목(指揮注目)이 유지될 수 없고, 원활한 정보의 순환과 의사소통이 이루어질 수 없다. 일사불란한 즉응태세를 유지할 수도 없고, 위기의 순간에 신속한 의사결정을 이룰 수도 없다.

불과 40km 전방에 휴전선을 사이에 두고, 수도권의 절대 고수에 국가의 명운을 걸고 있는 나라에서 과연 해도 좋은 결정을 한 것인지 의심하지 않을 수 없다. 그것이 군을 위한 것인지, 역사에 남는 업적을 위해 벌인 사업인지, 또는 첫 단추가 잘못 꿰인 사업을 말썽 없이 마무리하기 위해 만만한 군대를 이용한 것인지 가늠할 수가 없다. 전문성과 양식을 갖춘 수많은 군 고위 간부들이 공식·비공식으로 반대와 우려의 뜻을 밝혔지만 이미 돌이킬 수 없었다.

계룡대가 최초 정부 종합청사로 건설되었다는 일부의 주장은 전혀 사실이 아닌 것 같았다. 미국의 펜타곤을 연상시키는 8각형의 지상 5층, 지하 3층의 단일 건물은 일견 그 규모가 방대했지만 실제로는 육·해·공군 본부를 동시에 수용하는 데도 제한이 있었다. 해군본부가 같은 시기에 이전하지 못한 이유가 그것이다. 정부 종합청사로 사용하기에는 턱없이 작은 규모였고, 그렇다고 청와대를 옮겨놓기에는 너무 컸다. 그 밖에도 대연병장의 조성이나 지하에 건설된 대규모 지휘통제시설, 영내 간부숙소 배치 등을 주의 깊게 살펴보면 그것은 처음부터 군사시설로 설계되었고, 그 내부에 전쟁지도본부를 위치시킬 계획으로 추진되었다는 심증을 갖게 했다. 문제는 다시 정부가 바뀌고, 국가전쟁지도부의 이전계획이 중단된 상태에서 국방의 핵심 조직인 육·해·공군 본부만 떨어져나가는 참으로 우려스러운 사태가 벌어졌다는 사실이다. 그것이 장기적으로 군의 조직문화와 군사지휘체제에 미칠 영향을 심각하게 고려하지 않고 있었다. 지각 있는 군 간부들이 걱정하고 반대한 이유가 바로 거기에 있었다.

풍광이 수려한 계룡산 자락에 건설된 육·해·공군 통합 주둔시설은 군인들의 기존 관념으로는 받아들이기 어려울 정도로 그 규모가 웅장하고 호화스러웠다. 삼각지와 대방동의 궁색한 환경에서 살아온 그들에게는 일종의 문화적 충격이라고도 할 수 있었다. 갑자기 생활수준이 몇 계단 상승한 느낌이 들기도 했다. 일과시간의 근무여건은 말할 것도 없고, 일과 후의 여가활동이나 휴식을 위한 편의시설도 거의 완벽했다. 무엇 하나 부족한 것이 없었다. 그러나 시간이 지나면서 점차 우려했던 문제들이 나타나기 시작했다. 그중 두드러진 것이 '심리적 단절현상'이었다.

각 군 본부의 고위 간부들은 아침에 출근하면 먼저 전선 상황을 확인하고, 신문 스크랩을 통해 주요 기사를 점검하고, 국방부, 합참이나 국가지도부의 동향을 파악한 후에 일과를 시작하는 것이 몸에 밴 습관이었다. 자신이 국가안보조직의 일부라는 일체감에서 비롯된 관행이었다. 정보가 부족할 때에는 인근에 있는 상급 부서를 방문해서 추가적인 첩보를 획득하고 업무를 협조할 수 있었다. 그래서 국방부, 합참의 사무실에는 하루에도 수십 명의 각 군 본부 간부들이 수시로 드나들었다. 끊임없이 정보가 순환되고, 의사소통이 이루어지고, 또 그것을 통해서 '지휘주목'이 이루어졌다. 그것이 곧 국방조직의 활력이었다.

그러나 지금은 그것이 불가능했다. 특별히 회의라도 소집하지 않는 한 상급 부서와 직접 접촉할 기회도 없었다. 유입되는 정보와 첩보의 양도 계속 감소되었다. 각 군 본부가 국방조직의 중심에 있다는 실감이 나지 않았다. 서울에서 무슨 일이 진행되고 있는지 실시간으로 파악하기도 어려웠지만, 나중에는 알고 싶지도 않았다. 모른다고 크게 문제될 것도 없었다. 점차 신문을 펼쳐보지 않고 지나가는 날들도 많아졌다. 삼각지와 대방동에서 항상 시간에 쫓기고, 때로는 밤을 새워가면서 과업에 매달리던 치열한 모습은 사라져가고 있었다. 군대라는 조직의 문화와 정체성에 변화가 일어나고 있었던 것이다.

육·해·공군 본부를 한 건물에 배치함으로써 원활한 협조와 합동성을 강화할 수 있다는 주장은 호사가들의 말재간에 불과하다. 기능과 특성이 다르고, 본질적으로 독립성이 강한 군과 군 사이에 일상적인 업무를 통해 협조와 합동을 증진시킬 수 있는 분야는 일부 행정지원 업무에 국한될 뿐이다. 각 군이 상호 빈번한 접촉을 통해 인간적인 유대를 강화한다는 것도 부차적인 효과에 불과하다. 합동성이란 기본적으로 군사력의 운용과 교리에 관한 문제이고 지휘체계상의 문제다. 3개 군을 협조시키고, 합리적으로 조정, 통제할 수 있는 상위의 지휘통제조직이나 강력한 연결 고리가 없이는 그것을 달성할 수 없다. 육·

해·공군 본부를 '한 지붕 세 가족'의 형태로 멀리 떼어놓은 문제점이 거기에 있는 것이다.

　지금은 삼각지, 대방동을 경험한 세대들도 거의 사라져가고 있다. 세월이 지나면서 문제의식 자체가 사라지고 있는 것이다. 그러나 이 문제를 외면한 채 국방지휘체제의 효율성을 논하는 것은 허구에 불과하다. 더 늦기 전에 문제의 본질을 종합적으로 파악하고 국가적 차원에서 지혜를 모아야 할 당면과제다.

제2장
북방정책과 핵 위기

1. 노 태우 정부의 북방정책

(1) 북방정책 선언

'88년 2월 25일 노 태우 대통령은 취임사를 통해 북방정책(Nord-politik)을 정부 대외정책의 기조로 천명했다. 미국과 일본을 비롯한 서방 국가들과의 유대를 강화하는 한편, 지금까지 교류가 없었던 공산권 국가들과의 관계개선을 통해 지역적인 안정과 공동의 번영을 추구하고 궁극적으로 통일로 가는 길을 열겠다는 의미였다.

이어서 7월 7일에는 '민족자존과 통일번영을 위한 특별선언(일명 77선언)'을 발표했는데 그 골자는,

- 남·북한 동포 간의 상호교류 및 해외동포들의 자유로운 남북 왕래
- 이산가족 교신 및 상호방문 주선
- 남·북한 간 물자거래 및 문호 개방

- 비군사 물자에 대한 우방국과 북한과의 교역 동의
- 남북 간 대결외교 지양 및 국제무대 협력
- 북한은 미국·일본과 한국은 중국·소련과의 관계개선 등 6개 항

이었다.

이 선언에 의해서 북방정책은 대(對)북한정책과 대(對)공산권 외교 정책을 포괄하는 개념으로 구체화되었고 실질적으로 북방정책을 추진하는 시발점이 되었다.

또 다른 한편으로는, 서울올림픽을 목전에 둔 시점에서 동서 화해의 메시지를 담은 이 선언은 가장 우려했던 북한의 방해 책동을 봉쇄하고, 전 세계의 거의 모든 국가가 올림픽에 참여하는 계기를 조성했다. 동서 양 진영의 대립으로 반쪽 대회로 끝났던 모스크바('80년)와 LA올림픽('84년)과는 달리 서울올림픽에는 사상 가장 많은 160개국이 참가하여 명실 공히 지구촌 축제를 벌일 수 있었던 것이다. 그리고 성공적으로 치러진 서울올림픽은 미지의 동구권 국가들이 한국과 외교관계를 서두르는 계기를 조성하기도 했다.

'북방정책'이란 용어는 '83년 6월 이 범석 외무부장관의 국방대학원 강연에서 처음 소개되었다. 서독의 브란트(Willy Brandt) 정부가 사용했던 '동방정책(Ostpolitik)'이라는 표현을 원용해서 '대(對)공산권 외교정책'이라는 직설적인 표현을 완곡하게 변형한 것이다.

'69년 미국이 '괌 선언'을 통해 아시아지역에 대한 불간섭 정책을 천명하고 그 바탕 위에서 베트남전쟁을 종식시키는 한편, 대(對)중국 화해와 국교정상화를 달성했으며, 탄도탄요격미사일조약(ABM), 전략

무기제한협정(SALT) 등 군축 노력을 통해 미·소 간에 데탕트(긴장완화) 분위기를 조성하면서 '70년대부터 '80년대 초에 이르는 동안 기존의 국제질서에 근본적인 변화가 일어나고 있었다. 전 두환 정부 역시 냉전시대의 경직된 세계관에서 벗어나 새로운 대외정책노선을 모색해야 할 필요성을 강하게 느끼고 있었다. 그러나 '83년 9월 소련 전투기에 의한 '대한항공747기 격추사건', 10월에 발생한 '아웅산 폭탄 테러사건', 서울올림픽을 앞두고 자행된 '대한항공707기 공중폭파사건' 등으로 남·북한 간에 적대감이 고조되고 소련과도 긴장감이 해소되지 않아 실질적인 진전이 이루어질 수 없었다. 북방정책의 주창자였던 이 범석 장관도 '아웅산' 희생자의 한 사람이 되고 말았다.

'85년 3월 소련에 고르바초프(Mikhail S. Gorbachev) 정권이 등장하면서 동서 데탕트 분위기는 한층 가속화되었다. 그동안 미소 간에 군사적 반목의 초점이 되었던 아프가니스탄으로부터 소련이 일방적인 철군을 단행하고, 중거리 전략미사일 폐기협정인 INF(Intermediate-Range Nuclear Forces)조약에 쌍방이 합의하여 사거리 500km부터 5,500km에 이르는 모든 미사일을 해체하는 최초의 실질적인 군비축소가 이루어지기도 했다.

한편, 오랜 기간 공산체제의 내부에 적체된 모순을 타파하기 위해 고르바초프가 내세웠던 '개방(Glasnost)과 개혁(Perestroika) 정책'은 종주국인 러시아뿐만 아니라 동구권 전체에 급격한 변화의 파고를 몰고 왔으며 그 과정에서 나타난 민족주의와 민주주의에 대한 열망은 궁극적으로 소비에트연방과 동구권의 해체를 점치게 하고 있었다. 동구권의 해체는 곧 동서 냉전체제의 붕괴를 의미하는 것이었다. 한국이나 독일처럼 강대국의 전후처리 과정에서 분단 상황에 처해진 나라의 입장에서는 종전 후 처음 찾아온 기회가 아닐 수 없었다. 그런 맥락에서 노 태우 정부의 북방정책 선언은 시의적절한 선택과 도전으로 평가받아야 마땅할 것이다.

'89년 2월 헝가리를 시작으로 폴란드, 유고슬라비아 등 동구권 국가와 제3세계권인 중동의 이라크와 잇달아 외교관계를 수립하면서 북방정책은 본격적인 궤도에 올랐다. 그 과정에서 '89년 11월 '베를린장벽의 붕괴'라는 돌발적인 사건이 일어났고, 한 달 뒤인 12월 3일 몰타(Malta)에서 열린 미·소 정상회담에서는 부시(George H. W. Bush) 대통령과 고르바초프 당시 서기장이 공식적으로 '냉전 종식'을 선언하면서 북방정책은 한층 탄력을 받게 되었다.

'90년 6월에는 샌프란시스코에서 노태우 대통령과 고르바초프 소련 대통령 간에 정상회담이 이루어졌고, 이어서 9월에는 양국의 외교부장관이 UN에서 만나 공식 수교를 알리는 공동성명을 발표하기에 이르렀다.

한국은 '90년 한 해에만 체코, 루마니아, 불가리아 등 공산권 국가들과, 알제리, 콩고 등 제3세계권 국가들을 포함하여 총 12개 나라와 거의 동시에 외교관계를 수립하는 놀라운 실적을 올렸다. 그러나 북한의 가장 가까운 동맹국이며 한국전 참전국인 중국과의 수교에는 시간이 필요했다. 양국은 '91년 초에 이미 서울과 베이징에 무역대표부를 개설하고 영사업무를 대행시키고 있었지만 북한의 핵문제 처리와 한국전 참전에 대한 중국의 입장 정리, '하나의 중국' 원칙에 따른 한국과 대만과의 외교관계 단절 등으로 시간을 끌다가 '92년 8월에야 공식 수교에 합의하는 공동성명을 발표했다. 그렇게 해서 노태우 정부는 재임기간에 40여 개 국가와 외교관계를 수립하는 기록을 남겼다. 그것은 한국의 외교사(外交史)에 가장 역동적인 한 시기로 기억되고 있다.

한국의 북방정책은 미국의 대북한정책에도 변화를 가져왔다. 미 국무부는 북방정책을 대결 일변도의 기존 정책에서 벗어난 적극적이고 건설적인 구상이라고 평가하고 77선언 당시에는 아직 한국과 국교가 없는 소련과 중국 등에 선언문 사본을 대신 전달하는 역할을 담당하기도 했다. 그리고 서울올림픽이 끝난 '88년 12월 미 국무부는,

- 비공식적, 비정부 차원에서 북한인의 미국 방문을 허용
- 미국 시민의 북한 방문에 대한 제한조건을 완화
- 인도적 차원에서 식품, 의류, 의약품의 제한적 대북 수출 허용
- 중립적인 장소에서 북한 인사들과 대화 허용 등의 방침을 정하고

북한에 대해서는,
- 남북대화의 진척
- 한국전 당시 실종된 미국인 유해의 송환
- 반미 정치선전의 중단
- 비무장지대에서 상호 신뢰구축을 위한 조치 강구
- 테러행위 포기에 대한 믿을 수 있는 보증 등 전제조건을 제시했다.

온건한 구상(modest initiative)으로 불리는 이 정책은 슐츠(George

P. Shultz) 국무장관에 의해 10월 20일 백악관에서 레이건 대통령과 노태우 대통령에게 보고되어 사전협의의 형식을 거쳤다. 하루 전 '한반도의 긴장완화방안'이라는 주제로 UN총회에서 연설을 마치고 온 노대통령은 미국의 대북정책 변화와 긴장완화 노력에 사의를 표명했다.

미국의 새로운 대북정책이 발표되고 나서 얼마 지나지 않아 북한은 베이징에서 미·북 양자회담을 갖자고 제의를 해왔고, 미 국무부는 주중 대사관의 정무참사관인 레이먼드 버크하르트(Raymond Burkhard)로 하여금 중국 외교부의 건물 내에서 북한 외교관과 만날 수 있도록 승인했다. 그러나 그 만남은 '협상'을 위해서가 아니라 단순한 '대화'의 만남이라는 단서를 달아서, 한반도 문제를 협의하는 자리에는 반드시 한국의 참여가 있어야 한다는 기존의 원칙을 재확인했다.

'88년 12월 25일 미·북 간에 첫 만남이 이루어졌고, 이것이 이른바 '베이징채널'이라고 하는 미·북 직접대화의 시발점이 되었다. 이 베이징채널은 '93년 후반에 '뉴욕채널'로 대체될 때까지 한반도에 문제가 발생할 때마다 미·북 간에 대화의 창구로 활용되었으며 그 만남은 30여 회 이상 이루어졌다.(돈 오버도퍼·로버트 칼린 공저, 이 종길·양 은미 옮김,『두 개의 한국』, 길산, 2015, 301~306쪽)

(2) 남북기본합의서

서울올림픽이 끝난 지 한 달 후인 '88년 11월 16일 북한의 연 형묵 총리는 '부총리급을 단장으로 하는 북남 고위급정치·군사회담'을 제의했다. 시기적으로 미·북 양자회담 제의와 거의 동시에 이루어진 것으로 미루어볼 때 아마도 북한은 남북회담과 미·북 회담을 병행해서 추진하겠다는 복안을 지니고 있었던 것으로 판단된다. 북한 정권 역시 한국의 북방정책과 급변하는 국제정세 속에서 무언가 돌파구를 찾아야 할 필요성을 느끼고 있었다고 짐작할 수 있다.

북한의 제의를 받은 지 한 달 후인 12월 28일 강 영훈 국무총리는 남북관계 개선에 관한 문제를 포괄적으로 다룰 수 있도록 '총리급을 단장으로 하는 남북 고위당국자회담'을 열자고 수정 제의했고, 북한이 여기에 동의하면서 '90년 2월 8일 판문점에서 1차 예비회담이 개최되었다. 그러나 팀스피리트훈련의 중단을 선결조건으로 요구하는 북한 측의 강경한 태도 때문에 합의가 이루어지기 어려웠고, 거기에다 문 익환 목사, 서 경원 의원, 임 수경 등의 무단 방북사건으로 공안정국이 형성되고 국내 여론이 악화되면서 별 진전이 없다가 '90년 7월 8차 회담에서 가까스로 의제와 시기, 장소 등에 관한 합의가 이루어져 '90년 9월 5일 남북 총리를 단장으로 하는 제1차 남북고위급회담이 서울에서 개최되었다.

이 회담은 서울과 평양을 오가며 '92년 8월까지 8차에 걸쳐 개최되었으며, 이 기간 중에 '91년 9월 18일 남·북한의 UN 동시가입이 이루어졌다. 그리고 '91년 12월 서울에서 열린 제5차 회담에서 '**남북 사이의 화해와 불가침 및 교류, 협력에 관한 합의서**'(일명 남북기본합의서)'가 채택되었다. 그것은 남·북한이 분단 후 처음으로 정부 대 정부 차원에서 맺은 공식 합의 문서였다. 서문을 포함하여 총 4개 장, 25개 조항으로 구성된 이 합의문은 **자주, 평화, 민족대단결**의 3대 원칙 위에서 상대방의 체제를 인정하고 화해, 불가침 및 교류, 협력을 통해 궁극적으로 통일국가를 이루는 데 필요한 공동의 과제와 조건을 포괄적으로 규정하고 있다.

남북기본합의서는 '92년 2월의 제6차 회담에서 정식으로 발효되고, 이어서 9월에는 합의사항 실천을 위한 분야별 부속 합의서에 쌍방이 합의한 상태에서 '북한 핵문제'라는 마지막 장애물을 극복하지 못하고 마침내 회담이 중단되고 말았던 것이다.

2. 북한 핵문제의 대두

(1) 북한의 3자회담 제의

북한 핵문제가 처음부터 남북회담의 의제로 선정된 것은 아니었다. 회담을 진행하는 과정에서 '91년도에 추가로 제기된 의제였다.

당시 북한은 영변에 자체 기술로 건설한 5MW급 흑연감속원자로를 '86년 후반부터 가동하기 시작했고, 그 인근에 보다 규모가 큰 새로운 원자로와 미상의 구조물을 건설하고 있는 것이 미국의 첩보위성에 포착되었지만 핵무기 개발과 관련된 특이한 활동은 확인되지 않고 있었다. 북한의 핵개발은 잠재적 위협요소로 인식되고는 있었지만 아직 현안 문제로 떠오른 것은 아니었다.

북한은 '85년 12월에 소련의 권유를 받아들여 NPT(핵확산금지조약)에 가입했지만 IAEA(국제원자력기구)의 사찰과 관련한 '핵안전협정(Safeguard)'은 아직 체결하지 않은 상태였다. IAEA 사무국의 단순한 행정적 착오로 야기되었던 협정 지연사태는 그 후 IAEA와 북한 당국의 사찰 대상에 관한 입장차이로 두 번에 걸쳐 주어진 36개월의 시한을 넘기고 있었지만 국제적으로 크게 관심을 끄는 문제도 아니었다.

'89년 11월 9일 북한은 외교부 명의로 발표된 성명을 통해 '조선반도의 비핵지대화에 관한 문제'를 토의하기 위해 미국, 한국 및 북한이 참여하는 '3자회담'을 개최할 것을 제안했다. 이 회담에서는 한반도에 배치되어 있는 핵무기의 철수 문제가 토의되어야 하며, 이 문제가 합의되면 남·북한이 한반도 비핵지대화에 관한 공동선언을 채택하는 한편, 핵보유국들이 이를 보장하는 문제를 토의, 해결해야 할 것이라고 주장했다. 또한 공동선언에는 조선반도와 12마일 영공 및 영해를 비핵지대로 선포하고 북과 남이 핵무기의 시험·생산·저장과 반입을 하지 않으며 외국 핵무기의 배치 및 핵무기를 적재한 외국 함선, 비행기의 출입과 통과를 금지하는 문제 등이 포함되어야 한다고 했다. 그리고 북한은 이 문제를 지난 1일 베이징에서 있었던 미·북 5차 외교접촉에서 미국에 제의한 바 있다고 밝혔다.(동아일보, 한겨레신문, '89. 11. 10)

다음 해 1월 5일에 열렸던 6차 베이징 외교접촉에서도 북한은 3자회담의 개최를 요구했으나 미측은 "아직 준비가 되지 않았다."는 말로 완곡히 거절한 것으로 알려졌다. 대신 미측은 팀스피리트훈련에 북한이 옵서버로 참가할 것을 권고하고, IAEA의 안전협정에 가입해서 핵폭탄 제조를 추진하고 있다는 국제적인 의혹을 해소하도록 촉구했던 것으로 전해지고 있다. 그때까지의 정황으로 미루어보면 북한은 '조선반도 비핵지대화'를 매체로 미국과 직접 대화의 통로를 열고 주한미군의 전술핵무기를 포함한 안보상의 주요 현안들을 일괄적으로 타결하기를 원한 반면, 출범 초기에 있었던 부시 행정부로서는 핵문제를 포함한 대(對)북한관계 전반에 걸친 종합적인 정책구상을 아직 마련하지 못한 상태에 있었던 것으로 짐작된다.

'91년 2월 6일 부시(George H. W. Bush) 대통령은 국가안보검토-28호(National Security Review-28)를 통해 북한의 핵무기 프로그램에 대한 미국의 정책을 검토하도록 지시를 내렸다. 이 지시는 국무부와 NSC, CIA, 국방부와 합참, 군축국(ACDA) 등에 하달되었으며, 그 내용은 동북아의 외교, 전략적 상황변화를 감안할 때 북한의 지속적인 핵무기 개발계획은 한반도에서 핵무기 확산을 방지하려는 미국의 정책에 대한 재검토를 필요로 하고 있다는 점을 강조하고 해당 부서는 정확한 평가를 통해서 정책 대안을 제시하도록 지시하고 있었다. 보고시한은 늦어도 2월 22일 이전이었다.(NSR-28, White House, Feb 6, 1991)

각 부서로부터 제기된 정책 대안에는 북한이 위험한 우라늄농축과 핵재처리시설을 획득하지 못하도록 그들을 비확산 레짐(주: NPT 체제)에 엮어넣을 것을 제안하고 있었다. 또한 북한을 테러리즘과 결별케 하고, 핵, 생화학무기와 탄도미사일과 관련된 북한의 국제거래를 통제할 것 등을 포함하고 있었다. 그 대가는 점진적인 미·북 관계의 정상화였다. 그리고 미국의 외교적 입장을 강화하기 위해 한반도에 배치된 전술핵무기를 철수하는 문제도 이때 제기되었다.(조엘 위트·대니얼 폰먼·로버트 갈루치 공저, 김 대현 옮김,『북핵위기의 전말』, 모음북스, 2005, 7~8쪽)

미국이 북한의 핵문제에 본격적으로 개입하기 시작한 것은 바로 이때부터였다. 부시 정부는 각 부서가 제의한 대안들을 기초로 대(對)북한 핵정책을 종합적으로 구상하는 한편, 각 분야의 전문가들을 지속적으로 한국에 파견하여 한국 정부와 정책적인 협의와 합의를 구축해나가도록 했다. 당시 남북고위급회담 대표의 한 사람으로서 중요한 역할을 담당했던 임 동원(소장 예편, 통일부장관, 국정원장)은 그때의 사정을 소상히 전해주고 있다.

"1991년 2월 북한의 핵 의혹이 제기되자 미국 군비통제본부(ACDA) 본부장을 비롯한 핵문제 전문가들과 정보 분야 요원들이 수시로 내방하여 북한 핵문제의 위험성을 경고하고 이를 어떻게 다루어나가야 할 것인지에 대해 우리 측에 교육하다시피 설명해왔다. 군비통제 분야의 협상대표였던 나도 이들과 여러 번 간담회를 가졌다. 이 과정에서 북한 핵무기 개발 저지를 위하여 한·미 간에 몇 가지의 '협상추진방침'을 합의하게 된다.

첫째, '재처리시설과 농축시설 포기'에 우선순위를 두고, 이 내용이 포함된 '한반도 비핵화공동선언'을 채택한다는 것이었다. 재처리시설의 포기는 국제협약상의 의무가 아니기 때문에 북측에 강요할 수 없는 일이었다. 따라서 남북 간의 합의로 '공동 포기'를 끌어내되 한국이 먼저 포기선언을 하고 북한의 동참을 유도하기로 했다.

둘째, 조속히 남북 간 '상호 시범사찰'을 실시한다는 것이었다. 이 무렵 미국은 인공위성 사진만으로는 판단하기 어려운 북한의 핵시설 정보를 사람의 눈으로 직접 확인하기를 원했다. 특히 재처리시설 등을 확인하는 것이 급선무였다. 마침 북한은 주한미군 핵무기가 진짜 철거되었는지를 확인하기 위한 사찰을 원했는데, 이를 기회로 삼아 즉각 남북 간의 상호 시범사찰을 실시하고자 한 것이다.

셋째, 한·미 양국은 북한이 '핵안전조치협정'에 즉각 서명하고 국제원자력기구(IAEA)의 핵사찰을 조속히 수용하도록 촉구하기로 했다. 다만, 이 문제는 국제적 의무사항일 뿐 남북 사이에 합의할 사항이 아니기 때문에 북한 측이 주장하는 팀스피리트훈련 중지 문제와 연계하는 것을 고려하기로 했다.

넷째, 미국은 남북 간에 '상호사찰제도'를 확립하되 '신고되지 않은 핵시설과 핵물질', 그리고 '군사시설'도 사찰할 수 있는 '강제사찰(Challenge Inspection)제도'를 확립할 것을 강력히 희망했다. 즉, 사찰하는 측이 사찰대상을 선정할 수 있도록 함으로써 사찰을 받는 쪽이 신고하지 않은 의심스러운 대상도 사찰할 수 있게 하려는 것이었다. 이렇게 함으로써 IAEA 사찰의 약점을 보완하려는 것이 미국의 의도였다. IAEA 사찰은 '민간시설과 물질', 그것도 '신고된 것'에만 한정돼 있기 때문에 군사시설이나 신고하지 않은 핵물질 및 핵시설에 대한 사찰은 불가능하다는 한계가 있었다."(임 동원,『피스메이커』, 창비, 2015, 180~181쪽).

'91년 7월 2일 워싱턴에서 열린 한·미 정상회담에서 노태우 대통령과 부시 대통령은 진행 중인 남북고위급회담과 북한의 핵문제에 관해 광범위하고 심도 있는 의견을 나누었다. 본 회담에 앞서 가진 단독회담에서 노 대통령은 북한이 UN회원국 자격을 요구하고 있으며, IAEA 안전협정에 가입하기를 희망하고 있지만 핵사찰 문제를 한반도 비핵지대화와 연계시키려 하고 있다는 점을 설명하고, 한국 정부는 한반도에 핵무기의 존재를 긍정도 부정도 하지 않는 미국의 NCND(Neither Confirm Nor Deny)정책을 존중하지만 ■ 한국에 대한 미국의 핵우산 보장이 지속되고, ■ 북한이 완전한 사찰(Full Inspection)을 수용하고, ■ 북한의 재처리를 포기한다는 세 가지 조건 위에서 핵협상을 추진하겠다는 뜻을 밝혔다.

부시 대통령은 북한이 핵문제로 미국과 직접 협상을 하게 되는 일은 없을 것이며, 북한이 진행하고 있는 불법적인 일들이 주한미군의 문제(US Presence)와 연계되어서도 안 된다는 점을 강조했다. 이어서 노 대통령은 한국이 선언하게 될 비핵화 정책은 ■ 핵 없는 세계를 궁극적인 목표로 ■ 원자력에너지의 평화적 이용 ■ 한반도 내에서 핵무기의 비보유 및 불사용 ■ 한국의 NPT체제에 대한 지지 등 네 가지 원칙이 될 것이라고 말했다. 그리고 말미에 노 대통령은 지난 해 5월 부시 대통령이 요구한 한국의 화학무기 폐기에 관해서는 원칙적으로 동의하지만 북한의 화학무기 능력을 고려할 때 우려가 크다는 뜻을 밝혔다. 약 1시간 동안 계속된 단독회담에는 김 종휘 외교안보보좌관과 브렌트 스코크로프트(Brent Scowcroft) 국가안보보좌관 두 사람이 배석했다.(Memorandum of Conversation, The White House, July 2, 1991)

단독회담에서 언급된 내용들은 그동안 양국의 관계관들 사이에 협의된 내용들을 정상회담 수준에서 다시 한 번 점검하고 추인하는 의미를 담고 있었다. 다만 미국이 왜 북한이 제의한 3자회담에 직접 나서지 않고 그 책임을 한국 정부에 떠맡겨야 했는지 그 이유는 밝혀지지 않았다.

당시 걸프전(사막의 폭풍)의 승리로 한껏 고양된 미국의 권위와 자존심을 감안할 때 혐오스러운 북한과 얼굴을 맞대고 협상을 한다는 것이 체면을 손상하는 일이라고 생각했던 것인지, 아니면 북한의 핵개발 정도야 마음만 먹으면 언제든지 중단시킬 수 있다는 자신감 때문이었는지는 알 수 없지만 사실상 그 시기가 북한의 핵무장을 원천적으로 봉쇄할 수 있는 마지막 기회였다는 사실을 좀 더 신중히 고려했어야만 했다는 아쉬움을 지울 수 없다.

한·미 정상회담이 있은 지 한 달 후인 8월 6일 김 종휘 외교안보좌관과 칼 포드(Carl Ford) 미 국방부 국제안보담당 부차관보를 대표로 하는 한·미 외교, 국방 분야 정책담당자들이 하와이에 있는 미 태평양사령부에 모여 대북협상과 관련한 양국의 의견을 다시 한 번 조율하는 고위 정책협의회의를 가졌다. 이틀에 걸친 회의에서는 조선반도 비핵지대화 제안에 대응할 한국의 비핵화선언 내용, 북한의 IAEA 안전협정 가입과 상호사찰 문제, 사용 후 핵연료 재처리와 우라늄 농축 포기에 관한 문제 등 주요 의제들이 종합적으로 검토되었다. 또한 이 회의에서는 한국에 배치된 전술핵무기에 대한 논의도 다시 거론되었다. 미측은 대(對)북한 협상력을 강화하기 위해 사전에 전술핵무기를 철수하는 방안을 제시했고, 한국 측은 전술핵무기의 철수 원칙에는 동의하지만 일방적인 철수보다는 협상용 카드로 활용하는 것이 보다 효과적이라는 의견을 주장해서 합의를 도출하지는 못한 것으로 알려졌다.(동아일보, 한겨레신문, '91. 8. 7~8)

하와이 회담을 마친 후 10월 23일 평양에서 개최된 4차 남북 고위급회담에서 북한 측 수석대표인 연 형묵 총리가 '조선반도 비핵지대화에 관한 선언'을 기조연설을 통해 긴급 제안하면서 한반도 비핵화 문제가 남북회담의 공식의제로 등장하게 되었다. 북한 핵을 둘러싼 첨예한 대립과 지루한 협상의 과정이 그렇게 해서 시작된 것이다.

(2) 전술핵무기 철수와 비핵화 선언

'91년 9월 27일 밤 부시 대통령은 전국에 방영된 TV방송을 통하여 해외에 배치된 전술핵무기의 일방적 철수를 선언했다. 미국과 소련의 지도자가 바른 방향으로 협력하면 핵무기의 수량을 크게 감소할 수 있다는 전제 하에 항공기 운반용 폭탄을 제외한 모든 함정 발사용 전술핵무기와 지상에 배치된 전술핵무기를 미 본토로 철수하여 폐기하겠다는 내용이었다. 이것은 8월 19일 소련에서 발생한 군부 쿠데타로 소비에트연방체제가 급격한 붕괴 조짐을 보이는 상황에서 소련의 상응한 조치를 이끌어내기 위한 선제적 제안이었다.

10월 5일 소련의 고르바초프 대통령도 모든 포병과 단거리 미사일용 핵탄두를 폐기하고, 잠수함을 제외한 수상함과 방공미사일용 핵탄두를 제거하겠다고 발표했다. 부시의 제안은 성공을 거두었다. 그러나 그 바람에 주한미군의 전술핵무기도 일방적인 철수의 길을 가게 된 것이다.

'76년도에 약 560여 개에 달하던 주한미군의 전술핵무기는 카터의 철군계획이 진행하는 동안 대부분 철수하고 약 100여 개가 남아 있는 것으로 알려졌다. '77년 5월 카터 대통령의 특사로 청와대를 방문한 브라운 합참의장과 하비브 국무차관은 잔여 전술핵무기는 최종적으로 주한미군의 주력이 철수하는 마지막 단계에서 철수하는 것으로 약속했고, '79년 6월의 박-카터회담에서도 확인되었다. 그러나 부시 행정부의 갑작스러운 대(對)소 군비통제정책의 변화에 따라 일방적인 철수가 불가피하게 되었다. 그뿐만 아니라 항공기 운반용 전술핵무기는 계속 유지하기로 한 NATO지역과는 달리 한국에서는 항공기 투발용 탄두(B-51 Gravity Bomb)도 전량 철수하고 말았다.(돈 오버도퍼, 같은 책, 391~393쪽)

부시 대통령의 전술핵무기 철수 발표가 있고 한 달쯤 지난 11월 8일 노 태우 대통령은 한반도 비핵화선언을 역시 일방적으로 발표했다. '한반도 비핵화와 평화구축을 위한 선언'이라는 제목으로 발표된 내용의 주요 골자는 다음과 같다.

■ 한국은 핵무기를 제조, 보유, 저장, 배비, 사용하지 않는다.
■ NPT조약과 IAEA안전협정을 준수하여 철저한 국제사찰을 받도록 하며, 핵연료재처리 및 우라늄농축시설을 보유하지 않는다.
■ 화학생물무기의 전면적 제거를 위한 국제적 노력에 적극 참여하고 이에 관한 국제적 합의를 준수한다.

북한의 상응한 조치를 유도하기 위해 발표한 것이라고는 하지만 그 내용은 다시 한 번 음미해볼 필요가 있다.

먼저 우라늄의 농축과 사용 후 핵연료의 재처리는 NPT조약의 규제 범위를 벗어나는 사항이었다. 농축과 재처리가 핵무기 개발에 필요한 과정이기는 하지만 그것이 반드시 핵개발을 의미하는 것은 아니다. NATO의 일부 국가를 포함해서 일본, 캐나다 등 서방의 여러 국가들이 경제적 필요에 의해서 농축과 재처리시설을 운용하고 있다는 것은 알려진 사실이었다. 원자로 운용을 위한 핵연료주기(Fuel Cycle)에 포함된 경제활동으로 성격상 해당 국가의 주권에 속하는 문제였다.

화학·생물학무기의 전면적 제거는 한반도 비핵화와 직접적인 관련이 없는 문제였다. 북한이 5,000톤 내외의 화학·생물학 작용제를 비축하고 있다는 위협적인 정보판단이 있었지만 그것이 반드시 비핵화 논의와 함께 다루어져야 할 문제도 아니었고 오히려 어려운 합의를 끌어내야 할 협상과정에 장애가 될 수도 있는 사안이었다.

노 대통령의 비핵화선언이 한·미 간에 심도 있는 협의과정을 거쳤다는 점과 그것이 국제사회에 지울 수 없는 약속이라는 점을 감안할

때 미국은 남·북한의 비핵화협상에 너무 많은 것을 요구한 반면, 한
국은 대북협상에 너무 낙관적인 기대를 가졌던 것이 아닌가 하는 의
구심을 지울 수 없다.

(3) 한반도비핵화공동선언

'91년 12월 10일부터 13일까지 서울에서 열린 제5차 남북고위급
회담에서 양측 대표들은 '남북기본합의서'의 최종 문안에 합의하고 정
원식 국무총리와 연 형묵 정무원총리의 서명을 통해 공식문서로 채택
했다. 이어서 양측은 한반도의 핵문제를 해결하기 위해 12월 중에 판
문점에서 대표 접촉을 갖는다는 합의문을 발표하고 회담을 마쳤다.

5차 회담이 끝나고 닷새 후인 12월 18일 노 대통령은 다시 '핵부재
선언'을 발표했다. 이 선언에서 노 대통령은 "핵문제의 조속한 해결을
위해서 한국 국민과 정부는 확고한 의지를 갖고 있으며, 이 시각 한국
의 어디에도 단 하나의 핵무기도 존재하지 않는다."고 선언했다. 며칠
후에 있을 남북 핵 회담을 성공적으로 추진하기 위해 미국의 전술핵
무기 철수 종료를 대통령 수준에서 확인해준 것이었다.

12월 26일부터 판문점에서 열린 '한반도 비핵화공동선언'을 위한
실무회담에는 한국 측에서 임 동원 외교안보연구원장을 수석대표로
이 동복 안기부장특보와 3명의 전문가(반 기문 외교부 미주국장, 박 용
옥 국방부 군비통제관 등)가 참가했으며, 북한 측에서는 최 우진 외교부
순회대사를 수석대표로 김 영철 인민부력부 부부장과 역시 3명의 전
문가가 참가했다.

북한의 입장에서 보면 가장 심각한 위협요소였던 주한미군의 전술핵무기가 협상을 시작하기도 전에 저절로 해결되어버렸기 때문에 남은 것은 핵전쟁연습인 팀스피리트훈련의 중단이 최우선적인 협상목표가 되었다. 논란이 예상되었던 우라늄농축과 재처리시설 포기 조항에 관해서는 북한 측이 의외로 순순히 동의했다. 그러나 핵안전협정과 국제사찰의 수용 문제는 북한과 IAEA 간에 타결해야 할 문제라는 이유로 논의를 거부했다. 상호사찰 문제 역시 남측이 주장하는 '상대방이 선정한 사찰대상에 대한 강제사찰의 개념'은 절대로 받아들일 수 없다는 태도였다. 그러나 한국의 입장에서는 북한의 IAEA 안전협정체결과 상호사찰(강제사찰) 문제는 반드시 해결하고 넘어가야 할 과제였다. 한·미 간에 협상추진방침으로 합의된 내용이었다.

양측은 논란을 거듭한 끝에 팀스피리트훈련 중단과 핵안전협정 체결 문제를 상호 연계하여 일괄타결하기로 합의하고 1월 7일 오전 10시를 기해 남측은 "92년 팀스피리트훈련을 중지한다."는 내용을, 북측은 "핵안전협정에 서명하고 가장 빠른 시일 안에 법적 절차를 밟아 비준하며, IAEA와 합의하는 시기에 사찰을 받기로 한다."는 내용을 동시에 정부 성명으로 발표하기로 합의했다.

상호사찰 역시 '상대측이 선정한 대상에 대한 사찰' 대신 '상대측이 선정하고 쌍방이 합의하는 대상들에 대한 사찰'로 절충안을 제시해서 가까스로 합의를 도출하고, 그해가 저무는 12월 31일 오후 5시 30분 양측 수석대표에 의해 가서명이 이루어졌다. '한반도 비핵화에 관한 공동성명'이라는 또 하나의 역사적인 합의문서가 그렇게 해서 탄생한 것이다. 그리고 이 문서는 '92년 2월 19일 제6차 고위급회담에서 남북기본합의서와 함께 정식으로 발효되었다. 그 내용을 요약해보면 다음과 같다.

■ 남과 북은 핵무기의 시험, 제조, 생산, 접수, 보유, 저장, 배비, 사용을 하지 않는다.

■ 남과 북은 핵에너지를 오직 평화적 목적에만 이용한다.

■ 남과 북은 핵재처리시설과 우라늄농축시설을 보유하지 않는다.

■ 남과 북은 한반도의 비핵지대화를 검증하기 위하여 상대측이 선정하고 쌍방이 합의하는 대상들에 대하여 남북핵통제공동위원회가 규정하는 절차와 방법으로 사찰을 실시한다.

■ 남과 북은 이 공동선언의 이행을 위하여 공동선언이 발효된 후 1개월 안에 남북핵통제공동위원회를 구성, 운영한다.

'91년 10월 23일 제4차 고위급회담에서 공식의제로 채택된 후 불과 두 달 남짓한 짧은 기간에 남·북한이 한반도 비핵지대화의 원칙과 기본 틀에 합의했다는 것은 놀라운 사건이 아닐 수 없었다. 뿌리 깊은 불신과 적대감을 극복하고 이루어낸 성과라는 면에서 더욱 그러했다. 합의를 성사시키려는 쌍방의 의지와 열의가 그만큼 강했다는 뜻이기도 하다. 다만 한 가지 간과해서는 안 될 사항은 한반도의 비핵화가 남·북한 두 당사자의 자율적인 의사만으로 이루어질 수 있는 문제가 아니라는 사실이었다. 남북기본합의서 또한 마찬가지였다. 그것이 분단된 한반도의 냉엄한 현실이었다.

(4) 북한의 안전협정 서명과 IAEA 사찰 수용

'92년 1월 30일 북한은 오스트리아 빈에서 IAEA 안전협정 (Safeguard Agreement)에 서명했다. 북한 외교부는 협정의 비준 등 필요한 법적 절차를 완료하는 데는 적어도 6개월 정도가 소요될 것이라고 발표했다.

미국은 2월 중순 베이징채널을 통하여 북한은 6월 이전에 모든 핵시설에 대한 IAEA의 사찰을 받아야 한다는 뜻을 전달했다. 이어서 2월 24일에는 백악관 아시아문제 특별보좌관 더글러스 팔(Douglas H. Paal)이 김 종휘 외교안보수석을 방문해서 '6월이 데드라인(deadline)'이라고 통보했다. 북한이 서명만 해놓고 시간을 끌 경우에 대비한 조치였다.

때를 같이하여 게이츠(Robert M. Gates) CIA 국장이 하원 외교위원회에서 "북한이 일단 충분한 플루토늄을 확보하게 되면 핵무기를 만드는 데는 불과 수개월밖에 걸리지 않을 것이며, 현재 북한은 재처리 시설의 건설과 무기급 플루토늄 생산에 주력하고 있다."고 증언했으며, 국무부와 국방부의 일부 상급 참모들은 "그 예측은 다소 지나치다 (too harsh)."고 평가하고, 북한이 핵무기를 개발하기 위해서는 적어도 2년 이상이 소요될 것이라고 주장한 내용이 언론에 보도되기도 했다.(Washington Times, Feb 25, 1992)

3월 6일자《워싱턴타임스》지에는 현 홍주 주미대사가 "미국이 남·북한의 상호사찰에 참여하기를 희망한다."고 발표한 내용이 보도되었고, 3월 9일자《월스트리트저널(Wall Street Journal)》지에는 북한이 안전협정의 비준을 지연시키는 것은 무기급 플루토늄을 생산하고, 그것을 은닉하기 위한 시간을 벌려는 것이지만 미국 정부가 북한 핵시설에 대한 군사적 타격을 고려하고 있지는 않다는 내용을 보도했다.

그때까지 진행된 사태의 추이를 보면 부시 행정부는 북한 핵시설에 대한 사찰에 모든 관심을 집중하고 그것을 조기에 성사시키기 위해 각종 정보를 동원해서 압력을 행사하고 있는 것이 아닌가 하는 느낌을 준다. 그뿐만 아니라 한반도 비핵화회담의 당사자가 아닌 미국이 상호사찰에 참여를 희망하는 문제도 기본적으로 북한의 동의가 없이는 이루어질 수 없다는 한계를 지니고 있었다. 회담의 진행에 장애가 될 수도 있는 부분이었다.

3월 19일 남북 핵통제공동위원회(JNCC)의 첫 회의가 판문점에서 열렸다. 한국 측 공동위원장은 공 노명 신임 외교안보연구원장이, 북한 측에서는 최 우진 순회대사가 맡았다. 회담의 주제는 상호사찰의 세부절차를 확정하는 것이었지만 별 진전이 없었다. 북한 측은 상호사찰에 동의한 것은 쌍방의 의향을 표시한 것으로 반드시 구속력이 있는 것은 아니라고 주장했고, 한국 측은 1년에 네 차례의 상호사찰과 12회의 특별사찰을 정례화하자고 제안했다.

4월 1일 열린 제2차 JNCC회의에서 한국 측은 핵시설에 대한 정규사찰은 연 16회, 군사시설에 대한 특별사찰은 최소 40회 이상 실시할 것을 제안했고, 북한 측은 남한에 있는 모든 미군 시설에 대한 사찰이 허용되어야 하며, 북한이 허용할 수 있는 핵시설은 영변에 국한한다고 주장했다.

4월 19일 열린 3차 회의에서 한국 측은 상호주의에 입각하여 사찰은 동수개념으로 실시할 것을 주장했고, 북한은 영변의 핵시설을 공개하는 대가로 주한미군의 모든 시설을 공개해야 한다는 주장을 굽히지 않아 결국 다음 일정을 잡지도 못한 채 회의를 끝내고 말았다.

한편, 북한은 4월 9일 핵안전협정에 대한 최고인민회의의 비준절차를 마치고 정식으로 협정을 발효했다. IAEA 규정에 의하면 북한은 비준 후 30일 이내에 모든 핵시설에 대한 목록을 제출하고 90일 이내에 사찰을 받도록 되어 있었다. 이에 따라 북한은 5월 4일 사찰을 위한 '최초 보고서'를 제출했다.

150페이지에 달하는 이 보고서에는 북한의 핵 활동 자료와 계획에 관한 내용이 망라되어 있었으며, 가동 중인 연구용 원자로와 관련된 연구시설들, 연료가공공장과 저장시설들, 건설 중인 방사화학실험실과 50MW급 원자로, 태천에 건설 중인 200MW급 원자로 등이 포함되어 있었다. 신고내용은 그때까지 서방 측이 판단하고 있던 북한 핵 프로그램의 범위와 거의 일치하고 있는 것으로 평가되었다. 한편, 북한은 '90년도에 손상된 연료봉으로부터 90g의 플루토늄을 추출했다는 사실을 보고서에 포함시켰다.(IAEA Newsbriefs, June-July 1992, p.3)

5월 11일 한스 블릭스(Hans Blix) IAEA 사무총장이 평양을 방문해서 연 형묵 총리와 최 학근 원자력공업부장, 강 석주 외교부 제1부부장 등을 만나 사찰 문제를 협의했다. 북한 측은 자신들이 제출한 보고서의 리스트와 상관없이 필요한 모든 시설에 대한 사찰팀의 접근을 허용하겠다고 약속했다. 또한 한스 블릭스와의 대담 도중 연 형묵은 "북한은 새로운 경수로형 원전을 갖기를 희망하며, 만약에 서방 측이 필요한 지원을 제공한다면 핵 프로그램의 특정부분(주: 재처리시설)을 제거하는 문제를 기꺼이 검토하겠다."고 말했다.(Washington Post, June 20, 1992)

5월 25일 빌리 타이스(Willi Theis)를 팀장으로 하는 IAEA 1차 사찰팀이 12일간의 일정으로 북한을 방문했다. 그들은 북한 측이 '방사화학실험실(Radiochemistry Laboratory)'이라고 부르는 재처리시설을 둘러보았다. 그것은 축구장 2개 크기의 6층 건물로 약 80%의 공정을 보이고, 내부 기재는 약 40%가 설치된 상태에서 작업이 중단되어 있었다. IAEA의 관계자는 빌딩 내부의 작업들은 '극히 원시적(extremely primitive)'이고, 핵무기 개발에 필요한 플루토늄을 생산하기 위한 준비에는 아직 요원하다고 평가했다.(Nucleonics Week, June 11, 1992)

사찰팀은 5MW급 원자로와 건설 중인 50MW 및 200MW급 원자로를 차례로 둘러보고, 가동이 중단된 5MW급 원자로의 내부에 보관되어 있는 사용 후 연료봉에 대해서는 봉인조치를 취했다.

IAEA 대변인 데이비드 키드(David Kyd)는 "사찰팀이 영변에서 본 북한의 기술은 30년 이상 낡은 것이므로 북한이 가까운 장래에 핵무기를 제작할 수 있을 것이라는 CIA의 보고에는 동의할 수 없지만 정확한 평가를 위해서는 추가적인 사찰이 필요하다."고 발표했다.(Reuters, 15 June ; Washington Times, June 16, 1992)

(5) 덫에 걸린 JNCC회담

비교적 우호적인 분위기 속에서 시작된 IAEA 사찰활동과는 달리 남북 핵통제공동위원회(JNCC)의 회담은 갈수록 꼬여가고 있었다.

5월 15일 속개된 JNCC 4차 회의에서 한국 측 대표는 '통고 24시간 후 해당 핵시설에 대한 특별사찰을 실시하는 제도'를 채택하자고 제안하는 한편, 북한의 재처리시설 건설을 중단하라고 요구했다. 27일 열린 5차 회의에서는 북한이 계속 상호사찰에 대한 합의를 지연시킬 경우 남북기본합의서에 따른 교류협력 사업들이 중단될 것이라고 경고했다.

5월 28일에는 "북한이 130~180톤에 달하는 핵폐기물을 보관하고 있는 것으로 추정되면, 이것은 15kg의 플루토늄을 추출할 수 있는 양이다."라는 이 동복 한국 측 고위급회담 대변인의 발언이 연합통신에 발표되었다. 출처가 밝혀지지 않은 새로운 의혹이었다. 15kg이면 핵탄두 2개를 만들 수 있는 양이었다. 비슷한 시기에 로널드 레흐먼(Ronald Rehman) 미 군축국장이 "북한의 핵 기술은 매우 진보적(very advanced)이다."라고 평가한 내용이 《워싱턴타임스》지에 게재되었다.

6월 16일 열린 6차 JNCC회의에서 한국 측은 "북한이 IAEA 사찰을 통해 모든 의혹이 해소되었다고 주장하지만 북한의 핵 프로그램에 대한 의혹은 그 어느 때보다 높다."고 말하고 "북한이 미군 기지를 사찰하기 위해서는 상호주의에 입각하여 동수의 북한 군사시설에 대한 사찰을 받아야 하며 9월 이전에 사찰이 이루어져야 한다."고 주장했다.

7월 21일 열린 7차 회의에서 북한 측은 '통고 24시간 후 강제사찰 제도'를 거부했다. 한국 측은 핵문제에 대한 합의가 없는 한 경제교류도 이루어질 수 없다는 점을 상기시켰다. 그리고 IAEA의 사찰만으로는 북한의 핵개발을 저지할 수 없다고 주장한 내용이 KBS-1 라디오를 통해 보도되었다.

결과적으로 상호사찰을 둘러싼 의견대립이 JNCC회담을 교착상태로 밀어넣고, JNCC의 교착상태가 남북대화의 진전을 가로막는 쪽으로 상황전개가 이루어지고 있었다.

한편, 6월 11일 제네바 주재 북한대사 이 철은 만약 미국이나 일본이 경수로 원전과 우라늄 농축기술(주: 연료 가공)을 제공해준다면 북한은 플루토늄 생산시설(방사화학실험실)을 포기하겠다고 주장했으며, 한·미 양국은 북한이 상호사찰을 수용하고 재처리시설을 폐기하는 경우에만 경수로 기술의 지원이 검토될 수 있다고 주장한 내용이 보도되었다.(연합뉴스, '92. 6. 11)

방한 중인 폴 월포위츠(Paul Wolfowitz) 미 국방부 정책담당차관은 25일 이 상옥 외무부장관과 만나 북한에 대한 특별사찰과 군사기지의 사찰 없이는 북한의 핵개발을 저지시킬 수 없다고 강조하고, 남북 핵통제공동위원회에서 이를 관철시킬 것을 강력히 희망했다.(한겨레신문, '92. 6. 26)

6월 27일 도쿄에서 열린 G7회의에서는 콜(Helmut Kohl) 서독 수상의 발의로 북한의 상호사찰 수용을 요구하는 성명이 발표되었고(Kyoto Shinbun, 27 June 1992), 30일에는 유럽연합(EU)이 북한의 전면적인 상호사찰이 조기에 이루지기를 희망한다는 성명을 발표했다.(Reuters, June 30, 1992)

서방세계의 거의 모든 주요 국가들이 북한의 상호사찰 수용을 촉구하는 대열에 참여하고 있었다. 한·미 양국의 외교력이 동원되었다는 반증이며, 상호사찰에 대한 양국의 집념이 얼마나 강했던 것인가를 보여주는 일면이다. 한반도 비핵화를 위한 검증수단의 하나로 제기되었던 '상호사찰'이 어느 사이에 비핵화회담의 목표가 되어버린 것 같은 혼란스러운 상황이었다.

핵사찰에 대한 북한의 이중적 태도와 IAEA 사찰활동의 한계성을 환기시키는 새로운 의혹들이 꼬리를 물고 제기되었다. 북한이 IAEA 사찰을 받기 전에 영변의 재처리시설을 출입하는 차량행렬들이 한·미 정보기관에 의해 관측되었다는 이 동복 고위급회담 대변인의 발표가 있었고, 같은 시기에 제임스 릴리(James Lilley) 미 국방부 국제담당차관보는 "북한이 핵 관련 물질들을 영변 이외의 다른 곳으로 옮겼을지도 모른다."고 주장했다. 북한이 양강도 지역에 비밀 핵시설을 갖고 있다는 의혹이 제기되고, 평안북도 박천에 지하 핵연구시설이 있다는 탈북자 고 영환의 주장이 보도되기도 했다.(Washington Times, June 21, 1992)

7월 6일부터 실시된 IAEA 2차 사찰에서 사찰팀은 영변의 재처리시설에 초점을 두고 플루토늄 생산과정과 저장작업, 원자로 안전사항 등을 검사했다. 그 과정에서 플루토늄 추출에 사용된 탱크의 내부 벽에서 잔류물을 채집하는 데 성공했다. 사찰팀은 채집한 샘플을 빈에 있는 IAEA 본부로 보냈고, 이것은 다시 미국 내의 한 연구소로 보내져 매우 정밀하고 복잡한 분석과정에 들어갔다. 그 결과 북한은 '89년, '90년, '91년 세 차례에 걸쳐 플루토늄을 추출했으며 그 양도 신고된 90g보다 훨씬 많은 것으로 결론이 났다. 한스 블릭스 사무총장은 "그러나 북한은 추가적인 플루토늄을 추출했다는 사실을 단호하게 부인했다."고 미 의회에서 증언했다.

8월 31일부터 2주 기한으로 실시된 3차 사찰에서 사찰팀은 미국이 핵 관련 시설이라고 지정한 영변 단지 내의 미신고 시설 두 곳을 방문했다. 그중 한 시설은 작은 동산들과 조경수로 둘러싸인 규모가 큰 1층 건물로 탱크, 미사일 등 중장비를 보관하고 있었다. 그러나 미 정보기관이 건축과정을 촬영한 항공사진에 의하면 그것은 2층 건물로

1층은 돔 형태의 지붕을 가진 여러 개의 격실로 구성되어 있었다. 미국은 그것이 핵폐기물 저장시설로 추정되므로 반드시 사찰 대상에 포함되어야 한다고 했다. 그러나 북한 측 관계자들은 그 시설은 군사시설로 사찰 대상이 아니며, 하층은 존재하지도 않는다며 더 이상의 조사를 거부했다. 북한과 IAEA 간에도 차츰 불신과 갈등의 골이 깊어지기 시작했다.

JNCC회의는 8월 31일부터 9월 16일과 19일 세 차례에 걸쳐 속개되었지만 여전히 문제해결의 실마리를 찾지 못한 채 평행선을 달리고 있었다. 9월 19일에는 정 태익 외무부 미주국장과 더글러스 펄 백악관 특별보좌관이 만나 상호사찰 대상의 수와 사찰빈도를 감소하는 쪽으로 의견을 모았지만 문제의 본질과는 거리가 있는 얘기들이었다.

쌍방이 대립하는 논쟁의 핵심은 '비대칭성의 문제'였다. 한국 측은 한국의 원자력 관련 시설과 미군의 군산기지를 사찰하는 조건으로 북한의 모든 민간 핵시설과 의심이 가는 군사시설에 대하여 '통고 24시간 후 강제사찰'을 요구했으며, 북한 측은 미국의 전술핵무기 유무를 확인하기 위해서는 주한미군의 모든 기지에 대한 사찰이 허용되어야 한다고 주장했다.

(6) 타력을 잃어버린 남북회담

'92년 중반이 지나면서 남북회담을 이끌어가는 한국의 국내 정치적 환경도 점차 나빠지고 있었다. '90년 3당 합당을 통해 219석의 거대 여당으로 출발했던 민자당이 3월에 실시된 16대 총선에서 참패해 과

반수에 미달하는 149석으로 축소되고 말았다. 12월의 대선(大選)이 걱정되는 상황이었다. 그런 가운데 5월에 김 영삼 대표가 대통령 후보로 확정되면서 집권당과 정부 내에 보수 우경화의 강경기류가 형성되기 시작했다. 야권의 김 대중 후보를 상대로 정권 재창출을 이루기 위해서는 보수 세력의 대동단결이 절실했다. 남북대화에 대한 부정적인 여론이 조성되고 '속도조절론'이 설득력을 발휘하기 시작했다. 상대적으로 노 태우 대통령의 레임덕 현상이 가속화되고 9월에는 현직 대통령이 집권 여당을 탈당하는 초유의 사태가 발생하기도 했다. 이런 와중에서 일어난 사건이 바로 '훈령조작사건'이었다.

훈령조작사건이란 '92년 9월 15일부터 평양에서 열린 제8차 고위급회담에서 한국 측이 요구한 노부모 이산가족방문단 교환사업과 판문점 이산가족 면회소 설치 문제를 북측이 요구하는 장기수 이 인모 노인의 송환과 연계해서 타결하고 그 결과에 대한 승인을 요청하는 정 원식 총리의 청훈(請訓)전문을 안기부가 임의로 차단하고, 조작된 거짓 훈령을 전문으로 발송해서 남북 간의 합의사항을 파기하도록 지시한 사건이다. 정상적인 나라에서는 상상도 할 수 없는 일이 벌어진 것이다. 정권 재창출에 매달린 사람들의 부끄럽고 무모한 행태를 보여주는 사건이었다. 당시 회담 대표의 한 사람이었던 임 동원은 사건의 전말을 기록으로 남기고 있다.(임 동원, 같은 책, 219~231쪽)

10월 6일 국가안전기획부는 건국 이후 최대 간첩사건이라는 '남한조선노동당사건'을 발표했다. 북한노동당 서열 22위인 이 선실이라는 거물 여간첩이 10여 년 동안 암약하면서 북한의 지령에 따라 합법적 전위정당인 민중당을 창당하는 한편, 지하조직인 '조선노동당 중부

지역당'을 결성하여 간첩 및 반국가활동을 획책한 혐의로 총 124명을 검거하여 이중 68명을 구속하고, 나머지 300여 명을 추적 중이라는 내용이었다. 구속자 중에는 전·현직 정치인과 재야인사들이 포함되어 있었다. 주범인 이 선실은 약 2년 전에 북한으로 복귀한 후였다.

한편, 10월 7~8일(현지 시간) 워싱턴에서 열린 제24차 한·미안보협의회의에서 최 세창 국방부장관과 딕 체니(Dick Cheney) 미 국방부장관은 "남북관계, 특히 상호핵사찰 등에 있어서 의미 있는 진전이 없을 경우 '93년 팀스피리트훈련을 실시하기 위한 준비조치를 계속하기로 합의했다."는 내용을 발표했다. 북한의 IAEA 안전협정 체결과 연계하여 1월 7일 발표되었던 '팀스피리트훈련 중단'이 9개월 만에 번복된 것이다.

같은 날 윌리엄 클라크(William Clark) 국무부 동아시아태평양담당차관보는 북한이 미국과 외교관계를 수립하기 위해서는 ■미사일 수출의 중단, ■생화학무기 개발의 중단, ■상호 핵사찰의 수용 등 세 가지 선결조건을 충족해야 한다고 발표했다.(Washington Times, October 8, 1992)

서울과 워싱턴에서 거의 동시적으로 발표된 충격적 뉴스는 그동안 유지되어오던 남북화해의 분위기에 찬물을 끼얹은 꼴이 되었다. 남한의 보수단체와 언론들은 북한의 이중적 행태를 강력히 비난하고, 핵문제가 해결될 때까지 남북회담을 중단해야 한다는 주장을 펴기도 했다. 북한은 "간첩단 사건은 안기부가 대통령 선거 전략으로 꾸며낸 정치 모략극이므로 남한 정부는 사과하고 안기부를 해체하라."고 맞서는 한편, "핵사찰을 구실로 팀스피리트훈련을 재개하는 것은 남북기

본합의서와 한반도비핵화공동선언을 포기하는 전면적 대결선언"이
라고 주장하고 즉각 그 결정을 취소하라고 요구했다. 그 바람에 11월
5일 열릴 예정이었던 기본합의서의 실천을 위한 '분과별 공동위원회'
의 첫 모임은 무산되고 말았다.

11월 4일 북한 외교부는 성명을 통해 "한·미 양국이 팀스피리트훈
련을 중지하지 않으면 IAEA의 사찰을 거부할 수도 있다."고 경고하고
12월 21일 서울에서 개최될 9차 남북고위급회담을 위해서 11월 말
까지는 훈련 취소를 통보해달라고 요구했다. 이에 맞서 한국 측은 11
월 말까지 상호사찰의 기본 원칙에 동의하고, 12월 20일 이전에 첫
상호사찰이 개시되어야 훈련을 취소할 수 있다고 주장했다.

11월 27일 제11차 JNCC회의가 열렸지만 쌍방의 의견에는 변함이
없었다. 시기적으로 미국에서는 부시 행정부의 퇴진이 결정되었고,
한국에서는 대선 열기가 막바지로 치닫고 있었다. 남북대화를 통제할
책임 있는 사령탑도 없었다. 판에 박은 주장을 되풀이하다가 결국 회
의는 결렬되고 말았다. 북한은 JNCC를 제외한 모든 남북대화를 중단
한다고 선언했다.

'89년 2월 정부대표 간에 첫 회담이 시작된 이후 여덟 차례의 예비
회담을 거쳐 '91년 9월 남·북한 총리를 대표로 하는 '남북고위급회
담'을 성사시켰고, '92년 9월까지 서울과 평양을 오가며 여덟 차례의
본회담과 100여 차례의 각종 실무회담을 실시했다. 기간 중에 남·북
한의 UN 동시가입이 이루어졌고, '남북기본합의서'와 '한반도비핵화
공동선언'이 채택되었다. 합의사항 추진을 위한 '남북공동위원회'가
구성되고 '부속합의서'가 만들어졌다. 그 상태에서 회담이 중단된 것

이었다.

국제질서가 재편되는 탈냉전의 시기에 한반도의 적대적 분단 상황을 해소하고 평화공존과 민족화합의 이정표를 세워보려던 4년간의 야심 찬 시도는 끝내 한계를 극복하지 못하고 역사의 뒤편으로 사라지고 말았다. 누가 그 판을 깬 것인가?

서방세계의 눈으로 보면 북한은 이미 수명이 다해가는 정권이었다. 냉전구도가 와해되면서 동독, 폴란드, 루마니아 등 수많은 공산정권들이 누적된 자체 모순에 의해 연쇄적으로 붕괴되고 마침내 소비에트 연방마저 해체되었다. 미국이 북한과 실질적인 대화와 협상을 서둘러야 할 이유가 없었다. 한국이 화해와 교류협력을 통해 북한 정권의 명줄을 연장하는 것이 반드시 미국의 이익에 부합된다고 보기도 어려웠다. 부시 정부는 '한반도 비핵화협상'에 직접 참여하는 대신 남·북한 당사자에 의한 문제해결의 방식을 선택했다. IAEA 안전협정과 사찰을 통해 북한의 핵 프로그램을 동결하는 한편, '상호사찰'이라는 독특하고 창의적인 연결고리로 남·북한을 하나로 묶어 미국의 직접적인 감시와 통제 하에 두는 일석이조의 묘책을 추구했다.

북한의 입장에서 보면 '조선반도비핵화'를 매개로 미국과 직접대화의 길을 트고 현안 문제들을 일괄 타결해보려던 시도가 무산되고 오히려 강제사찰에 내부를 개방해야 하는 압력에 처하게 되었다. 나라의 주권과 체면을 목숨처럼 중시하는 북한이 고분고분 따르기 어려운 상황이었다.

노 태우 정부 역시 원대한 포부에 비해 허술한 면이 너무 많았다. 5년 단임 정부의 입장에서 남북화해의 큰 틀을 구축하기 위해서는 시간이 지배적인 요소였다. 준비회담에만 1년 반이 소모되었다. 고위급회담을 하면서 별도의 채널을 통해 남북정상회담을 추진한 것도 문제였다. 양측 정상이 손을 맞잡고 반세기에 얽힌 원한과 적대감을 한꺼번에 털어버리는 극적인 장면을 연출하겠다는 생각은 현실을 도외시한 과욕이었다. 그것을 위해 1년 가까이 고위급회담을 공전(空轉)시켜버린 것은 우매한 실책이었다.

남북문제를 풀어가는 과제가 집권세력의 전유물이 될 수도 없고 한 정권에서 끝날 일도 아니었다. '남북기본합의서'나 '한반도비핵화공동선언'과 같은 남·북한 간의 합의문서는 반드시 국회의 비준 절차를 거쳐 법률적 뒷받침과 국민의 광범위한 공감대 위에서 추진되어야만 그 당위성과 연속성을 유지할 수가 있는 것이다. 그 과정을 소홀히 한 것도 신중한 처사가 아니었다.

미국과의 사전 정책공조도 미흡한 면이 많았다. '조선반도의 비핵지대화를 위한 협상'은 기본적으로 북한이 미국에 제안한 회담이고, 한국이 할 수 있는 역할도 제한적이었다. 미국의 직접적인 회담 참여를 강력히 유도해야 했고, 그것이 어렵다면 고위급회담과 비핵화회담을 분리해서 추진하는 전략도 적극적으로 검토해보았어야 했다. 부시 정부의 일방적인 요구에 너무 무기력하게 끌려갔던 것이 아닌가 하는 아쉬움이 남는다.

'상호사찰'이라는 덫에 걸려 JNCC회담과 고위급회담이 비틀거리고 있는 동안 노 태우 정권과 부시 정권의 수명이 함께 끝나가고 있었다.

'93년 1월 25일 제12차 JNCC회담에서 북한은 다시 한 번 팀스피리트훈련 중단을 요구했고, 한국 측은 또다시 상호사찰로 맞서다가 차기 회의 일정을 잡지도 않은 채 회담을 끝내고 말았다. 그리고 1월 29일 북한은 고위급회담 대표단 명의의 성명을 통해 모든 남북대화의 중단을 선언했다.

당시 주한미국대사였던 도널드 그레그(Donald Gregg)는 팀스피리트훈련의 재개 선언은 미국의 대(對)한반도정책에서 '가장 큰 실수의 하나'라고 평가했다는 기록이 전해지고 있다.(돈 오버도퍼, 같은 책, 412쪽)

3. 미·북 직접 담판의 시작

(1) 북한의 NPT 탈퇴

'93년 3월 12일 북한은 '최고의 국가이익'을 지키기 위해 NPT(핵비확산협정)을 탈퇴한다는 정부성명을 발표해서 세계를 놀라게 했다. 북한이 제시한 탈퇴 이유는 ■핵전쟁의 예행연습인 팀스피리트훈련의 재개, ■영변 핵 단지 내 2개 군사시설에 대한 IAEA 특별사찰 요구 등 두 가지였다. NPT조약에는 최고의 국가이익(Supreme National Interest)이 위협을 받을 때는 90일간의 유예기간을 거쳐 조약을 탈퇴할 수 있다는 조항이 들어 있었다.

팀스피리트훈련이 시작되기 하루 전인 3월 8일 북한은 '준전시사태'를 선언했다. '83년 '아웅산 테러사건' 이후 10년 만에 발령된 것이었다. 전선부대는 동굴진지에 투입되고 준군사부대에 대한 동원령이 하달되었다. 주민들은 폭격에 대비한 방공호를 구축했다.

IAEA와 북한과의 관계도 최악의 상태로 치닫고 있었다. 문제의 핵심은 영변 단지 내 2개의 미신고 시설이었다. IAEA는 CIA가 제시한 영상정보를 근거로 그 시설들은 핵폐기물 저장시설이므로 반드시 사찰을 받아야 한다고 주장했고, 북한은 그것이 군사시설이므로 IAEA의 사찰 요구는 주권에 대한 침해라고 맞섰다. 그리고 사찰팀장인 빌리 타이스는 CIA의 첩자이며, IAEA는 안전협정을 이행하는 과정에서 제3국이 제공한 정보를 이용해서는 안 된다는 관계 조항을 위반하고 있으므로 북한은 더 이상 사찰단에 협조할 수 없다고 주장했다.

한스 블릭스는 2월 26일 IAEA 이사회를 소집하여 북한이 한 달 이

내에 두 시설에 대한 사찰에 응하지 않을 경우 그 문제를 UN안보리에 회부한다는 것을 의결했다. 그 시한이 3월 25일이었다. 바로 그런 상황에서 북한의 NPT 탈퇴선언이 나온 것이다.

'93년 2월 25일 출범한 김 영삼 정부는 물론 그보다 한 달 전에 출범한 클린턴(Bill Clinton) 정부마저도 '70년 NPT체제 출범 이후 처음 발생한 북한의 탈퇴선언에 즉각 대응할 수 있는 준비가 되어 있지 않은 상태였다. 만약 이 사태가 원만히 수습되지 않는다면 범세계적인 핵비확산체제 그 자체가 위협을 받을 수밖에 없는 상황이었다.

클린턴 대통령은 NSC에 관련부처 차관급으로 구성된 부수장위원회(Deputies Committee)를 설치해서 북한 사태에 대한 정책을 검토하도록 했다. 위원회는 '채찍'과 '당근'이라는 문제를 놓고 회의를 계속했지만 쉽게 결론을 내릴 수 없었다.

한편, 김 영삼 대통령은 3월 중순경 클린턴 대통령에게 서한을 보내 "북한과의 대화의 창구를 닫지 말 것"을 요구했고, 같은 시기에 워싱턴과 UN을 방문한 한 승주 외무부장관도 이 점을 강조했으며, 만약 북한이 NPT 탈퇴선언을 철회한다면 한국 정부는 팀스피리트훈련의 영구 중단을 고려할 수 있다는 뜻을 밝혔다. 그러는 중에 IAEA는 4월 1일 북한 문제를 UN안보리에 회부했고, 북한은 "제재는 곧 전쟁이다."라고 선언했다.

전통적으로 미국 정부는 북한과의 직접대화를 거부해왔다. 그러나 북한의 NPT 탈퇴로 야기된 위기는 미국의 직접적인 개입이 없이는 해결되기 어렵다는 것이 분명해지고 있었다. 북한 역시 "핵문제는 미국과 북한이 협상을 통해 해결해야 할 문제"라는 방송을 내보내고 있었다.

4월 15일 스태플턴 로이(Staplton Roy) 주중미국대사는 탕자쉬안(唐家旋) 외교부 부부장을 비밀리에 만나 미국의 대북(對北)대화 제의를 전달했고, 일주일 후 한 승주 외무부장관은 방콕에서 첸지첸(錢其琛) 외교부장을 만나 미국의 뜻을 다시 전하고 중국이 북한을 설득해 줄 것을 요구했다.(조웰 위트·데니얼 폰먼·로버트 갈루치 공저, 같은 책, 47~48쪽)

4월 말 베이징에서 열린 미국과 북한 외교관들의 회동에서 미·북 회담을 개최한다는 원칙에 합의하고 세부적인 협조는 국무부 한국과장 찰스 카트먼(Charles Kartman)과 북한 UN대표부의 김 종수 사이에 이루어졌다. 그렇게 해서 6월 2일 북한의 NPT 탈퇴가 효력을 발생하기 10일 전에 첫 회담이 시작된 것이다.

미국 대표단은 로버트 갈루치(Robert L. Gallucci) 국무부 정치군사 담당차관보가, 북한 측은 강 석주 외교부 제1부부장이 단장을 맡았다. 갈루치는 20여 년간 군축국(ACDA)과 국무부에서 근무한 핵무기비확산 전문가로 걸프전 후 '이라크 무기사찰단'을 인솔한 경력이 있으며, 강 석주는 파리 주재 북한대표부를 거쳐 유럽담당 부부장을 역임한 사람으로 영어와 프랑스어를 구사할 줄 알고, 완고한 협상가이지만 가끔 솔직하고 직설적인 표현도 서슴지 않는 사람이었다.

UN빌딩의 한 회의실에서 개최된 첫 회담에서 강 석주는, 북한은 IAEA의 안전협정에 서명하고 성실하게 사찰활동에 협조했지만 IAEA는 갈수록 고압적인 태도로 압력을 가해왔다고 했다. 이것은 미국이 배후에서 압력을 행사했기 때문이며, 남북화해와 교류협력을 지연시키고, 팀스피리트훈련을 재개하고, IAEA의 특별사찰을 부추긴 것도 미국이라고 했다. 미국은 우리가 죽기만을 기다리지만 북한은 절대로 무너지지 않는다고도 했다. 그러고 나서 강 석주는 "북한은 지금 원자로를 핵무기생산에 사용할 것인지 전력생산에 이용할 것인지를 결정해야 할 중요한 시점에 와 있다."고 했다. 그러면서 그는 "북한은 핵무기를 제조할 능력을 갖추고 있다."고 단언했다. 핵무기를 제작할 능력도, 의도도, 필요도 없다던 과거 북한의 일관된 주장과는 다른 내용이었다. 이것은 발언의 진위를 떠나서 북한이 미국을 상대하거나, 적어도 미국으로부터 제대로 된 대접을 받기 위해서는 핵무기나 핵무기의 기술적 옵션(선택권)을 확보하는 것이 절대로 필요하다는 것을 터득하고 있다는 점을 상기시키는 부분이었다.

갈루치는 북한이 NPT 탈퇴를 강행할 경우 발생할 수 있는 국제사회의 우려와 북한이 받아야 할 불이익에 관해 설명했다. 그리고 회담이 진행되는 동안에도 '핵안전조치의 연속성'이 유지되어야 하며 이는 회담의 선결조건이라는 점을 분명히 했다. 특히 5MW급 원자로의 연료봉 제거과정에는 IAEA 사찰단이 직접 참관할 수 있어야 한다는 점을 강조했다. 양측의 입장차이가 컸지만 그것을 해소할 수 있는 타협점을 찾기가 쉽지 않았다.

6월 4일의 2차 회담에서 갈루치는 미국이 UN헌장의 원칙에 입각하여 북한의 안전보장을 약속할 용의가 있다는 점을 밝히고 그 대가로 북한은 NPT 탈퇴를 철회하고 핵안전조치를 이행하라고 요구했다. 강 석주는 미국의 새로운 제안에 관심을 표명하기도 했지만 탈퇴는 불가피하다는 주장을 굽히지 않았다. 아직도 인구에 회자되고 있는 "개들은 짖어도 마차는 계속 간다(The Dogs bark, but the caravan moves on)."는 『바람과 함께 사라지다』의 한 구절은 그 회담에서 강석주가 인용한 것이었다.

본 회담이 끝난 후 북한 측의 요청으로 비공식 실무접촉이 성사되었다. 국무부의 한반도 전문가인 키노네스(Kenneth Quinones)와 북한 외교관 이 용호가 별도의 장소에서 만나 미국이 공동성명을 통해 북한의 안전을 보장한다는 기본 방향에 합의하면서 상황이 급진전되었다. 양측은 북한의 탈퇴가 효력을 발생하기 이틀 전인 9일의 3차 회담에서 '미·북 공동성명'의 문안에 최종적으로 합의했다. 그 내용은 다음과 같다.

■ 미국은 핵무기를 포함한 무력의 사용 및 위협을 하지 않을 것을 보장

■ 상대방의 주권에 대한 상호존중과 내정 불간섭

■ IAEA안전협정의 공정한 적용으로 비핵화된 한반도 평화와 안전 달성

■ 한반도의 평화와 통일 지원

■ 이를 위해 양국은 대등하고 편견이 없는 대화의 지속

■ 북한은 필요하다고 고려되는 동안 NPT 탈퇴의 유보를 독자적으로 결정

갈루치-강 석주의 회담은 일단 북한의 NPT 탈퇴라는 최악의 사태를 막는 데는 성공했지만 실제로 문제가 해결된 것은 하나도 없었다.

그러나 북한의 입장에서 보면 회담은 대성공이었다. 그들은 단 한 번의 대담한 '벼랑 끝 전술'을 통해서 미국의 '중요하고 대등한' 대화의 상대로 입지를 바꾸는 데 성공했다. 뉴욕회담이라는 실전을 통해 미국인들을 상대하는 방법을 익힌 것도 소득이었다.

(2) 경수로 지원 문제의 대두

2차 회담은 7월 14일 제네바에서 열렸다. 이 회담에서는 '북한에 경수형 원자로를 제공하는 문제'가 새로운 핵심 의제로 떠올랐다.

강 석주는 미국이 경수형 원자로를 제공해줄 경우 북한은 모든 핵 프로그램을 동결하고 IAEA의 감시를 받겠다고 말했다. 농축우라늄의 해외도입이 불가능한 북한으로서는 흑연감속원자로 외에는 다른 선택이 없다고 했다. 만약에 북한 군부가 다량의 사용 후 핵연료를 보유하고 폭탄제조기술을 완성할 경우 어떤 상황이 발생할지도 모른다는 걱정을 하면서 은근히 상대를 협박하기도 했다.

실제로 흑연감속로의 사용 후 연료봉은 재처리 없이는 장기 보존이 불가능했다. 흑연감속로를 운용하는 한 재처리시설의 유지는 불가피하다고 할 수 있었다. 북한이 비핵화선언을 통해 재처리와 우라늄농축시설의 포기에 합의한 것은 흑연감속로의 교체를 전제로 한 결정이었고, 그래서 IAEA안전협정에 조인한 후부터 여러 경로를 통해서 경수로의 지원을 요청했지만 미국을 비롯한 국제사회의 관심을 끌지 못했다. 한국 정부도 예외는 아니었다.

'92년 7월 정부 초청으로 방한한 '북한 경제시찰단'의 김 달현 부총리는 경제 분야 고위급회담에서 최 각규 부총리에게 경수형 원자력

발전소의 공동건설을 제안했지만 당시 대선정국의 과열된 분위기 속에서 "핵문제(상호사찰)가 우선이다."라는 보수진영의 강경 여론에 부딪혀 빛을 보지 못한 채 빈손으로 돌아가고 말았다.(임 동원, 같은 책, 208~210쪽)

갈루치는 북한의 경수로 제안이 기존 핵시설을 전부 폐기하는 것을 전제로 하고 있다는 점에 큰 의미를 두었지만 40억 달러가 넘는 사업을 함부로 다룰 수는 없었다. '부수장위원회'의 의견을 물어보았지만 돌아온 답변은 "북한에 어떤 약속도 하지 말라."는 것이었다. 갈루치로서는 회담을 진전시킬 '당근'이 없었다. 지루한 말씨름 끝에 결국 "미국은 북한의 경수로 도입을 지원할 준비를 하는 대신 북한은 IAEA와 협상을 시작하고 남북대화를 재개한다."는 선에서 회담을 마무리하고, 2개월 이내에 3차 회동을 갖기로 하고 헤어졌다. 회담을 진전시키기보다는 회담의 결렬을 막은 셈이었다. 공동성명도 없었다.

공은 이제 북한-IAEA, 북한-한국의 협상 쪽으로 넘어가고 미국은 한 발 물러서서 상황을 관망하는 모양새를 취했다. 그러나 어느 쪽에서도 기대했던 성과는 나오지는 않았다.

IAEA는 안전협정에 따라 미신고 시설 두 곳에 대한 특별사찰을 요구했지만 북한은 자신들이 NPT 탈퇴를 유보한 특수한 입장에 있기 때문에 안전협정 이행 문제는 별도의 협의가 필요하다고 주장했다. 논란 끝에 8월 초 사찰팀이 영변을 방문했지만 그들의 활동은 감시카메라의 건전지와 필름을 교체하는 범위에 국한되었다. 사찰팀은 북한 측의 냉랭한 태도에서 모욕감을 느끼고 돌아왔다. IAEA의 권위에도 큰 상처를 입었다. 9월 이후에도 형식적인 대화의 채널을 유지했지만 문제해결을 위한 접근은 이루어지지 않았다.

남북대화도 마찬가지였다. 북한은 이미 '92년 남북고위급회담의 결렬과정을 통해서 그 한계를 터득하고 있었다. 북한의 입장에서 보면 남북대화란 현 단계에서는 미·북 대화를 진전시키기 위한 번거로운 전제조건에 불과했다. 일방적으로 서둘러야 할 사안이 아니었다. 거기에다 새로 들어선 김 영삼 정부의 일관성 없는 대북정책도 남북관계의 진전을 어렵게 하는 요인이 되고 있었다.

대통령 취임사에서 "어느 동맹국도 민족보다 나을 수 없다."는 선언으로 보수진영을 긴장시켰던 김 영삼 대통령은 비전향 장기수 이 인모 노인을 조건 없이 북한에 돌려보내고, 5월에는 총리급회담을 골간으로 하는 남북회담을 제의하는 등 남북문제 해결에 적극적인 의지를 표명했지만 6월 초에 열린 '취임 100일 기자회견'에서는 "핵을 가진 자와는 악수하지 않겠다."는 강경선언으로 갑자기 찬물을 끼얹어버렸다. 그런가 하면 뉴욕에서 북한의 NPT 탈퇴를 유보하는 '미·북 공동성명'이 발표된 후 7월 1일 BBC,《뉴욕타임스》등 외신기자와 가진 인터뷰에서는 북한은 핵무기 개발에 필요한 시간을 벌기 위해 미국과 협상하는 것이라고 지적하고 "미국이 북한에 계속 끌려 다니지 않기를 바란다."고 말해 그때까지 긴밀한 협조관계를 유지해오던 한·미 관계자들을 당황하게 만들기도 했다.

그 무렵 북핵문제에 관한 김 영삼 정부의 접근방법이 어떤 것이었는지, 그런 것이 있기는 했는지 가늠하기 어려운 부분이다. 국가안보에 새로운 위협의 실체가 다가오고 있었지만 그것을 통찰하고 심각하게 고민하는 모습은 찾아보기 어려웠다. 국가지도부도, 정치권도, 군도 마찬가지였다. 여론의 향배에 따라 흔들리는 의사결정구조에도 문제가 있었지만 북핵문제를 미국과 북한이 해결해야 할 문제로 간주하는 안이한 사고방식에도 원인이 있었다.

한국과 북한은 미국의 막후교섭에 도움을 받아 10월 초 남북정상회담을 위한 특사교환 문제를 토의할 실무회담을 갖기로 했다. 송 영대-박 영수의 판문점회담이었다. 두 사람 모두 남북회담의 베테랑들이었다. 박 영수는 한국 정부가 팀스피리트훈련 중단을 선언하고, 북한에 제재를 가하려는 국제적 노력에 동참하지 말아야 하며, 정상회담은 핵문제뿐만 아니라 한반도의 전반적인 문제를 논의해야 한다고 주장했다. 한국 측은 북한이 NPT에 잔류하고, 안전협정을 준수하며, 북한 측 특사가 서울에 도착하면 팀스피리트훈련 중단을 선언한다는 쪽으로 내부 의견을 조정했다.

그러나 이번에는 미국의 부수장위원회가 제동을 걸었다. 미·북 3차 회담이 성공적으로 끝날 때까지 팀스피리트훈련 중단을 선언해서는 안 된다는 것이었다. 손발이 맞지 않았다. 게다가 11월 4일로 예정된 한·미 연례안보회의에서는 북한에 제재조치가 가해질 경우 예상되는 북한의 무력도발에 대한 대응책을 논의하게 될 것이라는 내용이 언론에 보도되었고, 북한은 역시 11월 4일로 예정되었던 판문점회담을 일방적으로 취소해버렸다.(조웰 위트·데니얼 폰먼·로버트 갈루치 공저, 같은 책, 107쪽)

IAEA와 한국이라는 두 척의 예인선을 앞세워 상황을 끌고 가려던 미국의 구상은 실패하고 말았다. 그런 가운데 9월 20일로 예정되었던

3차 회담도 무산되었다. IAEA와 한국, 미국 간의 입장차이도 차츰 드러나고 있었다. IAEA는 우선적으로 조직의 권위와 독립성을 지키는 데 우선을 두고 있었고, 한국 정부는 미국이 대북정책을 결정하는 과정에서 뒷전으로 밀려나는 것을 우려하고 있었다.

미국의 부수장위원회도 사정이 비슷했다. 각 기관의 2인자들이 모인 위원회에는 상충하는 의견을 조정할 수 있는 통합기능이 없었다. 그동안 전가의 보도처럼 휘둘러온 팀스피리트훈련만 해도 국무부는 북한이 IAEA 및 한국과 대화를 시작하는 조건으로 훈련을 취소해야 한다는 입장인 반면 합참은 규모를 줄여서라도 훈련은 계속되어야 한다는 의견이었고, 국방부는 3차 회담이 성공적으로 타결되면 취소할 수 있다는 입장이었다. 일관성 있는 대북전략이 마련되기 어려운 상황이었다. 미국의 목표가 북한의 과거 핵 활동을 조사해서 그 위법행위를 규명하는 데 있는 것인지, 미래의 행위에 대한 제도적 통제장치를 마련하여 북한의 핵무장을 항구적으로 봉쇄하는 데 있는 것인지 감을 잡기 어려운 상황이었다.

(3) 애커먼의 방북과 일괄타결안

10월 9일 미 하원 동아시아태평양소위원회 위원장 개리 애커먼(Gary Ackerman) 의원이 평양을 방문했다. 그 여행에는 한국어에 능통한 국무부의 키노네스가 수행원으로 동행했는데 북한은 그가 돌아오는 편에 자신들이 작성한 일괄타결안(Package Deal)을 미측에 보냈다. 그 내용은 첫 단계로 팀스피르트훈련 중단과 차기 미·북 회담을 조건으로 북한은 IAEA 확대사찰에 응하며, 다음 단계로는 북한이 NPT에 잔류하고 안전조치를 준수하며 한반도비핵화공동선언 이행준비에 합의하는 대신, 미국은 북한에 대한 무력사용금지를 보장하는 '평화협정' 체결과 경수로 제공의 이행 및 외교관계를 수립하는 것 등이었다. 이것은 지난 9월 갈루치가 한국을 방문하여 한 승주 장관을 비롯한 한국 정부 관계자들과 협의해서 구상한 포괄적 접근방법(Comprehensive Approach)에 대한 북한 측의 수정 제안인 셈이었다.

이때부터 미국과 북한은 뉴욕채널을 이용해서 '일괄타결안'에 대한 실무협상에 들어갔다. 국무부 동아태담당부차관보 토머스 허바드(Thomas Hubbard)를 단장으로 키노네스와 갈루치의 보좌관 개리 세이모어(Gary Samore)가 팀을 이루어 북한 UN대표부의 허 종 차석대사와 협상을 진행했다. 10월 하순부터 15차례가 넘는 지루한 토론과정을 거쳐 일괄타결안의 윤곽이 잡혀가고 있었다. 북한이 IAEA 확대사찰을 받아들이고 남북회담을 재개하는 조건으로 미국은 '94년도 팀스피리트훈련을 중단하고 3차 미·북 회담을 개시하며, 그 회담에서는 안보, 경제 문제를 포함한 관계 개선의 로드맵을 논의하는 것이었다. 이런 가운데 11월 24일 백악관에서는 한·미 외교당국자들에게 '끔직한 사건'으로 기억되는 한·미 정상회담이 열렸다.

본 회담에 앞서 가진 단독회담에서 김 영삼 대통령은 단호하고 격한 어조로 포괄적 접근방법에 대한 반대의사를 표명하고, 북한이 IAEA 확대사찰을 수용하고 남북대화를 재개하더라도 팀스피리트훈련을 중단해서는 안 되며, 북한이 핵무기를 보유하고 있지 않다는 것을 증명한 이후에 중단해야 한다고 주장했다. 정상회담을 위한 남·북한의 사절단 교환도 3차 회담 이전에 이루어져야 한다고 했다.

김 대통령은 포괄적 접근방법이나 일괄타결안이 결국 같은 것으로 언론에서는 북한에 큰 양보를 하는 것으로 비춰지고 있기 때문에 문제가 있다고 했지만 사실은 야당 지도자인 김대중이 주장하는 일괄타결방안과 용어와 내용이 유사하다는 데 대한 거부감에서 비롯된 것이었다는 얘기도 전해지고 있다.

클린턴 대통령은 다른 용어를 찾아보라고 지시했고 보좌관들은 '철저하고 광범위한(thorough and broad)'이란 용어를 찾아내서 김 대통령을 안심시켰다. 그 바람에 단독회담은 1시간 30분 이상이 소요되었다.

정상회담이 끝난 후 토니 레이크(Anthony Lake) 안보보좌관과 정종욱 외교안보수석은 팀스피리트훈련은 북한의 특사가 서울을 방문하여 '진지한 협의'를 마친 이후에 중단하고, 그 발표도 한국 정부가 하는 것으로 조정안을 마련했지만 협상책임자인 허바드 부차관보는 "새로운 협상안은 실패할 수밖에 없다."고 했다. 그는 바로 다음 날 뉴욕에서 허 종과 회담을 갖기로 되어 있었다.

김 영삼 대통령의 정상회담은 대성공이었다. 한국의 언론들은 그것을 김 대통령의 개인적 승리라고 높이 평가했다. 미국 대통령 앞에서 당당히 반론을 제기하고 그것을 관철시킨 것은 과거 어느 대통령도 하지 못한 일이었다. 국가적 위신과 자존심을 높인 쾌거였다. 국내 여론의 지지도 절대적이었다. 그러나 북핵문제의 해결 전망이 더욱 멀어지고, 그럴수록 한국의 안보가 위험한 상황으로 밀리고 있다는 사실을 심각하게 걱정하는 사람은 별로 보이지 않았다.

4. 위기의 도래

(1) 서울 불바다

'94년 새해에 들어와서도 북핵문제는 별다른 해결 전망이 보이지 않았다. 형식상으로는 허버드와 허 종의 뉴욕채널이 가동되고 있었고, 갈루치와 강 석주 간에도 사안에 따라 연락을 유지하고 있었지만 그것만으로 상황을 진전시킬 수는 없었다. 합의사항을 자주 번복하는 북한의 행태에도 문제가 있었지만 미국의 애매한 대북정책도 문제였다. 전담 협의기구로 '부수장위원회'가 있고, 사안에 따라 '수장위원회(Principals Committee)'가 열렸지만 명확한 정책대안을 내놓지 못했다. 그래서 갈루치 차관보를 대사급 '대북정책총괄조정관'으로 격상하는 조치를 취하기도 했지만 그것으로 문제가 해결될 수는 없었다. 근본적인 문제는 미국이 북한에 줄 수 있는 반대급부, 즉 '당근'이 불명확하다는 것이었다.

북한이 NPT 탈퇴라는 초강수를 둬가면서 미국과 직접대화의 통로를 개척한 것은 안보와 생존을 보장받고 미·북 관계를 정상화하는 데 목표가 있었다. 우라늄농축과 재처리를 포기한 것은 서방 측의 기술지원을 받아 낙후된 흑연감속로를 경수로로 교체하겠다는 나름대로의 계산과 기대를 전제로 하고 있었다. IAEA 안전협정과 팀스피리트 훈련 중단은 대규모의 거래를 진행하기 위한 선결조건에 불과했다. 그럼에도 불구하고 안전협정에 조인한 지 2년이 넘도록, 갈루치-강 석주회담을 시작한 지 1년이 다 되도록 아직 '팀스피리트훈련 중단'의 문턱을 넘어서지 못하고 지루한 실랑이를 되풀이하고 있는 것이었다. 미국이 북한을 믿지 못하는 것처럼 북한이 미국의 진의를 의심하는 것도 무리는 아니었다.

  IAEA와 한국 정부도 문제의 해결을 어렵게 하고 있었다. IAEA는 영변 핵시설에 대한 융통성 없는 확대사찰을 요구해서 북한 측과 계속 논란을 되풀이하고 있었다. IAEA의 고압적인 태도는 NPT체제를 보호해야 한다는 사명감도 있지만 실추된 조직의 권위와 자존심을 만회하려는 심리적 요인도 작용하고 있었다. 비록 사찰활동의 중단으로 북한 핵시설에 대한 '안전조치의 계속성'이 상실되었다는 최후선언은 유보하고 있었지만 결국 북한핵문제는 UN안보리로 갈 수밖에 없다는 쪽으로 상황을 몰아가고 있었다.
  한국 정부는 오로지 정상회담을 위한 특사교환에 집중하고, 그것을 미·북 3차 회담의 전제조건으로 묶어서 미국의 행보를 어렵게 하고 있었다. 국내 여론의 향배에 따라 강경일변도의 대북자세를 유지하면서도 미·북 협상과정에서 한국이 뒷전으로 밀리는 상황을 방지하기 위해서는 다른 선택이 있을 수 없었다.
  실제로 한국 정부가 남북정상회담을 얼마나 진지하게 고려하고 있었는지는 알 수 없었다. 김 영삼 정부 초기부터 남북화해와 정상회담 추진업무를 이끌어온 한 완상 부총리 겸 통일부장관이 보수층의 여론에 밀려 1년도 안 되어 교체되었다. 1월 초 김일성의 신년사가 발표된 직후 기자들과 만난 자리에서 김 영삼 대통령은 형식적인 남북정상회담에는 반대한다는 입장을 밝혀 관계자들을 혼란스럽게 만들기도 했다.

  '93년 11월 4일 서울에서 열렸던 한·미 연례안보협의회의(SCM)에서 권 영해 국방부장관과 레스 애스핀(Les Aspin) 미 국방부장관은 북한 핵문제와 관련한 한반도의 군사상황과 미국의 '2개 전장 동시 승리전략'에 관해 중점적으로 논의했다. 한반도와 세계의 다른 지역에서 동시에 2개의 전장에 대응할 수 있는 미국의 군사적 능력을 평가하고, 핵문제를 해결하는 과정에서 발생할지도 모르는 북한의 군사적 위협에 대비하여 주한미군의 전력구조를 유연성 있게 조정해나가기로 합의했다. 일명 유연배치방안(Flexible Deployment Option)으로도 불리는 이 개념은 한·미 군사위원회(MC)에서 구체적으로 발전시켜나가도록 지시되었다. 그리고 양 장관은 한·미 연합전비태세유지 차원에서 한·미 연합연습(주: 팀스피리트훈련)이 필요하다는 데 인식을 같이했다.(제25차 SCM 공동성명서, '93. 11. 4)

귀국하는 길에 애스핀 장관은 동승한 기자들에게 "기아에 허덕이는 북한이 굶어 죽으나 싸우다 죽으나 마찬가지라는 생각을 할 수 있다."는 표현을 사용했는데 이것이 언론에서는 전쟁의 위험이 심각한 것으로 보도되었고, 미국의 보수언론과 정치권이 클린턴 행정부의 미지근한 대(對)북한정책을 일제히 비난하는 도화선이 되었다. 급기야 대통령이 방송프로그램에 직접 출연해서 "북한의 핵무기 개발은 방치할 수 없다."는 단호한 입장을 밝혔는데 경우에 따라서는 군사적 조치도 강구할 수 있다는 여운을 남겼다.

'94년 1월 26일《뉴욕타임스》지는 미국 정부가 주한미군의 전력을 보강하기 위해 패트리어트 대공미사일을 배치할 준비를 하고 있다는 보도를 내서 다시 한 번 파문을 일으켰다. 이것은 미국이 북한 핵문제의 해결을 위해 군사적 수단을 동원하는 것으로 비쳐졌다. 한국은 물론 일본의 언론들도 한반도에서 무력충돌의 가능성을 계속 증폭시키고 있었다.

주한미군에 패트리어트를 배치하는 계획은 이미 '80년대 후반에 결정되었지만 생산물량의 제한과 '걸프전'의 소요 등으로 미루어져왔는데, 마침 NATO지역에서 철수하는 장비가 가용하다는 정보를 입수한 개리 럭(Gary Luck) 한·미연합사령관이 회의 참석차 서울에 온 존 샬리카쉬빌리(John Shalikashvili) 합참의장에게 조기배치를 건의한 내용이었다. 걸프전(Operation Desert Storm)에서 18공정군단을 지휘했던 럭 장군은 이라크군의 스커드 미사일 공격에 대응한 패트리어트의 요격능력과 효용성을 충분히 이해하고 있었다. 북한군의 스커드 미사일과 신형 노동 미사일의 위협으로부터 주한미군의 시설을 보호하기 위해 패트리어트의 조기 전개가 필요하다고 판단한 것이다. 그는 이 양호 합참의장과도 사전에 협의를 했고, 합참과 연합사의 참모들과도 정보를 교환하고 있었다. 그러나 미국 정부의 최종 승인도 나기 전에 정보가 유출되어 예상치 못한 파문을 일으킨 것이었다.

며칠 후인 1월 31일 로이터통신에는 북한이 핵시설에 대한 국제사찰에 불응할 경우 한국과 미국은 '94년 팀스피리트훈련을 재개할 것이라는 기사가 한국 국방부의 소식통을 근거로 보도되어 더욱 상황을 어렵게 만들었다.

같은 날 북한은 외교부 성명을 발표해서 패트리어트 미사일 배치와 팀스피리트훈련 재개를 맹렬히 비난하고 배신행위로 발생할 수 있는 모든 결과에 대해 미국이 전적으로 책임을 져야 할 것이라고 했다. 그러면서 북한은 NPT를 탈퇴하고 핵개발을 자체적으로 추진하겠다고 했다. 상황은 파국으로 치닫고 있었다.

2월 하순 허버드와 허 종은 3월 1일을 기해 북한이 IAEA 사찰을 허용하고 특사교환을 위한 남북협상을 재개하며, 미국은 3월 21일에 3차 고위급회담을 개최할 것을 발표하고, 한국은 팀스피리트훈련 중단을 발표한다는 '일괄타결안'을 어렵게 성사시켰다.(조웰 위트·데니얼 폰먼·로버트 갈루치 공저, 같은 책, 167~168쪽)

이에 따라 IAEA 사찰단이 북한에 들어가고 판문점에서 남북접촉이 재개되었지만 그것도 오래가지는 못했다. 새로운 일괄타결안은 정상회담을 위한 북한의 특사가 서울에 도착한 다음 팀스피리트훈련 중단을 선언한다는 한·미 간의 합의사항을 충족하지 못하고 있었다. 한국 정부가 동의할 리 없었다. 협의차 서울에 온 갈루치에게 김 영삼 대통령은 "시간은 우리 편이므로 서두를 필요가 없다. 북한의 핵카드는 효력을 잃고 있다."고 말해서 상대방을 답답하게 만들었다.

북한에 들어간 사찰단도 어려움을 겪고 있었다. 북한은 다른 시설에 대한 사찰활동에는 협조했지만 방사화학실험실(재처리시설)에 대한 정밀사찰(주:샘플 채취 및 감마매핑)은 허용하지 않았다. 플루토늄과 관련한 북한의 과거 핵 활동을 규명할 수 있는 사찰과정을 봉쇄해버린 것이다. 더구나 사찰단을 놀라게 한 것은 제2의 재처리라인이 빠른 속도로 공사가 진행되어 거의 완성단계에 이르고 있다는 사실이었다. 화가 난 한스 블릭스 사무총장은 "북한의 핵물질이 핵무기로 전용되지 않았음을 검증할 수 없다."는 선언과 함께 사찰단을 철수시켜버리고, 북한 핵문제를 안보리에 회부하기 위해 IAEA특별이사회를 소집했다. 예정일자는 3월 21일이었다.

미국의 수장위원회도 강경자세로 돌아섰다. 3차 고위급회담이 예정된 3월 21일 이전에 IAEA 사찰이 계획대로 완료되고 남북 특사교환이 이루어지지 않으면, 회담을 취소하고 팀스피리트훈련을 재개하겠다는 결론을 내렸다.

3월 19일 판문점에서 열린 특사교환을 위한 8차 실무회담에서 패트리어트와 팀스피리트훈련 문제 등으로 설전을 벌이던 박 영수 북측 대표는 미리 작심을 한 듯 송 영대 남측 대표에게 "서울은 여기서 멀지 않아, 전쟁이 나면 서울은 불바다가 될 거요. 송 선생도 무사하기 힘들 거요."라는 폭언을 퍼붓고는 일방적으로 퇴장해버렸다. 그것은 북한이 미국과 한국, IAEA에 보내는 공개적인 협박이었다. 더 이상 북한을 궁지로 몰아봐야 얻을 수 있는 것은 전쟁밖에 없고, 그 결과는 파멸적이라는 의미였다.

그날 밤 9시 뉴스에는 박 영수의 발언 장면을 담은 비디오테이프가 공개되어 보는 이의 가슴을 섬뜩하게 만들었다. 비공개의 관례를 깨고 테이프를 공개한 경위는 알려지지 않았다. 그 후 며칠간 서울에서는 불안한 시민들이 생필품가게 앞에 장사진을 친 모습이 뉴스를 타고 해외로 전파되었다.

3월 23일 국회 국방위에 출석한 이 병태 국방부장관은 북한의 위협에 대한 대비책을 묻는 의원들의 질의에 답변하는 과정에서 '작계 5027'을 공개해서 물의를 일으켰다. 한·미연합군의 작전준비태세를 알려서 대북(對北)억제 효과와 함께 국민의 불안심리를 진정시키겠다는 의도는 이해가 갔지만 고도의 보안이 요구되는 군사기밀을 공개하는 사태에 합참과 연합사의 관계관들은 당혹감을 감추지 못했다.

(2) 벼랑을 향한 행진

4월 19일 북한은 5MW 흑연감속로의 연료봉 제거작업을 5월 4일부터 시작한다고 통보하고 IAEA의 참관을 요구했다. 그러나 북한의 과거 핵 활동을 검증할 수 있는 노심(爐心) 주변의 핵심 연료봉 300개의 분리, 보관 및 측정 문제를 놓고 IAEA와 북한 사이에 의견이 맞지 않아 시간을 끄는 사이에 북한이 단독으로 연료봉을 제거하는 사태가 발생했다. 미국이 설정한 레드라인(한계선)을 넘어서고 있었다. 북한은 외교부 대변인의 담화를 통해 기술적인 이유로 원자로의 동결상태를 더 이상 지속하기 어려우며, IAEA가 주장하는 측정 문제는 미·북 회담의 진전 여부에 달려 있다고 했다.

며칠 후 현지에 도착한 사찰팀은 북한의 연료봉제거작업이 예상보다 훨씬 빠른 속도로 진행되고 있는 것에 놀라움을 금할 수 없었다. 8,000여 개의 연료봉을 제거하는 데는 적어도 3개월 정도가 소요되리라는 예상을 깨고 작업 개시 약 일주일 후 사찰팀이 도착했을 때는 이미 1,400여 개의 연료봉이 제거되고 있었다. 그뿐만 아니라 북한의 연료봉 제거작업은 무작위로 이루어지고, 제거된 연료봉도 아무런 구분 없이 용기 안에 혼합해서 보관하고 있었기 때문에 원자로의 노심을 중심으로 각 연료봉의 위치를 재확인하는 것이 불가능했다. 한스 블릭스는 IAEA가 300개의 핵심 연료봉을 분리, 보관할 수 있는 기회가 사라지고 있다는 것을 UN 사무총장에게 보고했다. 제재가 불가피한 상황으로 가고 있었다.

레스 애스핀의 후임으로 임명된 페리(William Perry) 국방부장관은 의회의 인준이 끝나기 바쁘게 4월 초 한국으로 날아와 한·미연합군의 전투준비태세를 점검하고 김 영삼 대통령을 비롯한 한국 정부의 관계자들과 만나 북핵문제와 관련한 군사적 조치사항들에 관해 광범위한 의견을 교환했다. 그는 미국이 전쟁을 시작하지는 않겠지만 준비태세의 미비로 전쟁을 초래하는 일은 없어야 한다고 강조했다.

한국과 일본 방문을 마치고 귀국한 페리 장관은 5월 중순 '4성 장군회의'를 소집했다. 국내와 해외에 근무하는 모든 4성 장군들을 소집해서 한반도에서 발생할지도 모르는 군사상황에 대비한 준비태세와 추가적인 군사 소요에 관해 토의하는 자리였다. 패트리어트 미사일과 대(對)포병레이더, 아파치 공격헬기대대, 신형 브래들리장갑차 등이 이미 전개 중에 있었고, 주한미군의 병력 인가 내에서 부족병력이 충원되고 있었다. 항모전단의 이동과 공군력의 증원도 필요했다. 상황이 전면전으로 확대될 경우에는 40만 명의 증원전력이 소요되고 이를 위해서는 예비전력의 동원이 필요하다고 판단했다.

한편, 회의에 참석한 개리 럭 한·미연합사령관은 한반도에서 전면전이 발발할 경우 90일 동안에 발생할 미군의 사상자는 약 5만 2,000명, 한국군 사상자는 약 49만 명, 전쟁비용은 약 610억 달러 정도가 될 것이라는 워 게임(War Game) 결과를 보고했다. 체계분석(OR/SA) 박사인 럭 장군이 직접 주관한 워 게임 결과는 논리적이고 설득력이 있었다. 그는 현재 북한군의 전쟁 징후는 나타나고 있지 않으며, 전쟁이 나면 미국은 승리할 수 있지만 핵문제는 반드시 외교적으로 해결해야 한다고 주장했고, 샬리카쉬빌리 합참의장도 같은 의견을 제시했다. 저명한 공학자이며 수학 박사이기도 한 페리 장관도 두 사람의 주장에 충분히 공감하고 있었다. 이튿날인 5월 19일 세 사람은 클린턴 대통령에게 4성 장군회의에서 검토된 내용과 함께 자신들의 견해를 보고했다.

　클린턴 대통령은 다시 한 번 외교적 노력을 시도하기로 결심하고 뉴욕채널을 통해서 3차 미·북 회담을 위한 협상을 재개하는 한편, 샘 넌(Sam Nunn), 리처드 루가(Richard Lugar) 두 상원의원을 평양에 보내 김일성과 직접 핵문제를 협의하기로 했다. 그러나 두 사람이 워싱턴을 출발하기 직전 북한은 일정이 촉박하다는 이유로 그들의 방북을 거절했다. 엎친 데 덮친 격으로 6월 2일 한스 블릭스 사무총장은 "북한이 원자로 노심의 모든 중요한 부분들을 교체해버렸으므로 핵심 연료봉을 분리하여 확보할 수 있는 여지가 사라졌다."는 의견을 UN 사무총장에게 제출했다. 그것은 북한이 원자로 가동중단 기간 중 플루토늄을 얼마나 추출했는지, 그것을 핵무기 개발에 전용했는지를 밝힐 수 있는 근거를 파괴해버렸다는 것을 공식적으로 확인한 것이었다. 최후의 선언과도 같았다.

　IAEA의 보고가 발표된 다음 날 미 국무부는 3차 회담 취소를 선언했고, 클린턴 대통령은 UN에서 대북(對北)제재를 논의할 것이라고 발표했다. 북한은 조평통 담화를 통해 "제재는 곧 전쟁이다. 전쟁에는 용서가 없다."고 맞서는 한편, 6월 13일에는 IAEA 탈퇴를 선언하고 사찰팀의 추방을 결정했다.

　6월 10일부터 잇달아 열린 수장위원회(장관급 회의)에서는 대북(對北)제재 방법과 한반도와 주변지역에 대한 군사력증강 문제가 중점적으로 토의되었다. 미국의 범세계적 군사력 배치에 관한 전반적 검토(BUR : Bottom-up Review)와 예비군 소집 문제, 한국 거주 미국인들의 철수 문제도 같이 검토되었다.

이미 전개 중에 있는 전력에 추가하여 대규모 증원에 대비한 2,000명 규모의 사전준비요원의 파견 문제가 우선적으로 검토되었고, 두 번째 대안으로는 1만 명의 지상군과 F-117스텔스기를 포함한 수개의 전투기대대, 1개 항모전대, 세 번째 대안으로는 5만 명의 지상군과 400여 대의 항공기, 다수의 로켓발사대(MLRS), 추가적인 항모전대와 예비군 동원 문제 등이 검토되었다.

또한 군사적인 대안으로는 영변의 핵시설에 대한 공중공격도 검토되었다. 일명 '오시라크(Osirak) 옵션'으로 불리는 이 아이디어는 부시 행정부 시절 안보보좌관이었던 브렌트 스코크로프트와 국무차관 아놀드 캔터가 공동집필한 기고문에서 나온 것인데, '81년 이스라엘이 이라크 오시라크의 핵시설을 공중공격으로 파괴했던 사례에서 인용된 것이었다. 《타임》지와 CBS뉴스가 공동으로 실시한 여론조사에서 응답자의 51%가 북한의 핵시설을 파괴하기 위해 미국의 군사력을 사용해야 한다고 답변했다. 공군도 그것이 기술적으로 가능하다고 했다. 그러나 영변은 지정학적 여건이 오시라크와는 전혀 달랐다. 우선 한국 정부와 사전협조가 필요했고 일본, 중국, 러시아 등 주변국과의 관계에 미칠 영향도 고려하지 않을 수 없었다. 수장위원회에서는 옵션의 채택을 유보했다.(돈 오버도퍼, 같은 책, 298~299쪽)

UN 제재안은 2단계로 구분해서 추진하기로 했다. 1단계는 북한의 핵 활동에 도움을 줄 수 있는 모든 교역의 금지, 대량살상무기 및 재래식 무기와 관련된 수출입의 금지, 상업적 목적이나 인도적 사업을 제외한 모든 항공운송의 금지를 포함하고, 각 회원국으로 하여금 대(對)북한 외교관계의 축소를 촉구하는 내용이었다. 2단계 제재는 북

한이 NPT를 탈퇴하고 재처리를 시작할 경우 금융자산의 동결, 해외
송금의 차단, 중국 등으로부터의 석유공급 중단, 해상수송로 봉쇄 등
이었다.

제재안의 초안은 한국과 일본 정부에 사전에 통보되고 매들린 올브
라이트(Madeleine Albright) UN주재 미국대사는 안보리 이사국들과
협의를 시작했다. 대북(對北)제재는 절차상의 문제가 남아 있을 뿐이
었다.

미 국방부는 UN의 제재 결정이 발표되기 이전에 한국과 그 주변지
역에 대한 군사배비를 완료하기 위해 바쁘게 움직였다. 수장위원회에
서 검토되었던 군사력증강 대안들을 6월 16일 클린턴 대통령에게 보
고하고 최종적인 결심을 받을 계획이었다. 바로 그러한 시기에 누구
도 예상하지 못했던 '카터의 등장'이라는 돌발변수가 발생한 것이다.

(3) 카터의 북한 방문

카터는 재임 중 주한미군 철수와 인권 문제로 한국 정부와 오랜 갈
등관계를 지속했기 때문에 한국인의 기억 속에 그다지 호감이 가는
인물이 아니었다. '80년 재선에 실패하고 고향인 조지아 주 플레인스
로 낙향한 그는 한때 실의와 경제적 고난에 처한 적도 있었지만 '82
년에 에머리대학교(Emory University)의 협조로 애틀랜타에 '카터센
터(Carter Center)'를 설립하고, 인권신장운동과 개발도상국들을 위
한 질병퇴치운동, 분쟁조정, 무상주택보급운동(Habitat for Humanity)
등 정력적인 활동을 전개하고 있었다.

김 일성이 왜 카터에게 호감을 갖게 되었는지는 잘 알려져 있지 않

다. 어쩌면 재임 중에 일방적으로 주한미군 철수를 추진하고, 미·중 수교를 성사시키고, 또 사다트 이집트 대통령과 베긴 이스라엘 총리를 캠프 데이비드(Camp David)에 불러들여 평화조약을 밀어붙이는 등 독특하고 파격적인 업무스타일에 깊은 인상을 받았는지도 모른다. 카터라면 말이 통할지도 모른다는 생각을 했거나, 아니면 카터라면 충분히 이용가치가 있으리라는 판단을 했을 수도 있다.

북한은 한반도비핵화 논의가 시작된 '91년부터 매년 카터에게 초청장을 보냈다. 그러나 북한은 전직 대통령인 카터가 임의로 방문할 수 있는 나라가 아니었다. 부시 행정부는 카터의 여행을 자제하도록 요청했고, '92년도에는 카터의 보좌관이 대신 다녀왔다. '93년 클린턴 행정부가 들어선 직후에도 초청장이 왔지만 크리스토퍼(Warren M. Christopher) 국무장관은 핵문제가 해결될 때까지 기다려달라고 했다. 그 후로도 세 번이나 초청을 받았지만 계속 거절하고 있었다.

그러던 중 '94년 5월 주한미국대사인 제임스 레이니(James Y. Laney)가 카터를 찾아왔다. 레이니는 에머리대학교 총장으로 재임 중 '93년 10월 클린턴 정부에 의해 대사로 발탁된 사람으로 카터와는 오랜 친구 사이였고, 카터센터를 설립한 사람이기도 했다. 그가 대사로 발탁된 것은 한국과의 특별한 인연 때문이었다. 2차 대전 중 군에 입대하여 종전 후 한국 주둔군에서 근무한 적이 있었는데 그때의 경험이 그의 일생에 큰 영향을 미쳤다고 한다. 전역 후 예일대학에서 신학을 전공하여 감리교 목사가 되었고, '59년에 다시 한국에 와서 연세대학교에서 신학을 강의하면서 목회활동을 했다. 대사가 된 후에는 현지 사령관인 럭 장군과 협조하여 북핵문제의 평화적인 해결을 위해 노력했고, 카터를 방문하기 직전에는 클린턴 대통령에게 샘 넌 상원

의원을 특사로 북한에 보낼 것을 건의하고 오는 길이었다. 레이니는 한반도가 처한 위기상황을 자세히 설명하고 카터가 할 수 있는 역할을 찾아줄 것을 요청했다.

한편, 비슷한 시기에 워싱턴을 방문한 한국의 재야지도자인 김 대중은 5월 12일 내셔널프레스클럽에서 '미국의 대(對)아시아정책에 관한 충언'이라는 주제로 강연을 했는데 이 가운데서 그는 북핵문제의 평화적 해결을 위한 '일괄타결방식'을 촉구하고, 카터 전 대통령과 같이 국제적으로 신뢰받는 인사를 북한에 파견할 것을 제안했다. 김 대중은 사전에 카터와도 전화로 의견을 교환한 것으로 알려지고 있다.

6월 1일 카터는 클린턴 대통령에게 전화를 해서 북핵문제에 관한 자신의 우려를 전달했고, 클린턴은 갈루치를 플레인스로 보내 상황을 브리핑해주도록 했다. 6월 6일 카터는 '카터센터'를 대표한 개인 자격으로 방북승인을 받고, 10일에는 국무부에서 한반도 전문가들로부터 공식 브리핑을 받은 후 서울로 향했다. 한국어를 잘하는 딕 크리스텐슨(Dick Christensen) 국무부 한국과 부과장이 수행했다. 한편, 카터는 UN주재 북한대표부를 통해 자신의 방북은 군사분계선을 통과해서 육로로 이루어져야 한다는 점을 주장해서 북한의 동의를 얻었다. 카터는 그것이 북한의 진정성을 사전에 확인하기 위한 조치였다고 말했다.(Interview : Jimmy Carter, FRONTLINE, March 21, 2003)

카터 일행이 서울에 도착한 6월 13일은 북한이 IAEA 탈퇴를 선언하고 사찰단의 추방을 위협하던 날이었다. 사찰단의 비자 만료일이 6월 22일이었다. 크리스토퍼 국무장관은 카터에게 전화를 걸어 "모든 것은 사찰단에게 일어나는 사태에 따라 달라질 것이다."라는 점을 북한에 주지시켜달라고 했다. 김 영삼 대통령은 UN의 대북(對北)제재 결의를 앞둔 시점에서 카터의 방북은 시기적으로 적절치 않다고 생각했지만 김 일성을 만나면 남·북한 정상이 조건 없이 만나자는 뜻을 전해달라고 했다.

판문점을 거쳐 평양에 도착한 카터는 다음 날 오전 금수산궁전에서 김 일성 주석과 만났다. 김 주석은 '70년대 말부터 여러 경로를 통해 카터와 만나기를 희망했는데 이제야 만나게 되었다고 하면서 만면에 웃음을 띠고 그를 맞았다. 카터는 자신은 개인 자격으로 방북했지만 클린턴 행정부의 지원을 받고 왔다는 것을 밝히고, 비록 미국과 북한이 정치체제는 다르지만 그 때문에 우정을 방해받아야 할 이유는 없다는 점을 강조했다.

두 사람은 우호적인 분위기 속에서 회담을 진행했다. 카터는 남한에는 미국의 핵무기가 없으며 미국은 북한을 핵으로 공격할 의사도 없고 한반도의 비핵지대화를 적극 지지할 것이라고 했다. 그리고 IAEA가 사용 후 연료봉을 계속 감시할 수 있도록 감시장비와 사찰단이 계속 북한에 체류하는 것이 중요하다고 말하고, 국제사회는 그 점에 크게 우려하고 있다고 말했다. 또한 그는 미국이 제재를 추진하는 것은 잘못이며, 제재가 북한에 주는 타격은 그다지 크지 않을지라도 국제사회와 북한을 분열시키는 결과를 초래할 것이라는 자신의 견해를 밝혔다.

김 주석은 평소의 주장대로 북한은 핵무기를 제조할 능력도, 필요도 없다는 것을 되풀이하고, 만약에 미국이 신형 경수로를 획득할 수 있도록 도와주면 흑연감속로를 해체하고 NPT에 복귀할 것이며, 투명성의 문제(미신고 시설)도 해소될 것이라고 했다. 그리고 이러한 뜻은 평양을 방문했던 애커먼 의원과 빌리 그레이엄(Billy Graham) 목사, 국제평화재단의 해리슨(Selig Harrison)에게도 자세히 설명했지만 미국 정부로부터 별 반응이 없었다고 했다. 그러면서 그는 북한과 미국 사이에 신뢰의 구축이 중요하다고 했다.

카터는 다시 한 번 사찰단의 체류 문제를 거론해 김 주석의 확답을 받은 다음 경수로 공급과 미·북 회담을 미국 정부에 건의하겠다고 말했다.(조웰 위트·데니얼 폰먼·로버트 갈루치 공저, 같은 책, 273~275쪽)

그날 밤 카터는 백악관에 전화를 해서 갈루치와 통화를 시도했다. 워싱턴 시간으로 6월 16일 오전이었다. 백악관에서는 수장위원회가 열리고 있었고, 한반도와 그 주변지역에 대한 군사력증강 방안을 토의하는 중이었다.

카터는 갈루치에게 김 일성 주석과 합의한 내용을 전달하고, 미국이 북한과 대화를 재개하고 제재를 철회하는 방안을 대통령에게 건의해서 그 결과를 통보해달라고 했다. 그리고 잠시 후에 CNN과 인터뷰를 실시할 계획이라는 것을 알려주었다. 정부 공식대표가 아닌 개인 자격으로 방북한 카터로서는 북한에 머무는 동안 합의한 내용을 언론에 공개해서 공론화할 필요가 있었던 것이다.

수장회의를 중단하고 카터의 인터뷰를 시청하게 된 백악관은 잠시 혼란스러운 분위기에 빠졌지만 곧 냉정을 되찾고, 대통령이 직접 브리핑룸에 나가 다음과 같이 말했다. "북한이 카터 전 대통령과 회담에서 IAEA사찰단과 감시장비의 잔류를 허용할 것이며, 현 핵 프로그램을 확산의 위험이 적은 경수로 프로그램으로 교체하기를 원한다는 얘기를 들었습니다. 북한의 의도가 대화가 진행되는 동안 검증 가능한 방법으로 모든 핵 프로그램을 동결한다는 것을 의미한다면 미국은 고위급회담을 재개할 용의가 있으며, 반면 UN을 통한 제재에 관한 협의는 계속하면서 사태의 진전을 지켜볼 것입니다." 그것은 북한의 약속을 일단 기정사실화한다는 의미를 포함하고 있었다.(조웰 위트·데니얼 폰먼·로버트 갈루치 공저, 같은 책, 280쪽)

한편, 수장회의의 멤버들은 단순히 시찰단과 감시장비의 체류를 연장하는 것만으로는 미·북 대화의 전제조건이 충족될 수 없으므로 5MW 원자로의 연료봉 재장전과 사용 후 연료봉의 재처리를 금지하는 조항을 포함시키기로 합의하고 토니 레이크 안보보좌관이 카터에게 그 내용을 전화로 알렸다. 카터는 "NPT체제에서 재처리는 허용된다."는 점을 김 주석과 강 석주에게 이미 말했는데 어떻게 번복하느냐고 난감한 반응을 보였다.

그날 카터와 김 일성 두 부부는 요트를 타고 대동강을 유람하기로 되어 있었다. 평양에서 남포의 '서해갑문'까지 왕복 8시간 코스였다.

요트 위에서 카터는 한국전쟁 당시 전사한 미군의 유해를 공동으로 발굴하는 문제를 제기해서 김 주석의 동의를 받았다. 이어서 그는 김 영삼 대통령과의 남북정상회담을 조심스럽게 권유했다. 어제의 토의 과정에서 김 주석이 남한 정부를 비난하는 얘기를 자주 했기 때문이었다. 그러나 김 주석은 의외로 순순히 남북정상회담에 동의했다. 남북대화의 경색은 양쪽 모두 책임이 있다면서 조건 없이 수락하겠다는 뜻을 전해달라고 했다. 그뿐만 아니라 그는 남·북한이 상호 군대를 감축하고 휴전선에 배치된 군대를 후방으로 이동하는 문제도 토의해야 한다고 했다. 그리고 자신은 주한미군의 전면 철수를 주장하지도 않는다는 말을 덧붙여 카터를 놀라게 했다. 마지막으로 카터는 토니 레이크가 전달한 가장 껄끄러운 주제로 화제를 돌렸다. NPT 체제에서 재처리는 가능하지만 미국은 북한이 핵 프로그램을 동결하는 기간에 연료봉의 재장전과 재처리를 중단하기를 원한다는 뜻을 전해왔다고 밝혔다. 김 주석은 만일 북한이 재처리를 포기하고도 경수로를 받지 못한다면 아무것도 남는 게 없다고 말했지만 결국 추가적인 요구에 동의했다.

 북한 핵을 둘러싸고 한반도정세가 위기로 치닫던 긴박한 시기에 북한에 들어간 카터는 김 일성 주석을 상대로 이틀간의 짧은 회담에서 핵심 쟁점들에 대한 합의를 도출하고 무력충돌의 위험을 해소하는 큰 성과를 거두었다. 그러나 카터의 방북은 사람들의 입장에 따라 그 평가가 엇갈렸다. 한국 정부는 남북정상회담을 성사시켰다는 소식에 크게 고무되어 카터의 귀환을 열렬히 환영했다. 그러나 미국의 분위기는 달랐다. 정치권과 언론은 카터의 방북에 비판적이었고 그 화살은 클린턴 행정부에 쏟아졌다. 국무부는 레이니 대사에게 훈령을 보내 카터가 곧바로 워싱턴으로 오지 말고 일단 고향인 플레인스로 갔다가 1~2주 후에 오도록 해서 불편한 심기를 드러냈다. 물론 카터가 그 지시를 따를 리도 없었다. 6월 19일 백악관에 도착한 카터는 토니 레이크 안보좌관의 방에서 각 부서의 대표들을 상대로 방북 결과를 설명했다. 그는 다시 한 번 제재의 중단을 요구하고, 제재는 전쟁의 직접적 원인이 될 것이라고 주장했다.

 6월 20일 백악관에서는 북핵문제에 관한 '전문가 모임'이 열렸다.

전·현직 관료와 학계의 대표들이 모인 자리였다. 전 주한미국대사였던 도널드 그레그는 카터의 방북이 문제해결을 위한 절호의 기회를 제공했으며, 신형 경수로를 중심으로 한 거래를 반드시 성사시켜야 한다고 주장했다. 한편, 《뉴스위크》지가 실시한 여론조사에 의하면 미국민의 68%가 북한과의 대화를 재개하는 것에 찬성하는 것으로 나타났다.(조웰 위트·데니얼 폰먼·로버트 갈루치 공저, 같은 책, 289~291쪽)

같은 날 갈루치는 강 석주에게 편지를 보내 카터-김 일성회담에서 합의된 내용들이 북한의 공식적인 의사임을 확인한다면 대화를 재개할 용의가 있다는 것을 밝혔고, 강 석주는 이틀 후 북한의 입장을 공식적으로 확인하는 답신을 보내왔다. 동시에 북한의 강 성산 총리는 남북정상회담을 수락하는 메시지를 한국 정부에 보냈다. 그렇게 해서 7월 8일 제네바에서 3차 미·북 회담을 갖기로 합의가 이루어졌다. 지난해 7월 2차 회담이 끝난 지 만 1년 만이었다.

카터와 김 일성이 단 이틀 동안에 합의할 수 있는 문제를 놓고 왜 미국과 북한은 지난 1년 동안 그 많은 갈등과 대립을 반복하고 급기야 무력충돌 일보 직전까지 가게 되었던 것일까? 북한이 약속을 잘 지키지 않고, 또 북한이 비이성적으로 행동하는 집단이기 때문에 일어난 현상이라고 말한다면 그 원인은 간단히 해명이 될 수 있다. 그러나 그것이 진실의 전부를 가릴 수는 없다. "미국이 적대관계를 해소하고 신형 경수로의 도입을 지원해준다면 기존 핵 프로그램을 폐기하고 NPT에 복귀해서 IAEA의 안전협정과 사찰규정을 준수하겠다."는 북한의 요구는 1년 전이나 1년 후나 기본적으로 달라진 것이 없다. 그 달라질 수 없는 문제를 놓고 양측은 어지럽고 위험한 미로를 헤쳐온 것이었다. 그것이 협상 전략이나 방식상의 문제였는지, 상호불신과 적대감의 문제인지, 강대국과 약소국 간 힘의 불균형에서 오는 문제인지 적어도 나라의 안보를 책임진 사람의 입장이라면 깊이 통찰하고 음미해볼 필요가 있다.

(4) 불안한 합의

7월 8일 제네바의 북한대표부에서 열린 3차 미·북 회담에서 강 석주는 카터-김 일성 간에 합의된 내용들을 다시 한 번 공식적으로 확인하고, 경수로의 지원과 관련한 흑연감속로의 동결 및 해체를 위한 로드맵을 제시했다. 또한 경수로는 러시아형을 원하며 한국형 경수로는 정치적 이유로 받을 수 없다는 말도 덧붙였다. 갈루치 역시 북한이 약속을 지킬 경우 미국이 취할 정치, 경제, 안보 및 에너지와 관련한 로드맵을 설명했다. 이것은 수장위원회의 승인을 받은 것으로 미국이 구체적인 로드맵을 제시한 것은 처음이었다. 강 석주는 크게 반겼다. 양측 대표들 사이에는 이번에야말로 뭔가 실질적인 합의가 이루어질 수 있으리라는 낙관적인 분위기가 형성되고 있었다. 그러나 그것도 잠시였다. 그날 북한의 김 일성 주석이 사망한 것이었다. 참으로 헤아릴 수 없는 역사의 아이러니가 아닐 수 없었다.

김 주석의 돌연한 사망은 모든 것을 다시 미궁 속으로 되돌리고 말았다. 당장에 부딪힌 문제는 협상을 추진해온 상대역(Counterpart)의 입장에서 김 주석의 사망에 어떻게 대응할 것인가 하는 점이었다. 마침 G7 정상회담에 참석한 클린턴을 수행해 나폴리에 가 있던 토니 레이크는 국무성 상황실을 통해 제네바에 있는 갈루치, 워싱턴의 샌디 버거 부보좌관, 제임스 레이니 주한미국대사 등과 전화 협의를 통해 미국은 북한에 조의를 표명하고 미·북 회담은 계속한다는 데 의견을 모았다. 다음 날 클린턴 대통령은 "미국 국민을 대표해서 진정한 애도의 뜻을 표한다." "북한과 미국과의 대화 재개를 가능케 한 김 주석의 지도력에 감사를 표하며, 이러한 대화가 일정한 시간이 지난 뒤 계속되기를 희망한다."는 담화를 발표했다. 그리고 갈루치로 하여금 제네바의 북한대표부에 설치된 분향소를 방문해 조의를 표하도록 했다.(돈 오버도퍼, 같은 책, 314 쪽)

한국 정부의 대응은 딴판이었다. 7월 25일 평양에서 갖기로 한 정상회담 준비를 위해 대통령과 참모들이 총력을 기울이던 중에 김 일성 주석의 사망 소식이 전해졌다. 분단 후 처음으로 남북 정상이 얼굴을 마주하고 민족의 장래를 논의해보려던 역사적인 무대가 일순에 사라지고 말았다. 허망하고 실망스러운 일이었다. 김 대통령은 전군에 비상경계태세를 하달하고 국가안보회의와 이어서 국무회의를 소집했다. 이런 와중에 일각에서는 북한에 조의를 표시할 필요가 있다는 의견이 제기되기도 했고, 다른 한쪽에서는 김 일성의 죽음으로 "이제 북한은 끝났다."는 단정적인 관측을 내놓기도 했다. 특히 보수층에 뿌리를 둔 후자의 주장이 여론의 호응을 받으면서 급기야 '북한 붕괴론'으로까지 발전하고 있었다. 여론에 민감한 김 영삼 정부가 우경화로 선회하는 것은 자연스런 처사였다. 보안법을 내세워 일체의 조문 방북을 불허하고, 불법적인 분향소 설치나 애도행위를 단속했다. 그리고 러시아 정부가 제공한 구소련의 비밀문서를 공개해서 김 일성이 한국전쟁을 일으킨 전범이라는 사실을 부각시켰다. "김 일성이 한국 전쟁을 일으킨 장본인이므로 조문을 받을 자격이 없다."는 정부의 공식 입장을 밝히기도 했다.

'조국평화통일위원회'를 통해 조문단을 환영한다는 담화를 발표했던 북한은 "짐승과 같은 야만적 행위"라고 남측을 비난했다. 쌍방이 오랜 적대와 불신 속에 살아온 한반도의 특수성 때문에 빚어진 일이라고 넘어갈 수도 있다. 그러나 '92년 말 남북대화가 중단된 이후 줄곧 뒷전으로 밀려나 있던 한국 정부가 모처럼 전면에 나서 남·북한의 현안 문제들을 주도적으로 풀어나갈 수 있는 기회를 스스로 파괴하고 있다는 사실을 깨닫는 사람은 많지 않은 것 같았다. 물론 전혀 없었던 것은 아니었다. 김 일성 사망 후 합참의장실에서 가졌던 비공식 간담회에서 일부 간부들은 "감정에 치우쳐서 모처럼 형성된 북핵문제 해결의 기회를 깨버리는 것은 현명하지 못하다."는 의견을 제시하기도 했다. 문제는 그러한 소수 의견을 귀담아 들어줄 그릇이 없었던 것이다. 그 후로는 줄곧 내리막길이었다. 미국과의 공조에도 엇박자가 잦아졌다.

특히 안기부의 주도 하에 탈북자 강 명도가 "북한은 이미 다섯 개의 핵무기를 제조했다."는 기자회견을 하자 미국은 한국 정부의 의도가 무엇이냐고 항의하는 사태가 벌어지기도 했다.(돈 오버도퍼, 같은 책, 318쪽)

미·북 회담은 8월 5일 재개되었다. 북한 대표들은 미국의 조문에 대한 감사의 뜻을 표시했다. 강 석주는 사적인 자리에서 클린턴 대통령의 조의 표명이 평양의 입장을 크게 완화시켰다는 말을 했다. 갈루치는 미국이 경수로 지원을 문서로 보장하기 위하여 미합중국 대통령의 친서를 제공할 용의가 있다는 새로운 제안을 했는데, 이것은 북한 측이 보다 신뢰감을 갖고 합의를 서두르게 되는 촉매의 역할을 했다.

약 일주일간의 회의에서 양측은 7월 8일 제시했던 로드맵에 대한 원칙적인 합의를 보았다. 그러나 IAEA 특별사찰과 사용 후 핵연료의 제3국 이전에 관한 문제는 완전한 합의가 이루어지지 않았다. 특히 북한은 핵문제와 남북회담을 연계시키는 것을 완강히 반대하고 한국형 경수로에 대해서도 거부의 뜻을 분명히 했다. 결국 미합의사항은 다음 회담으로 미루기로 하고 그때까지 토의된 내용을 정리해서 공동 성명을 발표했다.

김 영삼 대통령은 공동성명이 발표된 후 클린턴 대통령과 가진 전화 통화에서 남북대화에 관한 언급이 없다는 사실에 의문을 표시하고, 북한에 대한 지원은 '핵문제의 투명성'과 '한국형 경수로'의 전제 조건 위에서 이루어져야 하며, 아직 김 정일의 후계 구도가 불명확한 상황에서 북한과 합의를 서두르는 것은 현명한 처사가 아니라고 불편한 심기를 나타냈다. 클린턴은 북한이 결국 한국형 경수로를 수용할 것이며 비핵화공동선언도 이행할 것 같다고 김 대통령을 달랬다.

클린턴 대통령의 말은 그냥 한 얘기만은 아니었다. 적어도 40억 달러 정도로 추산되는 경수로 건설비용의 대부분을 부담해야 할 나라는 한국밖에 없었다. 북한의 체면을 세워주기 위해 미국의 회사를 주 계약업체로 해서 사업단(Consortium)을 편성하기로 했지만, 70% 내외의 비용은 한국이 부담하고, 나머지는 일본과 그 밖의 국제협력을 통해 충당한다는 것이 미국 측 구상이었다. 그런 사정을 아는 북한이 끝까지 한국형 경수로를 반대할 수 없다는 것도 잘 알고 있었다. 비핵화

공동선언도 마찬가지였다. 미국이 북한에 우라늄농축과 재처리의 금지를 주장할 수 있는 근거는 NPT 규약이나 IAEA 안전협정이 아니라 남·북한 사이에 합의한 비핵화공동선언이었다. 미국이 미·북 회담과 남북회담을 연계시킬 수밖에 없었던 이유가 거기에 있었다.

다음 회담은 9월 23일에 속개되어 한 달 동안 계속되었다. 양측 대표들은 남은 쟁점사항들에 대한 합의점을 찾기 위해 인내심을 갖고 협상을 계속했다. 결국 IAEA의 특별사찰 문제는 첫 번째 경수로 부품의 75%가 선적을 마쳤을 때 이행하는 것으로 합의를 보았다. 시기적으로 약 5년 후가 될 것으로 판단했다. 그리고 사용 후 연료봉의 해외 이전 문제는 5MW 원자로의 해체 시 처리하기로 했다. 한국형 경수로의 수용 문제는 경수로 계약을 위한 별도의 회담에서 결정하기로 했다. 그렇게 해서 최종 협상을 마무리 짓고 총 13개 항목에 달하는 합의 문서를 완성했다. 그것이 이른바 'Agreed Framework(합의된 틀)'로 약칭되는 '제네바 합의'였다. 그 주요 내용은 다음과 같다.

■ 미국은 2003년도를 목표시한으로 1,000MW급 2기의 경수로를 북한에 제공하기 위해 국제 컨소시엄을 구성한다.

■ 미국은 북한의 흑연감속로 동결에 따른 에너지 상실을 보전하기 위해 첫 번째 경수로 완공 시까지 연간 50만 톤 규모의 중유를 제공한다.

■ 북한은 흑연감속로 및 관련 시설을 동결하고 IAEA의 감시를 받으며, 경수로 건설이 완료될 때까지 해당 시설의 해체를 완료한다.

■ 양측은 정치적 및 경제적 관계의 완전 정상화를 추진한다.

■ 미국은 북한에 대한 핵무기 불위협 및 불사용에 대한 공식 보장

을 제공한다.

■ 북한은 한반도비핵화공동선언을 이행하기 위한 조치를 일관성 있게 취하고 남북대화에 착수한다.

■ 북한은 NPT 당사국으로 잔류하며 안전조치협정을 준수한다.

■ 사용 후 연료봉은 경수로건설 기간 안전하게 보관하고, 북한 내에서 재처리하지 않고 안전하게 처리할 수 있는 방안에 관해 협조한다.

■ 첫 번째 경수로건설의 상당 부분이 완료될 때, 그러나 주요 핵심부품(주: 터빈발전기)의 인도 이전에 북한은 핵물질에 관한 최초 보고서의 정확성과 완전성을 검증하기 위한 IAEA의 사찰을 이행한다.(주: 2개의 미신고 시설 특별사찰)

합의문에 대한 조인식은 10월 2일 오후 북한대표부에서 이루어졌다. 조인식에 앞서 갈루치는 클린턴 대통령의 '보장 서한'을 비공개로 강 석주에게 전달했다. 그런 후에 두 사람은 많은 기자들이 보는 앞에서 합의문에 서명을 했다. 그렇게 해서 갈루치-강 석주의 미·북 고위급회담은 지난 17개월 동안 수많은 우여곡절을 겪은 끝에 마침내 대단원의 막을 내리게 된 것이다. 그러나 과연 그것으로 북한의 핵문제가 모두 해결되었다고 볼 수 있을 것인가?

나라와 나라 사이의 중요한 합의사항이 조약이나 협정 또는 외교 각서로 교환되는 일반적인 관례에 비추어본다면 제네바 합의는 생소하고 독특한 형태의 문서였다. 엄밀히 말해서 그것은 미국과 북한 사이의 국가 간 합의문서라고 보기는 어려웠다. 형식적으로는 UN안전보장이사회의 보증 하에 미국 정부와 북한이 맺은 국제적 약속이었다. 그 약속의 공신력을 높이기 위해 주어진 것이 이른바 대통령의 '보장

서한'이었다. 그래서 문서의 첫 항은 "미국 대통령의 '94년 10월 14일 자 보장 서한에 의거하여…"라는 구절로 시작되고 있다. 갈루치는 의 회의 비준을 받기 어려운 촉박한 상황에서 불가피한 선택이었다고 그 이유를 밝히고 있지만, 행정부의 주체가 바뀌면 해석이 달라질 수도 있는 취약점을 지니고 있었다.

제네바 합의에 대한 미국 내 여론의 평가도 찬반양론으로 갈리고 있었다. 《뉴욕타임스》지는 10월 19일자 사설을 통해 "북한 핵개발계 획의 동결 및 해체로 예측 불가능한 국가가 도발할지도 모를 핵 재앙 에 대한 공포를 해소시켰다."고 찬사를 보내는가 하면, 같은 날 《월스 트리트저널》은 "북한의 약속을 믿을 수 있을지, 또는 국제사찰단이 북 한의 모든 지역에서 비밀 핵 활동을 적발해낼 수 있을지 의문이 제기 되고 있다."고 지적하면서 "북한 경제가 파탄에 이르렀고 북한의 맹방 인 구소련마저 소멸한 상태에서 미국의 협상대표들이 너무 많은 것을 양보했다는 비판론이 제기되고 있다."고 주장했다.

그런 가운데 11월 4일 실시된 중간선거에서 승리해 의회를 장악 하게 된 공화당 의원들은 제네바 합의에 대한 강한 반대의사를 쏟 아냈다. 그들은 처벌대상인 북한과의 전쟁을 피하기 위해 클린턴 행 정부가 유화정책(Appeasement)를 택했다고 비판했다. 최우선 순위 가 되어야 할 특별사찰을 뒤로 미룬 것은 중대한 약속위반이므로 협 상을 다시 해야 한다는 주장도 있었다. 의회의 예산통제도 강화했다. KEDO(Korean peninsula Energy Development Organization : 한반 도에너지개발기구)의 운영비로 의회가 승인한 예산은 연간 3,000만 달 러 정도였다. 미국이 매년 북한에 제공하기로 약속한 중유 50만 톤에 소요되는 예산만도 약 5,000만 달러였다.

KEDO는 출발부터 적자 예산으로 시작해야 했다. 초대 KEDO 사무총장을 맡은 보스워스(Stephen Bosworth)도 후일 "제네바 합의는 당시의 상황에서 선택할 수 있는 최선의 거래였음에도 불구하고 서명 후 10일도 안 되어 정치적 고아(political orphan)가 되어버렸다."고 술회한 바 있다.(Interview: Stephen Bosworth, FRONTLINE, Feb 21, 2003)

제3장
위협 변화에 따른 전력구조 보강

1. 군사전략적 상황 평가

'93 팀스피리트훈련 재개에 반발해 북한이 NPT 탈퇴를 선언하면서 야기되었던 북한 핵 위기는 제네바 합의를 통해 일단 진정 국면으로 접어들고 있었다. 그동안 불안한 눈으로 지켜보던 국민들도 대체로 안도하는 분위기였고, 정부 또한 군사적 충돌이라는 파국적인 사태를 막고 위기를 넘길 수 있었다는 점에서 나름대로 큰일을 해냈다는 분위기였다. 그러나 오랫동안 전략정보와 군사전략을 다루어온 전문가들의 생각은 전혀 달랐다.

북한 핵문제는 군사적 관점에서 언젠가는 반드시 부딪쳐야 할 과제였다. 이미 '70년대 후반부터 북한 핵개발 가능성은 국제적으로 높은 관심사항이었고 그에 관련된 전략적 정보 수집과 평가가 지속적으로 이어지고 있었다. 다만 '80년대 냉전구도의 해체에 따른 구 공산권의 붕괴와 북한의 경제적 침체, 기술적 후진성으로 그 시기가 늦어지고 있었을 뿐이었다.

'89년 말 북한이 '조선반도비핵지대화'를 위한 미국, 한국, 북한의 3자회담을 처음 제안했을 때 과연 그들이 진심으로 핵무기에 대한 야심을 포기할 각오가 되어 있었는지는 확인할 길이 없다. 다만 분명한 것은 그 당시의 북한은 아직 단독으로 핵무기를 제조할 수 있는 수준에는 이르지 못했다는 사실이다.

'91년 2월 부시 대통령이 국가안보검토(NSR-28호)를 하달하기 전까지 북한 핵문제는 미국 정부의 당면한 관심사항도 아니었다. '92년 2월 게이츠 CIA 국장이 "북한이 플루토늄을 확보한다면 핵무기를 만드는 데는 불과 수개월밖에 걸리지 않을 것이다."라고 주장한 데 대해 국무부와 국방성 간부들이 "적어도 2년 이상이 소요될 것이다."라고 반박하기도 했고, '92년 5월 처음으로 북한을 다녀온 IAEA 사찰단도 "북한의 기술은 30년 이상 낡은 것으로 가까운 장래에 핵무기를 제작할 수 있을 것이라는 CIA의 주장에는 동의하기 어렵다."는 의견을 내놓기도 했다. 이러한 정황들을 종합해볼 때 북한의 핵능력은 아직 무기개발의 수준에는 이르지 못했다는 것이 당시의 일반적인 평가였다고 할 수 있다. 따라서 북한의 핵개발을 원천적으로 봉쇄하기 위해서는 남·북한이 한반도비핵화선언에 합의하고, 북한이 IAEA 사찰을 수용하던 그 시기가 바로 최적의 타이밍이었다고 할 수 있다. 그 타이밍을 미국과 한국 정부가 놓쳐버린 것이다.

'93년 JNCC(핵통제공동위원회)회담 결렬 → 팀스피리트훈련 재개 → 북한의 NPT 탈퇴 → '94년 제네바 합의에 이르는 약 2년의 기간은 북한으로 하여금 미국의 위협과 국제사회의 압력에 견딜 수 있는 내성(耐性)을 강화하는 한편, 핵무기야말로 북한의 생존에 절대적으로 필요하다는 사실을 뼈저리게 깨닫도록 하는 혹독한 체험기간이었다고 할 수 있었다. 또한 그 기간은 북한이 기술적으로 핵무기에 접근할 수 있는 귀중한 시간을 벌어주기도 했다. 더구나 절대적인 카리스마로 북한을 통치하던 김 일성 주석이 사망하고, 상대적으로 권력기반이 취약한 50대 초반의 김 정일이 국가의 운명을 떠맡고, 군부가 권력의 표면에 떠오른 상황에서 북한이 어렵게 획득한 핵 기술과 능력을 모조리 포기한다는 것은 군사 전문가들의 판단으로는 전혀 기대할 수 없는 일이었다.

그러므로 우리 군은 비록 시기는 점칠 수 없지만, 머지않은 장래에 핵으로 무장한 북한을 상대해야만 한다는 냉엄한 전제를 받아들이지 않을 수 없었다. 군사전략과 전력구조에 대한 발상의 대전환이 요구되는 시기였다. "북한은 3년 내로 붕괴할 것이다."라는 국가지도층의 점성가(占星家)적인 단정이나, 북한의 돌연한 붕괴는 우리에게 큰 재앙이 될 수도 있으므로 '북한의 연착륙(soft landing)'을 도와주어야 한다는 이름 있는 식자들의 한가한 말잔치들이 뜻있는 사람들을 참으로 답답하게 만들던 시절이기도 했다.

핵억제이론이란 본질적으로 핵무기에 의한 보복능력에 기초를 두고 있다. 핵무기로 핵무기를 억제하는 대칭적 이론이다. 그러나 한국의 핵무기 접근이 철저히 봉쇄되고, 미국의 전술핵무기마저 철수해버린 상황에서 장차 재래식 군사력을 바탕으로 북한의 핵위협에 어떻게 대응해나갈 것인가 하는 문제가 군사전략의 당면한 과제가 되어버렸다. 확증적인 대안이 나올 수 있는 것도 아니고, 단기적으로 해결할 수 있는 것도 아니었다.

합참에서는 이 양호 합참의장을 중심으로 제한된 인원들이 모여 전략상황 평가와 대응 방안에 관한 토의를 장기간 계속했다. 합참 내부적으로도 철저한 보안을 유지하는 가운데 공식 스케줄이 없는 오후면 의장실에 모여 북한 핵문제의 장기적인 전망을 평가하고, 북한의 핵 및 화생무기 위협에 대비한 군의 전력구조 보강 방안과, 전장감시/조기경보능력과 응징보복능력에 바탕을 둔 억제전력 발전 방안, ADD의 전략무기 개발능력 확대 방안 등에 관한 집중적인 토의를 계속했다. 그리고 이 과정에서 북한 종심표적 타격능력을 보강하기 위해 국산 지대지유도무기의 사거리를 500km 이상으로 연장할 수 있도록 한·미 미사일협정 개정을 추진해나간다는 내부 방침을 세웠다.

2. 군 전력구조 보강 방향

(1) 조기경보 및 전장감시 분야

핵시대의 가장 중요한 전력 분야의 하나가 조기경보 및 전장감시능력이다. 한반도 전역과 그 주변지역에 대한 24시간 전천후적인 감시와 실시간대의 경보체계가 구축되어야 하는 것이다. 이것은 한국군의 가장 취약한 전력 분야로서 지금까지 미국의 정찰자산과 장거리 통신정보에 의존해왔지만 정보의 실시간적 운용에 많은 제한을 받고 있었다. 한국군의 자체 능력은 아직 휴전선을 중심으로 한 단거리 전술적 감시 및 경보태세에 머물고 있었다. 독자적인 전력 개발이 시급한 분야였다. 그렇게 해서 제기된 소요가 장거리 무인정찰기, 한국형 정찰위성, 이지스함, 조기경보통제기, 장거리 통신정보체계 등이었다.

장거리 무인정찰기(Global Hawk)

장거리 무인정찰기 글로벌 호크(Global Hawk)는 미국이 노후한 장거리 정찰기 U-2기를 대체하기 위하여 '98년도를 목표로 개발하고 있던 무기체계로 6만 피트 이상의 고도에서 $10만km^2$ 이상의 지역을 30시간 이상 지속적으로 감시가 가능하며, SAR(합성개구레이더)와 전자광학장비(EO)를 이용하여 30cm급 정밀도의 영상을 지상기지에 전송해 줄 수 있는 장비다. 점표적과 지상이동표적에 대한 감시가 가능하기 때문에 북한의 주요 기지와 전력의 이동을 추적하는 데 필수적인 무기체계라고 할 수 있었다. 미국의 실전배치 시기를 고려해 2000년대 초에 확보할 수 있도록 소요를 결정했다.

아울러 국내 개발에 성공한 단거리 무인정찰기를 군단급에 배치하여 실전운용능력을 배양하는 한편, ADD를 중심으로 독자적인 장거리 무인정찰기 개발을 위한 기술적 기반을 발전시켜나가도록 했다.

한국형 정찰위성

정찰위성은 ADD의 장기 연구과제로 선정해서 그동안 백곰, 현무 등의 개발을 통해 축적된 운반체 제작능력과 위성체(衛星体) 개발 과제를 하나로 통합해서 추진하기로 결정하고 타당성 검토와 기초연구를 진행하고 있었다. 그러나 정부심의과정에서 이 사업이 '89년에 신설된 항공우주연구소로 이관되고 ADD는 위성체에 탑재할 감시장비와 통신장비 연구로 역할이 축소되고 말았다. 사업의 성격이 국가 정보능력의 발전과 연관된다는 이유에서 국가정보기관이 의사결정에 영향력을 행사한 것으로 알려졌다. 항공우주연구소에는 과거 ADD에서 미사일 개발에 종사하다가 '80년대 초 신군부에 의해 강제 해직된 홍 재학 박사가 소장으로 있었다. 그런 사정을 아는 때문인지 국방부 관계자들도 별 이의가 없었다.

한정된 국가 기술력을 통합해서 운용한다는 취지에는 공감한다고 해도 군사용 정찰위성 개발 사업을 2원화해서 민간 연구기관 주도로 시행한다는 것은 작전요구성능(ROC)과 전력화 시기에 차질이 불가피하다는 것은 불을 보듯 뻔한 일이었다. 안타까운 일이었지만, 그것이 당시 문민정부의 실정이었다.

조기경보통제기(AWACS)

조기경보통제기는 휴전선 후방 약 3만 피트의 상공에서 북한 전역으로부터 발진하는 항공기와 비행체를 탐지, 식별 및 추적하고 우군 항공기의 요격 및 대지공격작전을 통제할 수 있는 무기체계였다. 약 10시간 이상 공중 대기상태에서 임무를 수행할 수 있고, 공중급유에 의해서 체공시간을 연장할 수도 있었다.

미국은 '70년대 후반부터 조기경보통제기 E-3(Boeing E-3 Sentry)를 실전배치하여 미 공군과 NATO 일부 국가들에서 운용하고 있었다. 그러나 '90년대 초부터는 E-3기의 추가적인 생산을 중단하고 성능이 향상된 새로운 기종의 개발을 추진하고 있었다. 이에 따라 합참은 미국의 개발현황을 추적하면서 2000년대 초에 전력화를 목표로 3대를 신규 소요에 반영했다.

장거리 통신정보체계

장거리 통신정보체계는 서·남·동해를 중심으로 통신정보 수집능력을 전략적 요망수준까지 확장하는 사업으로 내륙의 주요 지역과 원거리 도서지역에 통신정보 기지를 발전시키는 계획이었다. '90년대 말을 목표로 소요를 제기했다.

그 밖에도 현재 추진 중에 있는 전선지역의 적 후방 종심지대에 대한 영상 및 통신정보 수집수단인 '금강', '백두' 사업을 조기에 완료하여 전술적 전장감시 및 경보체계를 완비하도록 했다.

(2) 요격 및 타격체계

북한의 미사일 발사기지와 발사대의 이동상황을 실시간으로 감시하고, 각 항공기지에 대한 감시체제를 완비한다면 유사시 도발징후를 사전에 포착하고 선제타격으로 이를 무력화시키거나, 발사된 미사일

또는 항공기를 목표에 도달하기 전에 요격하는 것이 결코 불가능한 것은 아니다. 비록 핵무기가 아니더라도 강화된 재래식 무기의 대량 공격이나 핵심 점표적에 대한 정밀공격을 통해 북한의 각종 군사시설과 지휘통제시설, 또는 핵심 산업시설에 치명적인 타격을 가할 수 있다. 그리고 이러한 능력과 의지를 상대방에게 실증적으로 인식시켰을 때 그들의 도발의지를 억제할 수 있는 것이다.

요격 및 타격체계로는 F-15 신예 전투기, 미사일 사거리 연장과 전술유도탄, 패트리어트 요격체계, 이지스함, 중거리 지대공유도무기, TMD(전구미사일방어체계), 순항미사일, 원자력잠수함, 제주 전략기지 등이 주요 프로젝트로 검토되었다.

F-15 신예 전투기

대량살상무기의 위협에 대응하기 위해서는 제공권의 확보가 필수적인 선결요건이다. 개전 초기에 적의 항공력과 방공능력을 제거하고 적의 타격수단을 무력화시키기 위해서는 완전한 공중우세가 절대적으로 필요하다. 특히 주요 군사목표나 규모가 큰 지역표적을 파괴하는 데는 공군력의 집중적인 운용이 필수적이다. 유도무기의 제한된 탄두능력으로는 그 효용성에 한계가 있는 것이다.

당시 공군은 주력 전투기를 F-16으로 전환하기 위해서 '94년부터 국내 조립생산을 추진하고 있었지만 단발 엔진을 장착한 F-16의 작전반경과 무장능력으로는 장차전의 상황에서 공군이 수행해야 할 작전 요구조건을 충족시키는 데는 제한이 있다고 판단했다. 그래서 후속 주력 전투기로 F-15 전투기 6개 대대(120대)를 F-16 국내 생산 프로젝트에 연결해서 추진할 수 있도록 소요를 제기했다. 그리고 개

전 시 전투기의 작전범위를 확장하고 체공시간을 연장하기 위한 대책으로 '공중급유기'를 신규로 도입해서 운용능력을 발전시켜나가도록 했다.

이지스(Aegis) 탄도탄방어체계(BMDS)

북한의 재래식 해군력을 상대하는 데 이지스 전투함이 반드시 필요한 것은 아니었다. 이지스함을 끌고 대해로 나가서 제3국의 해양세력과 힘을 겨룰 일도 없었다. 그래서 군내에서도 이지스함은 아직 시기상조라는 의견이 많았다. 실제로 '94년 당시 이지스함을 운용하고 있는 나라는 미국을 제외하고는 일본이 유일하게 4척(Congo급)을 운용하고 있을 뿐이었다.

한국이 필요로 하는 것은 이지스함의 장거리 감시능력과 대탄도탄 방어능력이었다. 당시 이지스 전투체계(Aegis Combat System)는 SPY-1D 레이더와 SM-2 요격미사일로 구성되어 있었다. SPY-1D 레이더는 탐지거리가 1,000km 이상으로 북한의 전 지역에서 발사되는 미사일을 실시간으로 탐지, 식별하고 추적할 수 있는 능력을 보유하고 있었다. SM-2(Block Ⅲ급) 미사일은 사거리 약 170km로 대기권 내의 저고도에서 적의 항공기와 순항미사일을 요격할 수 있는 능력을 갖고 있었다. 그러나 대(對)탄도탄 방어능력은 미흡했다. 그래서 미국은 신형 SM-3 미사일을 주축으로 하는 대(對)탄도탄방어체계(Ballistic Missile Defense System)를 개발 중에 있었다.

당시까지 확인된 첩보에 의하면 SM-3 미사일은 최대 사거리 700km 이상, 최대 상승고도 160km 이상으로 대기권 밖의 외기권(exo-atmosphere)에서 운용이 가능한 무기였다. 비행속도는 음속의 10배 이상이며, 이론상으로 북한지역에서 발사되는 탄도탄을 상승단계(Boost Phase)로부터 중간비행단계에서 요격이 가능하며 대기권 내의 종말단계에서도 운용이 가능한 것으로 알려져 있었다.

합참은 미국의 개발 전망을 고려하여 2000년대 초에 이지스함 (KDX-Ⅲ) 3척을 확보하는 것으로 소요를 설정하는 한편, 새로 건조할 계획인 한국형 구축함(KDX-Ⅱ)에도 SM-2 미사일을 탑재하여 장차 SM-3 미사일의 구매협상에 유리한 조건을 조성하고 무기체계의 상호 호환성을 보장할 수 있도록 계획을 발전시켰다.

미사일 사거리 연장과 전술유도탄(ATACMS)

'80년대 초에 정부가 합의한 한·미 미사일 지침에 의해서 미국은 한국의 유도무기 개발을 사거리 180km, 탄두 중량 1,000파운드(약 450kg)로 엄격히 제한하고 있었다. 그 정도의 능력으로는 장차 예상되는 작전 요구수준에 턱없이 미달되었다. 이미 ADD는 그동안 축적된 기술능력으로 300km 또는 그 이상으로 사거리를 연장하고, 탄두의 위력을 증강할 수 있는 능력을 확보하고 있었다.

그뿐만 아니라 '87년에 미국 주도로 서방 7개국이 합의한 MTCR (Missile Technology Control Regime : 미사일기술통제체제)도 사거리 300km, 탄두 중량 500kg을 초과하는 미사일 완제품이나 해당 기술에 대해서만 기술이전을 통제하고 있었다. 사거리 180km는 오로지 한·미 간에만 존재하는 제한사항이었다. '혈맹'이라는 구호에 자괴감을 느끼게 하는 부분이었다. 그것을 개선하지 않고는 국방의 미래를 논할 수 없었다. 합참에서는 미사일 지침의 개정을 위한 대미(對美)협상을 국방부에 건의하기로 했다. 그리고 그 협상을 지원하기 위한 방책의 일환으로 제기된 것이 미국의 전술유도탄 구매사업이었다.

전술유도탄(ATACMS)은 기존의 MLRS(다연장로켓)의 발사대를 이용하여 사격하는 미사일로 사거리가 300km에 이르며, 미국의 록히드 마틴(Lockheed Martin)사가 개발하여 '83년부터 실전배치하고 있었다. 주한미군에도 배치가 계획되어 있고, 제작회사는 한국군의 구매를 적극 희망하고 있었다. MTCR의 규제에도 저촉될 것이 없었다. 그러나 한국이 개발하는 미사일의 사거리를 180km로 제한하고 있는 상황에서 300km급 미사일을 판매하는 것은 민감한 문제였기 때문에 미 국방부는 공식적인 입장을 표명하지 않고 있었다. 이런 시기에 한국이 앞장서서 문제를 제기하는 것은 각각 입장이 다른 국무부와 국방부, 생산업체가 함께 해법을 찾아보라는 의미를 담고 있었다. 공을 미측에 넘겨주자는 뜻이었다. 그렇게 해서 MLRS 2개 대대와 ATACMS가 신규 소요로 반영되었다.

패트리어트(Patriot) 요격체계

이 무기체계는 '70년대 후반 기존 호크(Hawk)와 나이키 허큘리스(Nike Hercules) 방공미사일을 대체하기 위해 미 레이시언(Raytheon)사에서 개발하여 '80년대 초부터 실전배치를 시작했다. 대(對)항공기용으로 개발되었으나 대(對)탄도탄 요격용으로 성능이 보강되었다. 특히 '91년 '사막의 폭풍작전'에서 이라크군의 스커드 미사일 공격에 대응하여 그 성능과 효용성이 입증되면서 언론의 주목을 받기도 했다. 그러나 전문가들의 분석에 의하면 패트리어트는 유도탄 요격무기로서는 아직 기술적 미비점과 결함을 갖고 있었다. 그래서 미국은 '90년대 초부터 대(對)미사일 요격에 적합한 새로운 성능의 무기체계를 개발하고 있었다. 그것이 패트리어트 PAC-3였다. 따라서 합참은 시간이 걸리더라도 PAC-3를 확보한다는 목표로 일단 소요를 반영한 후 개발상황을 계속 추적해나가기로 했다.

중거리 지대공유도무기(MSAM) 개발

이 사업은 패트리어트 구매사업과 함께 검토된 사업이었다. 패트리어트 PAC-3가 대(對)탄도탄 방어에 중점을 두고 있었기 때문에 호크, 나이키 등 노후한 방공 유도무기의 도태에 따른 대체전력의 소요가 시급했다. 수적으로 제한된 패트리어트 전력만으로는 방공작전의 소요를 충족시킬 수가 없었다. 독자적인 방공 유도무기의 개발이 필요한 상황이었다.

이미 ADD는 단거리 대공 유도무기(천마)의 독자 개발에 성공하여 실전배치를 추진하고 있었다. 그에 후속하여 중거리 유도무기의 개발 가능성을 판단하여 개발계획을 발전시키도록 했다. 장기적으로는 한국의 독자적인 대(對)미사일 요격능력을 발전시키기 위해서도 MSAM의 개발은 시급한 연구 과제라고 할 수 있었다.

전구미사일방어체계(TMD: Theater Missile Defense)

이 사업은 미국이 태평양전구를 중심으로 지역적인 미사일방어체계를 구축하는 개념으로 아직 구상단계에 있었다. '93년 9월 미 국방부 도이치(John Deutch) 무기획득 및 기술담당 차관이 일본과 한국을 순방하는 과정에서 처음 제기되었지만 한국 측과 구체적인 논의사항은 없었다.

만약에 미국이 한반도에 미사일방어체계를 구축하고 그것을 한

미 연합전력의 일부로 운용할 수 있게 된다면, 북한의 미사일 도발에 대비한 감시 및 경보능력과 요격능력의 현저한 증강을 기대할 수 있었다. 그러나 합참은 아직 그 사업의 내용을 파악하지 못하고 있었다. 그래서 미 국방부와 협조해서 합참 무기체계조정관인 박 준호(대령 예편, 작고) 관리관(준장 대우)을 신설된 BMDO(Ballistic Missile Defense Organization : 미사일 방어기구)에 연수교육 명목으로 파견해서 세부적인 내용을 파악해오도록 했다.

무기체계조정관은 보직에 임기가 있는 현역 군인들과는 달리 장기 보직이 보장되고, 각종 무기체계의 ROC(작전요구성능)를 조정, 통제하는 한편, 합참과 ADD가 대외비(對外秘)로 추진하는 특수사업을 관장하는 고도의 전문 직위였다. 현역 복무기간 방공포병장교로 Nike와 Hawk 미사일 부대에서 근무한 경력이 있는 박 관리관은 6개월의 연수기간에 TMD뿐만 아니라 패트리어트 PAC-3의 개발현황, 이지스 탄도탄방어체계인 SM-3 미사일 개발현황, 그리고 록히드 마틴사의 MLRS와 전술유도탄(ATACMS) 생산 및 대외 판매동향 등 많은 자료들을 수집해서 귀국했다.

그가 보고한 내용에 따르면, TMD는 아직 개념형성단계에 있으며, 해외의 미국 영토를 제외한 지역에 TMD를 배치하는 문제는 아직 구체적으로 결정된 것이 없다고 했다. 종말단계 미사일 방어의 핵심 무기체계인 ERINT(Extended Range Interceptor)는 개발 중에 있으며, 빠르면 2000년경에 패트리어트 PAC-3에 적용해서 실전배치할 예정이라고 했다. 상층 방어체계인 SM-3 미사일은 2002년에서 10년 사이에 개발을 완료해서 이지스 대탄도탄방어체계에 통합할 것이며, 함정 배치가 완료되면 레이더와 미사일을 지상에 배치하는 '육상용 이지스체계(Aegis ashore)'로 발전시킬 것이라고 했다. 특기할 사항은 미국이 SM-3 개발을 일본과 기술제휴로 공동추진하고 있다는 사실이었다.

박 준호 관리관이 수집한 정보들은 합참의 미사일방어체계 발전에 귀중한 참고자료로 활용되었다.

원자력잠수함

원자력잠수함 건조계획도 그 시기에 제기되었다. 당시 해군은 '92년부터 독일제 209급(1,100톤급) 디젤잠수함을 도입해서 전력화를 추진하고 있었다. '90년대 말까지 총 9척을 실전배치할 계획이었다. 최초로 수중전력을 건설해서 작전운용능력을 발전시켜나간다는 점에서는 큰 의미가 있었지만 무장과 속도, 생존성 면에서 아직 초보적 수준이었다.

핵 상황 하에서 잠수함의 역할과 기능은 상대의 영해 깊숙이 침투해서 군사적 목표에 대한 지속적인 감시태세를 유지하고, 필요시 관련 해역을 통제하고, 내륙의 전략적 목표에 대한 치명적인 타격을 가하는 것이다. 이것을 수행할 수 있는 것은 고도의 은밀성과 강력한 타격수단으로 무장한 원자력잠수함밖에 없다. 원자력잠수함이 핵시대의 가장 신뢰할 수 있는 억제수단의 하나로 고려되는 것은 바로 이 때문이다.

수중전력 건설의 초기단계에 들어선 해군에 원자력잠수함은 아직 시기상조라는 내부 의견도 있었다. 그러나 군사력건설에는 타이밍이 중요하다. 능력 확보에 장기간이 소요되고 상황이 끊임없이 변화하기 때문이다. 합참은 무기체계조정관에게 임무를 주어 철저한 보안 속에 가능성 검토를 수행하도록 했다. 몇 달에 걸쳐 ADD, 원자력연구소, 한국전력, 그 밖에 조함 전문가들을 상대로 토의와 능력 평가를 실시했다. 최종적인 결론은 '가능하다'는 것이었다.

가장 관심을 끈 것은 잠수함에 탑재할 소형 원자로의 제작 문제였다. 당시 한국은 '84년부터 원전기술자립계획에 의해 미국 CE(Combustion Engineering)사의 협력을 받아 한국형 원자로인 울진 3, 4호기(1,000MW급)를 건설 중에 있었다. 한편, 구소련 해체 이후 러시아와도 원자력기술협력관계를 유지하고 있었다. 시간과 예산이 가용하다면 소형화는 가능하다는 것이 과학자들의 의견이었다. 그래서 선행연구(Pilot Project)에 착수하는 것으로 결론이 났다.

원자로에 사용하는 핵연료는 20% 농축우라늄을 사용하는 것으로 개념을 설정했다. 20% 미만의 산업용 농축은 국제적인 규제 대상이 아니었다. 물론 작전성능 면에서 다소 제한이 있었다. 90% 정도의 농축도를 지닌 미국이나 러시아의 잠수함에 비해 기동성이 떨어지고, 6~7년에 한 번씩 연료를 재장전해야 하는 불편도 있었다. 그러나 디젤잠수함과는 전혀 차원이 다른 무기체계였다. 그래서 프랑스도 저농축우라늄을 사용하고 있었다. 그래서 프랑스도 저농축우라늄을 사용하고 있었으며, '80년대 중반부터 실전배치한 '루비급' 원자력잠수함이 바로 그러한 사례다.

루비급 잠수함은 배수톤수 2,600톤의 소형 공격용 잠수함이다. 48MW급 가압경수로를 탑재하고 속도는 25노트(46km/h) 정도였다. 어뢰와 대함미사일(Exocet)을 장비하고 있으며 대지공격능력은 없었다. 합참이 구상하는 잠수함은 대함공격능력도 필요하지만 그보다는 대지공격능력에 더 큰 비중을 두고 있었다. 그래서 장차 개발할 공격용 무기체계에 따라 함체의 크기를 결정할 수 있도록 배수톤수를 3,000톤(+)으로 구상했다.

순항미사일(Cruise Missile)

순항미사일은 원자력잠수함과 연계해서 검토된 소요였다. 소형 원자력잠수함에 대지공격능력을 갖추기 위해서는 순항미사일의 개발이 필수적이었다. 순항미사일은 지대지 유도무기와는 달리 탄두의 중량을 감소하는 대신 사거리를 연장(trade-off)할 수 있는 융통성이 있었는데, 북한 내륙의 종심 목표를 타격하기 위해서는 1,000km 내외의 사거리가 요구되었다.

ADD는 '70년대 말부터 기만용 무인항공기 개발 사업을 추진했는데, 이 프로젝트를 중심으로 항공기와 유도조종 분야의 연구 인력을 꾸준히 양성해왔다. 그리고 그 기반 위에서 '90년대의 정찰용 무인항공기 개발과 이어서 순항미사일 개발에 도전하게 된 것이다.

개발 목표는 1단계로 500~700km급 지대지 공격용 순항미사일을 개발한 후 2단계로 1,300km 이상으로 사거리를 연장하고, 이어서 수상함 및 잠수함, 항공기 탑재용으로 개발을 확대해나가는 것으로 개념을 설정했다.

제주 전략기지

제주 전략기지는 해·공군 주요 전략자산의 생존성을 보강하고 최악의 상황에서 작전지속능력을 유지하는 한편, 잠재적 분쟁지역으로 예상되는 동남해역과 남지나해를 연한 해상병참선에 대한 군사력투사 범위를 확대하는 데 주안을 둔 장기적 판단에서 제기한 것이었다.

해상교통로를 통한 병참선 유지에 사활적 국가 이익이 달려 있는 한국의 입장에서는 장기적으로 관련 지역에 대한 군사력투사(Power Projection)능력을 발전시켜나가는 것이 긴요하다고 판단했다. 그래서 제주도를 기점으로 말라카 해협에 이르는 약 1,000km(600해리)의 관심지역을 설정하게 된 것이다.

제주 전략기지는 장거리 통신정보 수집시설과 해군 및 공군의 작전시설 건설을 1단계 사업으로 하여 정보시설은 '90년대 후반에, 해군 작전시설은 2,000년대 초에 확보하는 것을 목표로 하고, 공군 작전시설은 제주 공항의 이전계획과 협조하여 추진하는 것으로 계획을 발전시켰다.

대형 상륙함(LPX)

대형 상륙함 사업은 일종의 실험적 프로젝트라고 할 수 있다. 미래의 전장에서 해군이 1만 톤이 넘는 대형 상륙함에 해병대를 싣고 북한의 어느 해안에 대규모 상륙작전을 감행한다는 것은 전문가의 상식으로는 상상할 수 없는 일이었다. 그러므로 대형 상륙함은 위장 명칭이었고, 내용적으로는 경항공모함 전력의 기반을 구축하기 위한 사업이었다.

해상병참선방호 문제가 새로운 전략 과제로 제기되면서 필연적으로 대두되는 것이 항공작전범위의 확장 문제였다. 제주도나 부산을 기점으로 판단할 때 F-16이나 장차 보유할 F-15 전투기의 작전반경으로는 병참선방호 임무에 투입된 해군전력을 엄호하는 데는 한계가 있었다. 장기적으로 항모 전력의 필요성을 인정하지 않을 수 없었다. 긴 안목으로 발전시켜나가야 할 과제라고 할 수 있었다.

구소련의 붕괴 직후인 '90년대 초에 국가정보기관과 협조해서 러시아로부터 퇴역하는 소형 항공모함을 도입하는 방안을 검토했으나 여러 가지 조건이 맞지 않아 포기한 적이 있었다. 그 후에 구상한 것이 대형 상륙함, 즉 소형 항공모함이었다. 기본 개념은 수직이착륙기 8대를 탑재하고 부수적 기능으로 1개 대대 규모의 상륙기동 전력을 수송할 수 있도록 하는 것이었다.

수직이착륙기는 발전단계에 있는 무기체계로 아직은 속도와 무장 능력, 안전성 면에서 군의 작전 요구를 충족시키는 데는 제한이 있었다. 그러나 머지않은 장래에 수직이착륙 기술은 항공전력의 핵심 기술로 발전하게 되리라는 것이 합참의 판단이었다. 그때까지는 중무장 헬기를 과도기적으로 운용하면서 항모전력의 운용능력을 발전시켜 나가는 것도 한 방법으로 고려되었다.

(3) 지상전력 분야

지상군은 해병 2개 사단을 포함한 50개 사단의 기본구조를 변경시키지 않은 상태에서 전력의 질적 보강에 주안을 두었다. 특히 기갑 및 기계화전력의 확장은 중점적인 과제였다.

적의 화생방 공격을 받는 상황에서 최일선에 배비된 보병부대가 조기에 와해되거나 공황상태에 빠지는 위험에 대비해서 각 축선의 종심에 기갑 및 기계화 부대를 배비해서 전선의 붕괴를 방지하고, 필요시 상이한 2개 축선에서 공세적인 기동전을 수행할 수 있는 전력구조를 발전시키도록 했다. 이를 위해 전방 군단 종심(FEBA 'B')에 배치된 보병사단을 기계화사단으로 개편하고, 태백산맥 이동의 7번 도로 축선에 독립기갑여단을 새로 편성하도록 했다. 그리고 각 독립기갑여단은 전시에 기갑사단으로 증편할 수 있는 계획을 발전시키도록 했다. 이와 함께 새로 생산되는 모든 전차와 장갑차, 자주포와 지휘차량 등에는 화생방 방호기능을 완벽하게 갖추도록 요구 성능을 강화했다.

당시 육군은 국산 K1 전차로 구형 M계열 전차를 교체하면서 주포의 구경을 105mm 강선포에서 120mm 활강포로 주포의 구경을 확대한 K1A1 전차를 생산준비 중에 있었다. 단순히 전차의 성능 면에서만 본다면 K1이나 K1A1은 북한의 T-62나 T-72 전차에 비해 상대적으로 우세한 것으로 평가되고 있었다. 그러나 화생방 상황 하에서의 작전요구성능을 감안한다면 아직 보완해야 할 요소가 많았다. 그래서 진행 중인 사업과는 별도로 ADD에 임무를 주어 새로운 차세대 주력전차(MBT)의 개념설계에 착수하도록 했다. 그것이 곧 'K2 전차'였다.

그리고 K2 전차와 함께 개념설계에 착수한 것이 '한국형 보병전투차량(IFV)'인데, 이것은 단순한 장갑수송차의 개념을 벗어나 야지에서 전차와 협동작전이 가능한 수륙양용의 높은 기동성과 생존성을 갖추고 있을 뿐만 아니라 단독으로 적의 전차 및 저공 항공기와 교전이 가능한 강력한 무기체계로 개발해서 장차 전차의 양적 증강소요를 부분적으로 상쇄한다는 독창적인 개념을 내포하고 있었다.

화생방 상황에서 기계화 부대의 일부로 작전하는 포병 또한 높은 기동성과 생존성이 요구되고 있었다. 그뿐만 아니라 작전지역이 확장되고 부대의 소산범위가 확대되는 데 따라 포병의 사거리도 장사정화가 필요했다. 육군과 해병대가 주력 화포로 증강하고 있는 K55 자주포는 사거리와 기동성, 방호능력 면에서 장차전의 요구에 미흡한 부분이 많았다. ADD는 '90년대 초부터 신형 자주포에 대한 기초연구를 진행하고 있었는데 합참에서는 화생방전 상황 하의 새로운 ROC를 보완해서 '90년대 말까지 실전배치가 가능하도록 개발을 촉진시켰다. 그것이 세계적으로 성능이 입증된 'K9 자주포'다.

다목적 헬기

이것은 한국 고유 모델의 헬기를 개발하는 프로그램이었다. 당시 군은 약 600여 대의 헬기를 운용하고 있었는데 양적으로 따지면 미국, 러시아 다음이었다. 한국의 지형적 특성이 공중기동수단의 소요를 계속 증대시키고 있었다. 그러나 헬기 제작기술이 없는 나라에서 과도한 수량의 헬기전력을 운용하는 동안 많은 문제점이 누적되고 있었다. 기종도 다양하고 제작회사와 공급국가도 다양했다. 혹평을 한다면 각국 헬기의 전시장과도 같았다. 기체의 도입가격도 계속 상승하고 있었지만 수리부속의 안정적 공급과 운영유지에 더 많은 문제들이 야기되고 있었다. 기술종속 현상이 갈수록 심화되고 있었던 것이다. 헬기의 국산화를 통해 기종의 단순화와 안정적인 정비유지체제를 갖추어나가는 것이 시급한 과제였다.

국방부는 '70년대 중반 500MD 헬기의 국내 조립생산을 시작으로 당시에는 UH-60 중형헬기(Black Hawk)의 조립생산을 진행하고 있었다. 시기적으로 헬기의 국산화에 착수할 적기였다. 장기적으로 600여 대가 넘는 교체소요를 매개로 해서 외국의 대형 회사와 기술을 제휴하여 한국의 지형 특성에 적합한 고유 모델을 개발해 기종을 단순화하고, 그 기반 위에서 무장헬기와 특수 목적용 헬기의 개발을 추진해나가는 것으로 사업 방향을 설정했다. 이를 위해 국방부, 상공부, ADD, 항공우주연구소 등이 참여하는 범정부적인 사업단을 구성하기로 했다.

(4) 해군전력 분야

당시 해군은 미국의 군원장비인 구형 구축함(DD, 3,000톤급)의 도태에 대비하여 '86년부터 3,000톤급 소형 구축함(KDX)의 건조사업을 추진하고 있었다. 2척이 건조 중에 있고 1척은 계약단계에 있었다. 총 9척을 계획하고 있었다. 합참은 KDX사업에 대한 전반적인 중간평가를 실시했다. 그 결과 KDX는 구형 구축함의 임무를 대체하는 데는 문제가 없지만 2,000년대 이후 새로운 전략환경에서 작전요구를 충족시키는 데는 미비점이 많다는 결론에 도달했다. 그래서 진행 중인 3척으로 사업을 종결하도록 결정했다.

그 후 합참 무기체계 담당관과 해군 조함단 요원, ADD 진해연구소의 조함 전문가들로 팀을 편성해서 새로운 구축함의 건조를 위한 기초연구에 착수했다. 미국의 알레이 버크(Arleigh Burke)급 구축함을 비롯해서 일본의 아사기리(Asagiri), 무라사메(Murasame)급 구축함과 영국, 캐나다, 중국 등 관련국들의 구축함에 관한 자료들을 분석하고, 장차 신형 구축함이 수행해야 할 임무를 고려해서 개략적인 작전요구성능(ROC)을 설정했다. 그리고 그 결과를 해군에 보내 상세한 ROC와 개념설계를 완성해서 보고하도록 했다. 그렇게 해서 탄생한 것이 배수량 4,500톤급의 '한국형 구축함 KDX-Ⅱ'다. KDX-Ⅱ는 장차 해군의 주력 전투함으로 합동 감시 및 경보체제의 일부로 기능을 수행하고, 대공 및 대(對)유도탄 방어와 내륙 종심의 전략표적에 대한 장거리 타격임무를 수행할 수 있도록 능력을 발전시켰다.

KDX-Ⅱ의 건조계획과 때를 같이하여 합참은 신형 전투함에 적용할 몇 개의 중요한 개발과제를 ADD에 부여했다. VLS(Vertical Launching System : 수직발사체계), 장거리 함대함미사일(해성), ASROC(Anti-submarine Rocket : 대잠수함 로켓) 등이었다.

VLS는 대함, 대공미사일과 대잠로켓 등 함정에 탑재한 무기체계들을 하나의 발사대로 사격할 수 있는 시스템으로 미국의 최신 기술이었다. 장거리 함대함미사일은 ADD가 '80년대 추진했던 단거리 함대함미사일의 개발 경험을 토대로 기존 하푼(Harpoon) 미사일보다 성능이 향상된 한국형 미사일을 개발하는 사업이었다. ASROC은 자동유도장치를 장착한 어뢰를 VLS로 발사해서 10~20km의 원거리에서 적 잠수함을 추적, 파괴할 수 있는 무기체계로 미 해군이 '93년부터 실전배치를 개시한 최신 기술이었다. 장차 KDX-Ⅱ를 한국의 독자적인 구축함으로 발전시켜나가기 위해서는 늦어도 2,000년대 초까지 국산화가 요구되는 기술들이었다.

(5) 공군전력 분야

지금까지 공군 전략증강의 기본 방향은 개전 초기 공중우세 확보와 지상군 작전의 근접지원에 최우선을 두고 추진되어왔다. 그러나 새로운 전장환경에서 공군은 조기경보 및 전장감시, 적 종심표적의 대량 파괴, 대(對)미사일 방어 등으로 그 임무가 계속 확대될 수밖에 없었다. 그에 따라 F-15 신예 전투기, 조기경보통제기, 공중급유기 등의 항공기와 장거리 순항미사일(SLAM-ER), 대(對)레이더 공격무기(HARM), 적 지하 요새진지 파괴를 위한 지하침투탄 등의 신규 소요가 반영되었다.

당시 공군이 안고 있는 주요 당면과제의 하나는 그동안 주력 전투기로 운용해온 구형 F-5 전투기의 도태에 대비한 대체전력을 확보하는 문제였다. 국내에서 조립생산한 제공호를 포함하여 약 300대 수준을 유지하고 있는 F-5기의 초기 도입 기종은 이미 도태가 시작되고 있었다. 그 수량을 모두 F-16이나 F-15로 대체하기에는 자원소요가 과다할 뿐만 아니라 전력의 구성개념(High-Low Mix)에도 맞지 않았다. 이러한 상황에서 제기된 사업이 고등훈련기 개발 사업이었다.

KTX-II(고등훈련기) 개발 사업

이 사업은 F-16 전투기 도입계약 당시 록히드 마틴사와 체결한 약 10억 달러 상당의 절충교역(Offset) 조건으로 한국 고유 모델의 고등훈련기를 개발하는 프로그램이었다. 당시 ADD는 한국형 기본훈련기(KTX-I)를 개발하고 있었는데, 과학자들은 이 기회에 록히드 마틴사의 기술지원을 받아 고등훈련기 개발 사업을 병행함으로써 짧은 기간에 항공기의 설계, 제작기술을 습득하여 항공기 국내 개발의 기반을 구축하겠다는 취지에서 절충교역 대상으로 고등훈련기 개발 사업을 합참에 건의한 것이다.

'92년도에 ADD와 록히드사 간에 기술지원협정서가 체결되고 본격적인 탐색개발이 시작되었다. ADD와 공군, 주 계약업체인 삼성항공의 많은 기술진들이 록히드 마틴사에 장기 파견되어 기술연수를 했다. 그러나 시간이 지나면서 사업의 성격이 변질되고 있었다. 사업의 주관 부서가 ADD에서 생산업체로 바뀌면서 생산업체가 사업 내용에 지배적인 영향력을 행사했던 것이다. 생산업체는 사업의 질보다 속도에 주안을 두고 있었다.

'94년 초에 공군이 제출한 고등훈련기의 작전요구성능(ROC)은 합참의 요구수준에 크게 미달되었다. 그것은 단순히 조종사의 숙달훈련에 중점을 둔 마하 0.8 정도의 아음속 훈련기에 불과했다. 공군이 영국에서 도입해 운용 중인 T-59(Hawk) 고등훈련기 수준을 벗어나지 못했다.

합참은 내부 토의를 거쳐 ROC를 재설정해 보고하도록 지시하고 그때까지 더 이상의 사업진행을 중단시켰다. 합참의 기본 요구사항은 최소 마하 1.2 이상의 초음속기로 공대공 전투능력과 대지 공격능력을 갖춘 고등훈련기 겸 경전투기의 개발이었다. 한국형 LOW급 전투기의 개발을 촉진하고, 유사시 모든 항공기가 실전에 투입할 수 있어야 한다는 개념이었다. 국방부에 편성된 사업단과 공군의 일각에서 불만이 제기되기도 했지만 단순히 하나의 프로젝트를 추진하는 입장과 군의 전체적인 전력구조를 설계하는 합참의 입장이 항상 일치할수는 없었다. 결국 합참이 요구하는 ROC대로 사업이 추진되었고 그렇게 해서 탄생한 것이 초음속 다목적 훈련기인 T-50 고등훈련기다.

재래식 군사력에 바탕을 두고 장차 예상되는 핵 및 화생무기의 위협에 대응한 억제와 방위능력을 구축해나가는 작업이 단기간에 이루어질 수는 없다. 1년 이상 매달려도 그 성과는 미미했다. 그러나 군사력건설의 목표와 방향을 전반적으로 재검토하고 새로운 사고의 틀을 모색해보았다는 점에서는 작으나마 소득이 있었다고 생각한다. 앞으로 10년이나 20년 일관성을 갖고 지혜와 역량을 결집해나간다면 그 답을 찾을 수 있을 것이다.

성능이 우수한 최신 무기체계를 계속 사들이는 것만으로 모든 문제를 해결할 수는 없다. 전문적이고 창의성 있는 군사기획능력과 국방과학기술역량이 유기적으로 결합되어야 한다. 그리고 그것을 뒷받침할 국가지도력이 있어야 한다. 그 속에 진정한 답이 있다. '70년대 자주국방의 기적이 그렇게 이루어졌던 것이다. 어렵고 힘들어도 피할 수 있는 일이 아니다. 그것이 국가의 안보고 생존이다.

3. 한·미 미사일협정 개정

(1) 미사일협정의 발단

'70년대 중반 한국이 나이키 허큘리스 미사일에 대한 모방개발을 추진하자, 미국 정부는 스나이더 주한미국대사를 통해 "핵무기 확산 방지 차원에서 한국의 미사일 개발을 반대한다."는 뜻을 밝혔다.

한국 정부는 북한이 이미 프로그(Frog) 미사일을 전선에 배치하고 있는 상황에서 도발 억제를 위해 미사일 개발이 필요할 뿐만 아니라 미국이 생산을 중단한 나이키 허큘리스 미사일을 한국군이 계속 운용 하기 위해서는 정비유지와 성능개량 등을 위해서라도 개발이 필요하 다는 것을 역설했다. 양측의 의견차이로 상당 기간 논란이 있었지만 결국 미측은 현 나이키 허큘리스 미사일의 능력 범위(사거리 180km, 탄두 중량 500kg) 내에서 한국의 미사일 개발을 양해하는 것으로 잠정 적인 합의가 이루어졌다. 그렇게 해서 ADD와 미국의 맥도널 더글러 스(MD)사 간에 계약이 이루어지고, ADD의 과학자 10여 명이 MD사 에 파견되어 나이키 허큘리스 미사일 관련 기술연수를 받고 각종 기 술 자료를 획득해서 돌아왔다.

'78년 9월 ADD가 백곰(NHK-1) 미사일의 시범발사에 성공하자 미 국은 이듬해 9월 신임 연합사령관 위컴(John Wickham) 장군을 통해 한국의 탄도미사일 개발을 중단할 것을 요구했으며, 12·12군사정변 이후 국방부는 미사일 개발 범위를 미국이 용인하는 수준으로 제한하 겠다는 서한을 발송했다. 이때의 약속이 이른바 '한·미 미사일협정' 또는 '미사일 지침'으로 통용되게 된 것이다.

신군부 집권 후 중단되었던 한국의 미사일 개발 사업이 '아웅산 테러사건'을 계기로 다시 추진되고, '85년 9월에는 신형 현무 미사일의 시험발사에 성공했다. 현무는 백곰 미사일의 성능을 개량한 것이었지만 탄두와 유도방식, 추진기관, 발사시스템 등의 측면에서 보면 거의 한국의 독자적인 무기체계였다.

미 국무부는 한국이 미사일협정의 약속을 지키지 않을지도 모른다는 의구심에서 현무 미사일의 기술 자료를 요구하는 한편, 미사일 관련 부품 및 원자재의 수출을 금지하여 현무의 양산, 배치를 막았다.

ADD는 '90년 초에 현무 개발책임자인 구 상회 박사와 박 찬빈, 강 수석, 김 종률 박사 등을 미 국무부에 파견해서 각종 기술 자료를 통해 현무의 사거리가 180km를 초과하지 않는다는 것을 입증해야만 했다. 같은 시기에 외무부는 송 민순 북미과장 명의로 '79년도에 약속한 180km/500kg의 범위를 준수하겠다는 의향서 형식의 서한을 발송했다.

그렇게 해서 한·미 간의 불신이 해소되고 현무 미사일의 양산, 배치가 이루어졌지만, 이 과정에서 미국은 필요시 한국군의 미사일 포대에 대한 사찰과 생산시설에 대한 현장 방문을 요구할 수 있는 권한을 보유하게 되었다.(안동만·김병교·조태환 공저, 같은 책, 360~362쪽)

(2) 협정 개정의 과정

'위협변화에 따른 군 전력구조 전환'을 토의하는 과정에서 이 양호 합참의장과 관계관들은 한·미 미사일협정을 개정해야 할 필요성에 깊이 공감했다. 현행 180km/500kg의 제한 속에서 장차 예상되는 북한의 핵 및 화생무기의 위협에 대비한 억제와 응징보복능력을 발전시킨다는 것은 이론적으로 불가능했다. 그러나 당시에는 한·미 양국이 북한 핵문제를 해결하기 위해 제네바 회담에 집중하고 있었기 때문에 시기적으로 미사일 문제를 공론화하기 어려운 상황이었다. 그러다가 '94년 10월 '제네바 합의'가 타결되고, 얼마 후에 시행된 정부의 개각에서 이 양호 의장이 국방부장관으로 영전하게 되었다. 합참으로서는 다행한 일이었다. 신임 이 장관은 그 문제의 해결을 위해 최선을 다하겠다는 의미 있는 언질을 남기고 합참을 떠났다.

미사일협정 개정을 위한 한·미 회담은 '95년 준비과정을 거쳐 '96년 초부터 본격적으로 시작되었다. 외교부 북미국이 주관부서가 되어 국방부 정책실과 ADD 요원들로 협상팀을 편성하고, 과학기술부와 항공우주연구원이 우주개발계획의 일환인 중형 과학로켓(KSR) 개발과 관련한 미국의 협조를 구하기 위해 협상팀에 참여했다. 미국은 국무부 비확산군축담당 차관보인 아인혼(Robert Einhorn)을 수석대표로 하여 밴 디펜(Van Diepen) 등 비확산 전문가들로 편성되어 있었다.

한국 대표들은 북한이 '93년 이후 사거리 1,300km급 노동 미사일을 실전배치하고 있는 상황에서 한국의 미사일 능력을 180km로 제한하는 것은 부당하며, 적어도 500km 이상으로 능력 확대가 필요하다는 점을 역설했다. 그러나 미측은 한국의 미사일 사거리 확장은 동북아지역의 군비경쟁을 유발할 수 있으므로 세계적인 비확산체제 유지를 위한 미국의 노력에 한국이 협조해야 하며, 민간 우주개발 분야에서 미국의 지원을 받기 위해서라도 미측의 요구사항을 수용해야 한다고 판에 박힌 주장을 되풀이해서 좀처럼 해결의 실마리가 보이지 않았다. 그렇게 2년이 넘는 시간이 지나갔다.

'98년 2월에 김 대중 정부가 출범하고, 그해 8월에는 북한이 대포동 미사일을 발사하는 사건이 일어났다.

북한은 그것이 자체 개발한 인공위성을 발사한 것이라고 주장했지만, 사거리 1,800km 내지 2,500km로 추정되는 3단식 미사일의 발사는 한국은 물론 미국과 일본에도 큰 충격과 파문을 일으켰다.

새 정부 들어 처음으로 설치된 'NSC 상임위원회'에서 북한의 미사일 위협 문제가 심도 있게 논의되었으며, 이 과정에서 한·미 미사일 협정 개정의 조기 타결 필요성이 다시 제기되었다. 정치권과 언론, 학계에서도 여론이 비등하고 있었다.

'99년 7월 2일 워싱턴에서 열린 한·미 정상회담에서 김 대중 대통령은 북한의 미사일 위협에 대비하여 한국의 미사일 사거리를 500km까지 확대하겠다는 뜻을 밝히고 미국의 협조를 요청했다. 클린턴 대통령은 사거리 연장의 필요성은 이해하지만 상세한 문제는 실무위원회에서 토의하도록 하자고 유보적인 입장을 취했다.

다음 날 수행 기자들과 만난 자리에서 김 대통령은 한국은 사거리 300km의 미사일을 실전배치하고, 사거리 500km까지 연구개발과 실험발사를 실시하겠다는 뜻을 분명히 밝혔다. 그것을 계기로 그동안 교착상태에 있던 한·미 미사일회담이 급물살을 타게 되었다. 양국 대통령 간에는 이미 사거리 300km까지는 양해가 이루어진 것으로 알려지고 있었다.(매일경제, '99. 7. 5, 동아일보, 7. 7)

한편, 국방부는 미사일회담의 시작과 때를 맞추어 MLRS와 전술유도탄(ATACMS)의 도입계획을 추진했다. '98년을 목표로 발사대와 일부 탄약은 직접 도입하고, 추가적인 로켓탄의 소요는 국내에서 기술도입생산을 하는 장기적인 대규모 사업이었다. 생산업체인 록히드 마틴사는 사거리 300km의 전술유도탄을 최초로 해외에 판매하는 사업에 매우 적극적이었다. 미국 내의 회사 자체 업무 채널을 통해서 한국의 미사일회담 추진과 MTCR 가입에 호의적인 분위기를 조성하는 데도 일조를 한 것으로 알려졌다.

한·미 미사일회담은 정상회담 이후로도 1년이 넘는 논란과 조정의 과정을 거쳐 클린턴 행정부가 끝나가는 2001년 1월에 최종 타결되었다. '79년 미사일 지침에 합의한 후 20여 년 만이었다. 이 협상을 통해 한국은 일차적으로 미사일의 사거리를 300km로 연장하고, 장차 추가적인 사거리 연장을 협의할 수 있는 여지를 마련하게 되었다. 순항미사일의 경우는 탄두의 제한범위 내에서 사거리 제한을 철폐하기로 했으며, 우주개발 분야에서도 일정 수준의 고체로켓을 제한하는 조건으로 우주발사체의 개발 및 보유가 가능하게 되었다. 또한 MTCR 가입을 통해 제3국과의 미사일 기술협력이 가능하게 되었다.

마지막 단계의 회담은 청와대 외교비서관으로 NSC 업무에 참여했던 송 민순(후에 외교부장관) 외교부 북미국장을 대표로 국방부 군비통제관 김 국헌(예, 소장) 박사와 ADD 미사일 전문가인 안 동만(후에 ADD 소장) 박사 등이 오랜 기간 함께 수고를 해주었다.

제3부

불안한
역행군(逆行軍)

제1장
개혁의 어두운 그림자

1. 단임 정부의 조급증

5년 주기로 정부가 바뀌고, 새로 들어서는 정부마다 나라의 기틀을 한꺼번에 바꿔보겠다고 개혁의 기치를 휘두르는 달라진 풍토 속에서 군이 본래의 특성과 정책의 일관성을 유지하는 일이 갈수록 어려워지고 있었다. 국방의 기조와 방향이 흔들리고, 지휘체계와 전력구조의 안정성이 훼손되고, 결과적으로 전체적인 국방태세의 균형이 파괴되는 악순환이 드러나기 시작했다.

조직은 변화와 혁신을 통해 발전한다는 것이 일반적인 통설이기는 하다. 군 조직도 예외가 될 수는 없다. 그러나 개혁은 현상에 대한 통찰과 문제인식에 바탕을 두고 순리적으로 추진될 경우에만 그 성공을 기대할 수가 있는 것이다. 정부와 군이 문제의식을 공유하지 않은 상태에서 일방적으로 밀어붙이는 개혁은 오히려 재난이 될 수도 있다.

(1) 620사업과 군사지휘조직의 분할

'80년대 전반 전두환 정부가 계획했던 620사업은 철저한 보안 속에 일방적으로 추진되었다. 임시 행정수도를 건설하고 정부 기구를 이전하는 초대형 국가사업이 비록 계획단계에서는 보안유지가 필요했다고 하더라도 시행단계 이전에 국민에게 공개하고 국회의 동의와 입법과정을 거쳐야 한다는 것은 상식에 속하는 일이다. 스스로 단임 정부를 표방한 정권이 임기의 절반이 지나는 시점에서 잔여 임기 내에 사업을 마무리할 수 있으리라고 생각했을 리도 없다. 일단 일을 벌여놓으면 다음 정부가 알아서 따라올 것으로 판단했던 것인지, 아니면 정권에 필요한 사업만 선별해서 대형 공사를 벌이고, 역사에 흔적을 남기고 싶었던 것인지는 알 수가 없다.

수도권이 지닌 문제점과 군사적 취약점을 근원적으로 해소하기 위해 임시수도를 건설하고, 국가 전쟁지도본부를 포함한 행정·사법·입법부를 함께 이전해서 전·평시 안정된 국가 기능을 유지해나가려던 '70년대의 방대한 구상(백지계획)은 정권이 바뀌는 과정에서 내용이 변질되고, 집권자의 판단에 따라 선별적으로 추진되면서 단일 계획으로서의 체계적인 균형을 잃어버리게 되었다. 계룡대를 포함하여 대전 현충원, 청남대, 독립기념관, 청주 국제공항, 둔산 지구 정부 제3청사에 이르기까지 어떤 밑그림 위에서 추진되었으며, 어디가 시작이고 어디가 끝인지 알려진 것이 별로 없다. 결과적으로 국가안보의 핵심 기능인 국방지휘조직에만 심각한 결함과 문제를 남기게 된 것이다.

국방조직을 편성하고 배치하는 문제는 군사적인 관점에서 검토하고 토의해야 할 중요한 사안이다. 육·해·공군본부를 원거리에 이전해서 국방조직을 양분하는 문제가 군의 사전 검토 없이 정치적으로 결정되었다는 사실은 국가안보를 중시하는 정상 국가에서는 유례를 찾을 수 없는 일이다. 그것이 장기적으로 군의 발전과 군의 준비태세, 군의 위기대응태세에 어떤 취약점을 안고 있는 것인지 심각하게 고민하는 사람들도 별로 보이지 않았다.

(2) 용산 기지 이전사업

노태우 정부가 의욕적으로 추진했던 주한미군의 '용산 기지 이전사업'은 내부적으로 군의 완강한 저항에 부딪혔다. 일방적인 '북방정책 선언'과 '대북화해정책'에 불안을 느끼던 군 지휘부가 재검토와 사업의 재조정을 건의했다. 주한미군의 용산 부지를 서울 시민들에게 되돌려준다는 취지에는 공감하지만 그것이 한·미연합작전태세 유지에 어떤 영향을 주게 될 것인지 종합적인 검토가 필요하다는 의견이었다. 너무 갑작스럽게 전개되는 상황변화에 군의 입장은 신중했다. 당시 군 고위 간부들 사이에는 '착각과 환상'이라는 비판적인 표현이 공공연히 회자되었다. '89년 3월 대통령이 임석한 육사 졸업식장에서 민 병돈(중장 예편) 육사교장이 '환상과 착각'이라는 작심 발언으로 물의를 일으켰던 사건은 당시 군 상층부의 정서를 대변하고 있었다.

결국 용산 미군기지 이전사업은 기지 내 골프장 부지의 반환으로 사업 내용이 축소되어 일단 마무리되었지만, 그 당시 한·미 간에 체결한 양해각서를 근거로 해서 전선지역에 배치된 모든 미군전력을 수도권 이남으로 집결, 재배치하는 계획(LPP: Land Partnership Plan)이 발전되었다. 그것이 장기적으로 주한미군의 전쟁억제기능과 연합작전태세에 어떤 영향을 주게 될 것인지에 관해서는 분석된 자료가 없다.

(3) 남북 상호 군비통제 구상

남북고위급회담을 준비하는 과정에서 노태우 정부는 남·북한 상호 군비통제에 관한 사전 연구와 준비가 필요하다고 판단하여 청와대에 '군비통제기획단'을 편성하고 임 동원 외교안보연구원장을 책임자로 위촉했다. 임 원장은 남·북한 간에 정치적 신뢰구축과 군사적 신뢰구축단계를 거쳐서 실질적인 군비축소단계에 이르는 '3단계 군비통제방안'을 골자로 하는 군비통제정책을 완성해서 국가안보회의(NSC)의 승인을 받았다. 그 후 '90년 7월에 군비통제기획단은 외무·국방·통일·안기부가 참여하는 정부의 공식 협의기구로 확대되었고, 임 동원 원장은 남북고위급회담 대표로 중요한 역할을 맡게 되었다.

국방부는 '89년 정부 방침에 따라 합참 전략기획국(후에 전략기획본부)에 군비통제관실을 편성했다. 청와대 군비통제기획단의 지침에 따라 군사적 신뢰구축과 상호 군비축소를 위한 시행계획을 발전시키는 것이 주된 임무였다. 군으로서는 전혀 새로운 업무 분야였다. 지금까지 군사력건설과 전투준비태세 완비에 심혈을 기울이던 군에 감군과 군비축소를 주 업무로 하는 조직이 생겨난 것이다. 더구나 군사력건설의 중심 조직인 합참 전략기획국에 그 기능을 설치한 것은 신중하지 못한 처사였다. 한쪽 방에서는 새로운 군사력을 건설하기 위해 밤을 새우고, 그 옆방에서는 만들어진 군사력을 축소하고 해체하는 작업에 열을 올리는 혼란스러운 상황이 일어났다. 건물을 세우는 건축 전문가와 그 건물을 해체하는 폭파 전문가들이 한 공간에 배치된 모양새였다. 양측 실무자들 간에 보이지 않는 갈등과 반목이 야기되기도 했다. 그러다가 '91년 초에 국방부에 정책기획실이 신설되면서 군비통제관실은 정책기획실로 소속을 옮기고 군비통제관은 남북회담의 군사 분야 회담대표로도 활약하게 되었다.

군비통제를 담당한 인원들은 대부분 군사력건설과는 다른 업무 분야에서 경력을 쌓아온 사람들이었다. 그들은 군의 전력구조 설계와 군사력건설의 세부적인 프로세스(절차)를 이해하지 못했고, 깊이 이해할 필요도 없었다. 정부 군비통제기획단의 남·북한 상호 군비축소 정책에 따라 현존하는 군사력을 요망수준으로 감축하기 위한 부대 해체계획을 발전시키고 거기에 상응한 논리를 개발하는 것이 주된 업무였다.

'91년 9월 국방부는 **'95년 이후 남·북한의 합의에 의한 평화공존과 군비통제가 이루어질 수 있다는 가정** 하에 국방부차관을 위원장으로 하는 '국방정책 및 전략발전위원회'를 편성해서 '신(新)국방전략'을 연구하고, 그 결과를 청와대에 보고했다. 새로운 국방정책과 군사전략, 작전준비태세에 이르는 광범위한 내용이었다. 그 속에는 현존 군사력을 50만, 30만, 20만 명 수준으로 단계적으로 축소하는 구상과 절차가 포함되어 있었다. 국방부 정책기획실이 주무부서가 되고 국방부, 합참의 관련부서들이 참여했다.

'92년 말에 남북회담이 전면 중단되면서 '신국방전략'은 한때의 허망한 꿈으로 무용지물이 되고 말았다. 그러나 그 조직이 존속하고, 당시에 연구되었던 상호 군비통제의 이론들이 그 후 '일방적 감군'을 주장하는 일단의 국방개혁론자들에게 이용되면서 군 내부에 끝없는 갈등과 혼란을 야기하는 발단이 되었던 것이다.

2. 문민정부 시절

(1) 사조직 척결

김 영삼 정부가 출범 초에 단행했던 군내 '사조직 척결'은 현대사에 중요한 사건으로 기록되고 있다. 상명하복을 생명처럼 여기는 군 조직 내에 비밀결사나 다름없는 사조직이 존재한다는 것은 그 사실만으로도 군의 단결과 지휘체계에 심각한 위협이 되고 있었다. '73년 '윤필용 사건'을 계기로 그 실체가 드러났지만 박 정희 정권의 비호 속에 세력을 유지하다가 마침내 그것이 12·12와 5·17 군사정변의 주동세력으로 자라나게 되었던 것이다.

문민정부를 표방하는 김 영삼 정권이 단죄의 칼을 뽑아든 것은 정해진 수순이라고 할 수 있었다. 용기와 결단이 없이는 실행할 수 없는 일이기도 했다. 김 영삼의 쾌도난마식 사조직 척결은 군내·외적으로 전폭적인 지지와 찬사를 받았다. 김 대통령 자신도 그것을 재임 중에 이룬 가장 중요한 업적의 하나로 내세우기도 했다. 그러나 그것만으로 모든 문제가 해결된 것은 아니었다.

옥석을 가리지 않고 수많은 군의 고급 인력을 한꺼번에 도려내는 과정에서 군의 상부구조에 대규모 인력 공백현상이 발생했고, 그 공백을 메우는 과정에서 또 다른 문제들이 나타났다. 사조직의 독점과 견제 속에서 군의 주요 보직을 경험하지 못하고 주변지대에 머물던 인원들이 갑자기 군 운영을 책임지게 되면서 직업적 전문성의 부족현상이 드러나기 시작했다. 주요 정책이나 전략·전술상의 문제만이 아니었다. 과도기의 군을 바르게 끌고 나갈 명확한 비전과 주체의식이 부족했다. 고도의 전문성과 책임성이 요구되는 중요한 의사결정사항이 세심한 검토나 치열한 논쟁도 없이 상식선에서 마무리되는 우려스러운 현상이 나타나고 있었다. 어찌 보면 경영주가 없는 기업체와도 같았다.

더욱 놀라운 일은 그해를 '신(新)한국군 원년'으로 선포하고 군 개혁의 과업을 맡겼던 국방책임자를 1년이 안 되어 경질하고 그 자리에 바로 사조직 출신 인사를 앉힌 사실이다. 군 통수권자의 진의가 어디에 있는지 가늠할 수가 없었다. 거기에 일부 정치권력의 음성적인 인사개입이 이루어지고 약삭빠른 기회주의자들의 줄서기가 시작되면서 군의 오랜 가치관과 규범도 함께 무너지기 시작했다.

시도가 훌륭하다고 그 결과도 반드시 훌륭한 것은 아니다. 시작도 어렵지만 그 마무리는 더욱 어렵다는 평범한 진리를 다시 생각나게 하는 사례였다.

(2) 율곡비리 척결

문민정부의 '율곡비리 척결'도 문제가 많았다. 전 정부의 국방장관과 육·해·공군참모총장들이 줄줄이 구속되고 그 밖에도 많은 인원들이 처벌을 받았는데 그 죄명이 모두 '율곡비리'였다. 그 바람에 율곡이 곧 비리와 동의어로 세상에 알려지게 되었고, 급기야 율곡 선생의 후손들이 율곡이라는 용어의 사용을 중지해줄 것을 호소하는 사태가 벌어지기도 했다. 오해에서 빚어진 촌극이었다.

율곡이란 합참을 중심으로 각 군의 기획부서가 참여해서 국방의 위협을 분석하고, 군의 전력구조를 설계하고, 필요한 군사력 소요를 결정하고, 예산 가용성에 맞추어 연차별 시행계획을 발전시키는 군사 기획업무에 붙여진 위장명칭이었다. '70년대 초부터 자주국방을 이끌어온 핵심 기능이었다. 예산집행이나 구매사업과는 거리가 멀었고, 비리에 연루된 사람도 없었다.

통상적인 조달과정에서 발생하는 예산집행 부서의 비리와 일부 군 고위층의 개인적인 비리를 싸잡아 율곡비리로 매도하는 것은 기획업무에 종사하는 수많은 군인들에게 수치심을 안겨주고, 자주국방에 대한 국민적 공감대를 파괴하는 행위라는 것을 깨닫지 못하고 있었다.

해군의 중장급 이상 전체 상급 직위를 한꺼번에 해임한 것도 지나친 처사였다. 해군본부가 자주국방 초기부터 조함사업의 계획과 집행을 직접 관장하면서 크고 작은 잡음이 일었던 것은 사실이다. 그렇다고 모든 인원이 그 일에 관련된 것은 아니었다. 중장급 이상 전원에게 공동의 책임을 물어 일시에 예편 조치한 것은, 비록 그것이 개혁의 의지를 강조하는 측면이 있다고 하더라도, 법과 규정의 형평을 벗어난 과격한 처사라고 아니할 수 없다.

율곡비리를 근절하겠다고 칼을 빼든 정부가 율곡의 전담 감시기구인 특명검열단을 해체해버린 것도 보는 사람을 어리둥절하게 만들었다. 군 특명검열단은 율곡업무의 검열과 감사를 전담하는 기관이었다. 대외 보안이 요구되는 사업의 특성 때문에 국회의 사전 양해를 받아 국회와 정부 감사기능을 대행하는 유일한 감시기구였다. 장기 보직된 전문 인력과 민간 회계 전문가로 구성되어 있었고 오랜 기간의 경험과 정보가 축적되어 있었다. 그 조직에 어떤 문제와 귀책 사유가 있었는지는 알 수 없다. 5년 단임 정부의 바쁜 개혁 드라이브(몰아가기) 속에서 군 특명검열단은 그렇게 이유도 모르게 사라지고 말았다.

3. 국민의 정부 시절

(1) 군 구조 개혁안

국민의 정부 출범 첫해인 '98년 7월 초 국방부는 '국방개혁 5개년 계획'을 대통령에게 보고했다. 지난 4월에 활동을 개시한 '국방개혁추진위원회'가 연구한 결과를 보고하는 것으로 군 구조 개편과 방위력 개선, 인사관리 및 국방관리 개선 등 4개 분야 58개 과제 160여 항목에 달하는 방대한 내용이었다.

국방의 골격을 바꾸고 태(胎)를 갈아 끼우겠다는 거대한 구상이 불과 3개월 만에 마련되었다는 사실도 놀라운 일이었지만, 더욱 충격적인 것은 군 내부의 공론화 과정을 거치지 않은 '일방적 군비축소계획'이 개혁이라는 이름으로 공식문서화되었다는 사실이었다.

그 주요 내용을 살펴보면, 전선방어를 책임지고 있는 2개 야전군사령부를 해체해서 1개 작전사령부로 통합하고, 적의 예상 공격축선에 배치된 군단과 사단 수를 대폭 감축하겠다는 것이었다. 또한 충청도 이남의 후방지역방어를 책임지고 있는 2개 군단사령부를 해체하고, 2군사령부가 모든 사단과 여단을 직접 지휘하라고 했다. 그것을 위해 2군사령부를 2작전사령부로 바꾼다고 했다. 지상군의 공식 편제에도 없는 '작전사령부'가 왜 필요한지, 이름을 바꾸면 무엇이 어떻게 달라지는지 납득할 만한 설명도 없었다. 그들이 내세우는 유일한 논리는 군사력의 양을 줄이고 질을 강화해서 '작지만 강한 군대'를 만들겠다는 것이었다. 그렇다고 군사력의 질을 강화할 수 있는 특별한 대안을 제시하고 있는 것도 아니었다. 참으로 위험하고 무책임한 발상이 아닐 수 없었다.

군이 겪어온 지난 일들을 기억하는 사람들의 눈에는 남북 상호 군비통제로 들떠 있던 시절에 설왕설래하던 다듬어지지 않은 군비감축 이론들이 유령처럼 되살아난 것처럼 보였다. 만약에 김 대중 정부의 남은 4년 동안에 그들의 주장대로 개혁이 강행된다면 군의 전투준비 태세는 걷잡을 수 없는 혼란과 복구불능의 마비상태에 빠질 수밖에 없다는 것이 전문가들의 생각이었다.

군이 자주국방(율곡)에 착수한 '70년대부터 합참은 해병 2개 사단을 포함한 23개 상비사단과 13개 향토사단, 14개 동원사단 등 지상군 50개 사단을 목표로 전력구조를 발전시켜왔다. 그것은 한국군 최초의 전쟁수행계획인 '태극 72계획'과 '무궁화회의'를 통한 전술토의, 최초의 한·미연합방어계획인 '작계5027-74'의 발전과 연계해서 구상한 군사력건설의 목표였다. 합참과 육군의 각종 연구위원회, 한·미 합동 위게임 등을 통해서 장기간에 걸친 분석과 검증을 거쳐 '80년도에 최종적으로 확정되고 2차 율곡계획으로 문서화되었다.

북한의 120만 상비전력과 200여 만 명의 예비전력에 대비한 최소한의 대응소요였다. 그 구조를 갖추는 데 30년 가까운 시간이 걸렸고, '96년 말에야 그 기본 골격이 만들어진 것이다. 그것이 실제 전투력으로서 제 능력을 완비하려면 앞으로도 추가적인 시간과 자원이 필요했다. 바로 그런 시점에 사단과 군단 수를 대폭 감소하고 야전군을 해체하자는 감군이론이 일방적으로 제기되고, 또 그것이 5개년계획으로 확정된 것이다. 그동안 군사력건설에 심혈을 기울여온 군사기획 전문가들은 분노와 허탈감을 억제할 수 없었다.

상비사단 하나가 해체되면 수천억 원에 해당하는 전투장비와 물자가 유휴전력이 되고, 기계화사단 하나가 해체되면 1조 원 내외의 유형전력이 사라진다. 그것을 다시 복원하는 데는 더 많은 시간과 자원과 노력이 필요하게 될 것이다. 안보상의 위협이 감소된 것도 아니고, 북한이 상응한 감군조치를 취할 리도 없는 상황에서 군이 스스로 일방적 감군을 서둘러야 하는 이유를 알 수가 없었다. 그것이 순수한 군사이론상의 문제인지, 이념적 편향에서 야기된 문제인지, 아니면 군내 기회주의자들의 한탕주의가 빚어낸 혼란상인지는 명확히 구분하기 어려웠지만, 단순히 '작지만 강한 군대'를 만든다는 선동적인 구호로 덮고 넘어갈 수 있는 문제는 결코 아니었다.

야전군 지휘관들을 중심으로 국방개혁에 대한 비판적인 여론이 커지고 있었다. 전선방어를 직접 책임지고 있는 그들의 입장에서는 별다른 대안도 없이 전투부대가 줄어들고 지휘체계가 뒤바뀌는 급격한 변화를 받아들이기가 어려웠던 것이다. 일부 군사령관들이 합참의장과 국방부장관을 직접 찾아가 개혁의 속도를 늦추고 그 내용을 정밀하게 재검토할 것을 건의하기도 했다.

군 내외의 전반적인 분위기도 호의적인 것은 아니었다. IMF 외환위기 사태로 전 국민이 고통을 받고 있는 가운데 8월 말에는 북한이 대포동 미사일을 발사하여 세계를 놀라게 했고, 11월에는 강화도에 무장간첩이 침투하다 초병에 발각된 후 도주한 사건으로 관련 지휘관들이 모두 문책을 당했고, 국방부장관 불신임안이 국회에 상정되기도 했다. 다시 12월에는 여수 만에 침투한 북한 반잠수정이 해군 함정에 의해 격침된 사건이 발생했다. 일방적으로 개혁을 밀어붙일 수 있는 분위기가 아니었다. 국방부는 야전군사령관들의 건의를 수용해서 각 군별로 개혁추진위원회를 구성하고 개혁안의 내용을 세부적으로 검토한 후에 시행계획을 발전시키는 것으로 시간계획을 조정했다.

'99년 5월 말 신임 조 성태 국방부장관이 부임했다. 다음 달인 6월 15일에는 연평도 서쪽의 NLL 남방 해역에서 남·북한 경비정 간에 포격전이 발생해서 상황을 긴장시켰다. '제1차 서해교전'이었다. 그리고 얼마 지나지 않아 군 수뇌부의 인사가 이루어졌다. 조 성태 국방부장관을 비롯하여 새로 임명된 합참의장(조 영길), 육군참모총장(길 형보) 등이 모두 군사력건설 분야에서 오랫동안 함께 일해온 사이였다. 해군참모총장(이 수용)과 몇 달 뒤에 임명된 공군참모총장(이 억수) 역시 합참 무기체계 분야와 전략기획 분야에서 근무한 전문가들이었다. 그들은 모두 성급한 군비축소이론이 군 전투준비태세에 미칠 심각한 영향에 대해 우려하는 입장이었다. 국방개혁안에 포함된 발전적인 제안들은 최대한 수용해서 가시적인 개혁의 성과를 촉진하는 한편, 군구조 개혁안은 합참이 중심이 되어서 면밀한 분석과 검증과정을 거친 다음에 추진 여부를 재결정하기로 했다.

2000년 3월 국방부와 합참은 군 구조 개혁안은 '남북기본합의서'의 합의 정신에 따라 남북 상호 군비통제 논의가 재개될 때까지 그 시행을 전면 유보하는 것으로 결론을 내렸다. 그리고 그 결과를 청와대에 보고했다. 보고를 경청한 대통령의 지시는 "군에서 그렇게 판단했으면 그대로 하라."는 한 마디가 전부였다. 군에 대한 신뢰의 표시라고 할 수도 있었다. 일방적 군비축소계획을 둘러싸고 1년 가까이 군 내부에 혼란과 갈등을 야기했던 문제가 그렇게 해서 일단 정리가 된 셈이었다.

그해 6월 13일 김 대중 대통령의 역사적인 평양 방문이 이루어지고 남북정상회담을 통한 '6·15 남북공동선언'이 발표되었다. 서울에 도착한 김 대통령은 "한반도에서 전쟁의 위험은 사라졌다."고 선언하기도 했다.

같은 해 9월에는 제주도에서 조 성태 국방부장관과 김 일철 인민무력부장 간에 남북 국방부장관 회담이 이루어졌다. 양측은 군사적 적대관계 해소와 상호 군비감축의 필요성에는 공감했지만, 그것이 실질적인 상호 군비통제 회담으로 연결되지는 못했다. 정치적 상징성을 띤 1회성 이벤트로 끝나고 말았다. 한반도의 상호 군비통제는 아직 갈 길이 요원하다는 현실을 깨닫게 하는 사건이었다.

(2) 국방부 획득실 편성

국방부가 구성했던 '국방개혁추진위원회'에는 '방위력개선위원회'라는 소위원회가 있었다. 국방부 군수차관보실의 집행부서 요원들을 중심으로 구성이 되었는데, 주 과제는 율곡 업무체계, 즉 국방기획관리체계를 개선하는 일이었다.

그들의 주장에 따르면, 현행 율곡 업무체계는 권한과 기능이 과도하게 분산되어 있어서 의사결정이 번거롭고, 사업추진에도 많은 시간이 낭비되는 문제점이 있다는 것이었다. 따라서 군수차관보실을 '획득실'로 개편하고 각종 주요 기능과 권한을 통합해서 업무의 신속성과 효율성을 강화해야 한다는 것이 그들의 주장이었다. 듣기에는 그

럴듯하지만 매우 위험한 발상이었다.

율곡사업은 국방부, 합참과 각 군에 권한과 기능을 적절히 배분해서 상호 견제와 균형을 유지하는 가운데 모든 관련부서가 참여해서 밑에서부터 위로 상향식 의사결정을 이루어나가는 개방형 의사결정 시스템이었다. 그것이 국방기획관리제도의 기본 정신이었다. '10 · 26 사건' 이후 급격하게 달라지는 율곡 환경의 변화 속에서 상급 기관의 독단을 방지하고, 정치권력이나 관련 업체 등 외부 영향력의 개입을 차단하기 위한 제도적 장치였다.

또한, 율곡사업은 해외구매사업이 주종을 이루고 그 규모가 방대하기 때문에 예산집행년도를 기준해서 3년 전에 소요를 확정하고, 2년 전에 계획을 확정하는 것을 원칙으로 하고 있었다. 일단 소요가 제기되면 그 소요에 맞는 복수의 대상 장비를 선정해서 정밀한 평가분석 과정을 통해 최선의 무기체계를 선택하고, 그 무기체계를 운용할 부대편성 및 배치계획, 군수지원체계(ILS) 등을 종합적으로 준비한 후에 구매계약을 체결해서 사업추진 과정에서 발생할 수 있는 시행착오를 최소화하는 데 그 목적이 있었다. 행정적 편의를 위해서 생략하거나 단축할 수 있는 절차나 과정이 아니었다. 시류에 영합해서 개혁을 외치는 소수의 기회주의자들이 국방기획관리제도의 본래의 뜻을 이해할 리도 없고, 이해하려고 노력할 리도 없었다.

'98년 당시 합참과 군은 시급한 현안 문제인 군 구조 개편안, 즉 일방적 군비감축 문제를 바로잡는 데 관심을 집중하고 있었기 때문에 방위력개선소위원회에서 은밀히 추진하는 개혁 내용에는 주의를 기울일 겨를이 없었다. 그러는 사이에 군수차관보실은 율곡사업의 주요 핵심 기능과 권한을 대부분 흡수하여 '국방부 획득실'로 재편성이 되었다. 합참이 수행하던 무기체계 선정 및 시험평가 기능과, 기획관리실이 수행하던 국방5개년계획과 사후 평가 기능을 군수차관보실의 기존 기능과 통합해서 율곡과 방위산업, 연구개발에 대한 계획과 예산배정, 집행통제와 구매업무(조달업무), 사후평가에 이르는 전 과정을 장악하고, 무기체계의 선정 → 시험평가 → 채택의 권한까지 확보하게 되었다.

이것은 기존 국방기획관리체계를 전면적으로 무력화하는 것이었다. 자주국방과 군사력건설의 위기였다. 과도한 권한과 기능의 집중은 필연적으로 독선과 비리로 연결될 수밖에 없다는 것이 전문가들의 우려였다. 그리고 그 우려는 몇 년이 지나지 않아 추악한 현실로 드러나기 시작했다.

4. 참여정부의 국방개혁

(1) 국방정책 연구위원회

의정부에서 훈련 중이던 미군 장갑차에 희생된 두 여중생을 추모하는 촛불집회가 급기야 대규모 반미시위로 확산되고, 북한의 고농축우라늄(HEU) 프로그램을 둘러싸고 미국의 부시 행정부와 북한 정권이 다시 극한대결로 치닫고 있던 2002년 12월 19일 민주당의 노 무현 후보가 제16대 대통령으로 당선되었다. 대다수 보수계층의 예상을 뒤엎고 급진적 진보성향의 노 무현 정부가 출범하는 모습을 걱정스럽게 바라보는 사람도 많았지만, 다른 한편으로는 그것을 신선한 충격으로 받아들이는 사람도 적지 않았다.

군의 입장에서 보면 그것은 또 하나의 새로운 도전이었다. 정치적 성향과 사회적 규범이 바뀌는 과도기적 상황에서 군이 그 정체성을 유지하면서 새 정권의 주도세력과 안보관을 공유하고 신뢰를 쌓아가는 과정이 그렇게 평탄해 보이지만은 않았다. 국민의 정부 초기에 국방개혁안을 둘러싸고 군 내부에 일었던 혼란과 갈등이 다시 떠오르기도 했다. 더구나 우려스러운 일은 벌써 상당수의 예비역 고급 장교들과 일부 현역 간부들이 대통령직 인수위원회와 권력의 중심부에 접근해서 한·미동맹과 연합사의 문제, 남·북한 군사력 평가, 기무사와 정보사의 존폐 문제, 전력증강사업과 군 개혁 등에 관해 무분별한 의견들을 제공하고 있다는 정보가 계속 들어오고 있었다. 대부분 개인적 이해관계에 기인한 기회주의적 행태였지만, 문민정부 이후 정권이 바뀔 때마다 나타나는 새로운 풍속도라고 할 수도 있었다. 군대가 달라지고 있었던 것이다.

참여정부 출범 초기에 국방부는 매 정권 때마다 대규모로 운영해오던 준상설기구 성격의 국방개혁위원회를 해체해버렸다. 그 대신 군내에 명망이 있고 전문성을 갖춘 소수의 예비역 장교들을 선발해서 '국방정책 연구위원회'를 편성했다. 전문성이 부족한 인원들의 정제되지 않은 개혁 아이디어로 야기되는 혼란을 방지하면서 안정적이고 지속적인 군의 혁신을 추구해나가야 한다는 뜻에서 취한 조치였다.

위원장은 합참 전략기획본부장과 병무청장을 역임한 강 신육 예비역 중장이 맡고 이 영환(소장 예편, 전력기획 분야), 유 선준(소장 예편, 군 구조 분야), 임 광택(소장 예편, 군수 분야), 김 승렬(소장 예편, 인사 분야), 김 현규(준장 예편, 해군), 강 희간(준장 예편, 공군), 박 인관(준장 예편, 육군), 성 영민 준장(육군) 등 각 분야의 전문가들이 참여했다.

위원회가 중점적으로 검토해야 할 과제는 장교 진급제도 개선 및 계급정년의 재조정을 통한 초과인력의 해소, 병 복무연한 조정 및 처우 개선, 장병 근무환경의 개선, 국방기획관리제도의 개선, 국방부 조직의 문민화 비율 확대, 예비역 군 간부들에 대한 지원 대책 강화 등이었다.

현역 시절 각 분야에서 최고의 전문성과 능력을 인정받았던 연구위원들은 각급 대상 부대와 관련 시설을 순회하면서 세심한 관찰과 분석을 통해 많은 문제들을 발굴해냈다. 군이 미처 착안하지 못했던 문제들이거나 알고도 방치해온 문제들이었다. 사안에 따라서는 막대한 예산과 시간이 소요되는 과제들이 많았다. 따라서 일단 연구위원회에서 구상된 개선안은 국방부와 각 군 관련부서의 참여 하에 광범위한 검토와 토의를 거쳐서 순차적으로 시행계획을 확정해나가도록 했다.

그 과정에서 관련부서와의 의견차이로 유보된 과제도 있었고, 연구기간의 장기 소요로 의사결정이 순연된 과제도 있었다.

(가) 병 복무기간 단축과 부사관 증원

육군의 병 복무기간은 26개월로 운용되고 있었다. 모병제도(자원입대)를 시행하고 있는 해·공군은 사정이 조금 달랐다. 육군의 경우 매년 약 21만 명 정도의 교체소요가 발생하고 있었는데, 그중 약 절반이 대학 재학 중에 입대하는 인원들이었다. 문제는 그 인원들이 군복무를 마치고 전역할 때 대학의 학사주기와 맞지 않아 적기에 복학을 하지 못하고 한 학기를 대기하는 경우가 많다는 점이었다. 국가적인 인력자원의 낭비였다.

복무기간을 24개월로 단축하고, 재학생들의 입영 시기를 적절하게 조정해준다면 간단히 해소할 수 있는 문제였다. 징집자원이 부족한 것도 아닌데 이런저런 병역특례제도를 운용해가면서 26개월 복무기간을 고집하는 것은 사리에 맞지 않았다.

병 복무기간을 2개월 단축할 때 추가로 소요되는 병력자원은 연간 약 4만 명이지만, 만약에 장기 복무 부사관 정원을 2만 명 정도 증원한다면 문제를 근원적으로 해소할 수 있을 뿐만 아니라 상대적으로 전력의 질을 강화하는 효과를 기대할 수도 있었다.

현대의 무기체계가 빠른 속도로 과학화되고 정밀화되면서 각종 전투장비의 운용에는 고도의 전문성과 숙련도를 필요로 한다. 컴퓨터화한 첨단장비와 운용자의 숙련된 기량이 결합하여 상승효과를 극대화할 때 그 무기체계는 최고의 효율성을 발휘할 수 있는 것이다. 교체주기가 짧은 일반 징집병사들의 능력으로는 한계가 있었다.

당시 육군의 부사관 정원은 4만 9,000명 선으로 전체 정원의 약 8.8% 수준이었다. 선진국 군대와 비교해보더라도 지나치게 낮은 수준이었다. 군의 하부구조를 강화하면서 군의 현대화를 촉진하기 위해서는 장기적으로 부사관 정원을 15% 수준 이상으로 증원해야 할 필요가 있었다.

국방부는 병 복무기간을 24개월로 단축하고, 부사관 2만 명을 증원하는 1단계 개선안을 병무청, 기획예산처 등 관련부서와 협의를 통해 중기계획으로 확정했다.

(나) 병 급여수준의 현실화

세계 12위권의 경제규모를 자랑하는 나라의 군대에서 부끄럽고 민망한 일 중의 하나가 바로 사병들의 급여수준이었다. 계급에 따라 1만 6,000원에서 2만 3,000원까지 지급하는 금액이 어디에 기준을 두고 책정된 것인지 아는 사람도 없었다.

병영생활을 위한 최소한의 요구수준에도 턱없이 부족한 액수는 병사들이 부모들의 송금에 의존할 수밖에 없는 상황을 만들고, 결과적으로 입대 전의 빈부격차를 고스란히 병영 안으로 옮겨놓는 우를 범하고 있는 것이다. 이것이 병사들 상호 간에 반목과 갈등의 요인이 되고 있다는 사실을 외면하고 있었다.

병사들의 급여를 적정수준으로 인상해야 한다는 요구는 일부 지각 있는 군 간부들에 의해 꾸준히 거론되어왔다. 그러나 자주국방을 위한 투자비를 증가하고 군을 경제적으로 운용해야 한다는 명분론에 가려서 그동안 방치되어왔던 것이다.

연구위원들이 전·후방 부대들을 대상으로 표본조사를 통해 설정한 적정 최소 급여수준은 2003년을 기준해서 약 6만 원 선이었다. 병 급여를 1만 원 인상하는 데 소요되는 예산은 연간 약 700억 원 정도였다. 감당하기 어려운 액수도 아니었다. 국방부는 2006년도까지 병사들의 평균 급여를 상등병 기준 8만 원으로 인상하는 것을 목표로 연차별 계획을 확정했다.

(다) 병영시설과 간부숙소 개선

'53년 7월에 휴전협정이 발효되면서 군이 당면했던 가장 시급한 과제의 하나는 각 전선의 진지 후방에 새로운 주둔지를 조성해서 대부분 토굴이나 움막 속에 기거하고 있던 전투부대를 정상적인 수용시설로 재배치하는 문제였다. 막대한 공사소요가 제기되고 시간적으로도 급했다. 공사를 책임진 공병 부서에서는 해방 전 일본군의 병영시설 등을 참고해서 표준 설계도를 만들어 각 부대에 배포했다.

중앙 통로를 중심으로 좌우에 나무 침상을 설치하고, 침상 중간에 난방용 페치카(Pechka)를 설치하는 단순한 구조였다. 1개 소대를 기준으로 해서 40명 정도를 수용할 수 있도록 하고 그것을 1개 내무반이라고 불렀다. 그리고 그 내무반을 횡으로 연결해서 1개 중대를 동시에 수용할 수 있는 단일 건축물을 만들었다. 그것이 군대 막사의 기본 단위였다. 크기에 따라 A-type(소총중대), B-type(중화기중대), C-type(대대본부중대)으로 구분했다. 후방지역에 배치된 해·공군도 편성이나 기능은 달랐지만 사병들의 내무반은 같은 기준을 적용했다.

'70년대 이후 율곡사업을 통해 수많은 부대가 새로 창설되었고, 경제여건의 변화에 따라 석탄 페치카가 기름난로로, 다시 보일러시스템으로 바뀌기는 했지만, 내무반 구조는 여전히 그대로였다. 그렇게 반세기를 보내고 다시 21세기를 맞이하게 된 것이다.

침상형 내무반은 일정 공간에 가장 많은 인원을 수용할 수 있는 형태로 공간활용과 조직통제 면에서는 유리한 장점이 있지만, 개인의 사생활(Privacy)이 배제된 상태에서 주변 인물들과의 끊임없는 접촉에서 오는 긴장감으로 심리적 피로와 불안감을 유발하기 쉬운 환경이었다. 사회가 다양화되고 자유분방한 여건에서 자라온 젊은이들이 감당하기 어려운 환경인 것이다. 내무반에 고질적인 폭력행위가 빈발하고 각종 비인간적인 부조리가 자행되는 요인들이 바로 그러한 환경 속에 잠복하고 있는 것이었다.

전군이 보유한 침상형 내무반을 철거하고 현대화된 침대형 주거시설로 교체하는 데 소요되는 비용은 약 8조 원 정도로 추산되었다. 당해 연도 총국방비의 50% 육박하는 천문학적인 액수였다. 그동안 손을 대지 못했던 이유를 이해할 수도 있었다. 그러나 더 이상 지체할 수 있는 문제가 아니었다. 일단 목표를 세워놓고 지속적으로 노력한다면 시간이 걸리더라도 언젠가는 해결이 가능한 일이었다. 결국 정책과 의사결정상의 문제인 것이다.

국방부는 관계부처와 협의를 거쳐 2012년을 목표연도로 병영시설 개선계획을 수립하여 대통령의 재가를 거쳐 국회의 동의를 받았다. 그리고 2003회계연도에 특별 추경예산을 승인받아서 GOP(전초선) 지역 병영시설부터 서둘러 공사에 착공했다. 일단 시작이 되면 함부로 중단하기 어렵다는 사업의 특성을 감안한 안전장치였다.

병영시설 개선에서 빼놓을 수 없는 것이 '독신간부숙소(BOQ)'였다.

아직 미혼이거나 개인 사정으로 가족을 동반하지 않은 간부들은 영내의 일정한 지역에 독신간부숙소를 마련해서 공동으로 기거하고 있었는데, 이것 또한 군대의 부끄러운 사각지대였다. 6~8평의 온돌방에 2, 3명의 간부가 함께 생활하는 모습은 병사들의 내무반을 축소해놓은 것과 다름이 없었다. 사생활을 영유할 수가 없었다. 그래서 초급 간부들은 밤이면 술집이나 오락시설을 전전하다 취해서 돌아오기 일쑤였다. 그런 환경 속에서 직업적 자긍심이나 전문성이 배양될 수도 없었다. 초급 간부들을 그런 상태로 방치해놓고 군대의 하부구조가 강해지기를 바란다면 그것은 참으로 파렴치한 독선이 아닐 수 없다. 일부 간부들 중에는 "외국인이 한국군의 BOQ를 본다면 모두 동성애자(Gay)로 오해할지도 모른다."는 자조 섞인 농담을 하는 사람도 있었다.

국방부는 독신간부숙소를 화장실과 세면장을 구비한 1인 1실로 규정하고, 책상과 침대, 인터넷을 포함한 각종 비품을 표준화하여 초급 간부들의 삶의 질을 향상시킬 수 있도록 기본계획을 확정했다.

독신간부숙소 개선과 병행하여, 주둔지 외부에 아파트 형태로 조성된 기혼간부숙소도 시설기준을 전반적으로 재조정해서 낙후된 생활여건을 개선하고 주변의 민간 주거시설과 외관상 조화를 이룰 수 있도록 했다. '70년대에 건축한 12~18평 규모의 연탄난방형 아파트를 전량 철거하고, 국민주택 규모로부터 50평까지 크기를 다양화해서 가족 수에 따라 융통성을 갖고 운용할 수 있도록 했으며, 계단식 5층 건물로 일원화된 고도제한을 폐지하고 엘리베이터형 고층 아파트를 건축해서 대지의 활용도를 높이도록 했다.

(라) 예비역 간부 지원대책 보강

예비역 군인의 현재는 곧 현역 군인의 미래라는 관점에서 국방부는 예비역 군인의 지원 및 관리에 관한 무한책임을 지고 있다고 할 수 있다. 제대군인 지원업무를 주관하는 국가보훈처가 별도로 있다고 해서 국방부의 책임이 모두 면제되는 것은 아니다. 국가 예비전력의 관리라는 측면에서도 그렇고, 군대가족(Military Family)과 국가안보집단이라는 공동체의식을 관리하는 측면에서도 그렇다.

'94년도에 국방부는 예비역 군인들에 대한 지원업무를 담당할 조직으로 '군사문제연구원'이라는 법인체를 설립하여 제대군인 직업 알선과 직업교육 지원, 재형저축 성격의 자문활동비 조성, 연구 용역과제 획득 및 배분, 여가선용을 위한 교양강좌 개설 등의 업무를 수행해왔지만, 그동안 관계 부서와 각 군 본부의 무관심 속에 그 활동이 점차 위축되고 있었다. 새로운 계기를 조성하여 예비역 지원업무를 좀 더 활성화해나갈 필요가 있었다.

국방부에 보건복지국을 증편하고, 각 군 본부에 제대군인 지원 부서를 신설해서 예비역 관련 업무를 전담하도록 했다. 아울러 군사문제연구원에 '취업지원단'을 편성하여 민간 기업체와 인력수급에 관한 네트워크(정보망)를 구성하는 한편, 취업을 위한 직능교육을 필요로 하는 인원들에게는 노동부의 협조를 받아 민간 직업학원에 위탁교육을 실시했다. 수강생들에게는 일정액의 교통비를 지급하고, 지망인원의 증가에 따라 지정 학원의 수를 3개소로 증가시켰다. 당시에는 중국에 진출하는 기업이 많았기 때문에 교육 이수자들의 취업 성공률도 계속 증가하고 있었다.

이와 병행하여 국방부는 군 전투 병력의 낭비를 막고, 제대군인의 재활용 기회를 높이기 위해 민통선(민간인 통제구역) 전방을 제외한 전·후방지역의 모든 군 복지시설, PX, 군인회관, 휴양시설, 체력단련장 등에 배치된 현역 군인들을 전원 원대복귀시키고 그 자리에 제대군인을 활용하도록 방침을 정했다.

또한 사관학교를 비롯한 각급 군 교육기관에 예비역 군 교수(교관) 직위를 신설하여 우수한 전문 인력을 일정 기간 활용할 수 있는 제도를 발전시켰다. 아울러 ROTC제도를 운용하고 있는 각 대학도 교내에서 실시하는 학생 군사교육의 질적 향상을 위해 예비역 전담교수제도를 활용하도록 촉구하고, 방위산업진흥회를 통해서 방위산업체에 대한 예비역 군인들의 취업률을 제고시킬 수 있는 대책을 강화해나갔다.

국방부와 각 군 본부, 군사문제연구원(취업지원단)이 공동의 목표를 세우고 함께 노력한 결과, 2003년 한 해에 약 1,800여 명의 예비역 간부들에게 새로운 일자리를 마련해주는 성과를 올릴 수 있었다. 이러한 추세로 몇 년 더 노력을 경주한다면 직업군인들의 전역 후 취업과 사회참여를 위한 범국가적 인력관리 모델을 구축할 수 있을 것으로 판단되었다. 그것은 전역 간부들뿐만 아니라 현역 직업군인들의 사기 진작과 안정된 복무환경 조성에도 영향을 주는 중요한 문제였다.

군사문제연구원은 취업 연령이 지난 노년층 예비역 간부들을 위해 컴퓨터와 외국어, 각종 취미생활과 관련된 교양강좌를 개설해서 여가 선용의 기회를 제공했다. 지방자치단체에서 운용하는 노인 지원 프로그램과도 유사한 성격이었다. 많은 인원이 수강신청을 해서 때로는 몇 달씩 대기하는 경우도 있었다. 그들은 주 2회의 수강시간을 통해서 지난 시절의 전우들과 교분을 나누면서 나름대로 노후생활의 활력을 유지하고 있었다. 일종의 '만남의 광장'과도 같았다.

그 밖에도 군사문제연구원은 예비역 간부들을 위한 연구용역 업무를 관장했다. 국방부, 합참과 각 군 본부를 포함해서 일부 국영기업체와 지방자치단체로부터 연구 과제를 위탁받아서 해당 분야의 전문성을 갖춘 인원들에게 연구 활동에 참여할 기회를 제공함으로써 그들이 지닌 지식과 경험을 군의 정책 발전과 공익을 위해 재활용할 수 있는 기회를 확대해나갔다. 이처럼 다양한 업무와 기능을 통해서 군사문제연구원은 예비역 간부들을 위한 전문 지원부서로 자리를 잡아가고 있었다.

예비역 군인들의 사기와 복지를 위해 빼놓을 수 없는 부분이 군 체력단련장(골프장)의 운영체제 개선이었다. 국방부는 '80년대부터 현역 및 예비역의 체력단련을 위해 수도권에 3개의 골프장을 운영해왔지만, 불합리한 관리체제로 불평과 비난이 끊이지 않고 있었다. 부킹(예약)을 감히 엄두도 내지 못하는 계층이 있는가 하면, 마치 개인의 전용시설인 양 수시로 출입하는 특권계층도 있었다. 시설관리자 측은 이런저런 구실을 달아서 비회원(일반인) 입장 수를 계속 늘려나갔고, 그 과정에서 크고 작은 비리와 부조리가 발생했다. 정리가 필요한 시점이었다.

국방부에서는 광범위한 여론 수집과 내부 토의를 거쳐 개선책을 마련했다. 모든 회원들의 단일 시설 이용을 월 2회로 엄격히 제한했다. 신분에 관계없이 회원들의 균등한 이용 기회를 보장하기 위한 조치였다. 현역과 예비역의 입장료 차이를 없애고 요금을 단일화했다. 원로회원우대제도를 신설해서 70세 이상의 회원에게는 입장료를 할인하고, 80세 이상의 노령자에게는 입장료를 면제하도록 했다. 연금 생활자의 경우 그 배우자도 회원으로 예우해서 부부가 함께 노후의 건강관리를 할 수 있도록 했다.

한편, 각 골프장에 시설공사 예산을 특별 배정함으로써 자동화된 연습시설을 신축해서 제도변경에 따른 수익상의 결손을 보충할 수 있도록 했다. 그렇게 해서 각 체력단련장은 국방부가 지정한 6·25 참전용사 지원과 호국장학재단 운영에 소요되는 정액 예산을 제외한 일체의 영리행위를 금지하고 복지시설로서의 본연의 기능에 충실할 수 있도록 제도를 정비했다.

(마) 문민 국방관료 육성체제 정비

창군 초기에 국방부는 군인들에 의해 편성되고 군인들에 의해 운영되었다. 갓 독립한 나라에 국방에 정통한 민간 관료가 있을 리도 없었다. 그렇게 6·25전쟁을 치르고, 전후복구기간을 거쳐 다시 자주국방 건설에 주력하는 동안 국방업무의 중추적 기능은 계속 군인들이 도맡아왔다. 민간 출신 공무원들의 역할과 기회는 상대적으로 제한될 수밖에 없었다. 어찌 보면 그들은 군부대에 고용된 군무원과도 같았다. 그들에게는 1급(관리관) 이상의 직위가 배정되지 않았다. 그들이 오를 수 있는 직위는 2급(국장급)이 상한선이었지만, 그나마 정원의 30%에 미달되었다. 정부의 엘리트 민간 공무원들 사이에 국방부는 기피(忌避)부서로 분류되고 있었다.

국방부는 기본적으로 정부조직이다. 유관 정부부서와 유기적인 협조체제와 정보순환 네트워크를 구성하고, 중장기적인 국방정책을 일관성 있게 추진해나가기 위해서는 전문성 있는 문민 국방관료의 육성이 절대적으로 필요하다. 1~2년 주기로 교체되는 군인들 위주로는 당면한 현안 문제 처리에 급급한 현상을 벗어나기 어려운 것이다. 국방업무의 질적 향상과 장기적 발전을 위해서는 자질을 갖춘 민간 공무원들에게 폭넓은 참여와 경력관리의 기회를 줄 수 있도록 주요 직위에 대한 보직 비율을 재조정할 필요가 있었다. 동시에 장기간 비인가 직위로 운용해온 일부 부서들도 차제에 정리를 해서 조직을 재정비할 필요가 있었다. '70년대 이후 공무원 정원이 동결된 상태에서 새로 시작한 율곡사업과 연구개발, 한·미 안보협력과 남북회담, 군비통제 등의 업무에 소요되는 인력을 군인들로 대체 운용하면서 조직의 구조적 불균형이 심화되고 있었던 것이다.

  국방부는 주무 부서인 행정자치부와 직제조정에 관한 협의를 시작했다. 국방조직이 안고 있는 문제들을 합리적으로 해결하기 위해서 최소한 1급 직위 1개와 2급 직위 2개, 4급 과장급 직위 4개를 증원해 줄 것을 요구했다. 그러나 행정자치부의 입장은 완고했다. 매 정권마다 '작은 정부'를 구호처럼 외치는 상황에서 고위급 공무원의 정원을 증가하는 것은 절대로 불가하다는 입장이었다. 해를 넘기는 지루한 협의와 마지막에는 대통령의 중재를 통해 가까스로 주무 부서의 동의를 받는 데 성공했다. 그리고 그것을 바탕으로 내부 조직을 정비하는 한편, 과장급 이상 주요 직위에 보임된 군인과 공무원의 비율을 대략 50 대 50으로 유지하는 것을 목표로 단계적인 보직조정안을 발전시켰다.

국방부가 참여정부 초기에 장병의 근무여건과 병영환경 개선, 국방부 조직의 문민화 등에 역량을 집중한 것은, 군 내외의 무분별한 개혁 아이디어를 억제하면서 그동안 군이 안고 있던 실질적인 문제들을 근본적으로 개선하여 군을 안정시키고 새 정부의 개혁의지에도 부응하겠다는 나름대로의 복안에 따른 것이다. 유관 부처의 협조가 큰 힘이 되었고, 정치권과 언론의 평가도 긍정적이었다. 그러나 전반적인 분위기가 반드시 호의적인 것은 아니었다. 그동안 목소리를 죽이고 잠복해 있던 군 내외 군비감축론자(군 구조 개혁론자)들이 다시 세를 모으고 있다는 첩보가 꾸준히 들어왔다.

(2) 국방개혁 2020

(가) 합참의 문제 제기

2004년 초 합참은 남·북한 군사력평가와 관련해서 중요한 문제를 제기했다. 한국국방연구원(KIDA)이 NSC 사무처의 요청에 따라 남·북한 군사력평가 작업을 실시했는데 그 내용이 합참의 공식적인 견해와 큰 차이가 있다는 주장이었다. 요약하면, KIDA의 연구내용이 한국의 군사력을 과도히 높게 평가함으로써 대외적으로 불필요한 오해를 유발할 소지가 있으므로 그 내용을 정밀하게 검증할 필요가 있다는 것이었다.

합참의 요구에 따라 각 군 참모총장을 포함한 군 수뇌부가 참석한 가운데 KIDA의 연구 책임자들로부터 직접 설명을 듣는 검토회의가 소집되었다.

적대하는 쌍방 간의 군사력을 비교 평가하는 문제는 기법상으로 매우 복잡하고 어려운 학문에 속한다. 가장 기초적인 방법은 쌍방의 전력을 종류와 수량으로 비교하는 산술적 기법이다. 이것은 기초 자료로서는 활용 가치가 있지만, 그것만으로 군사력의 우열을 가리기는 어렵다. 무기마다 그 성능과 특성에 차이가 있고, 운용방법에 따라 그 효율성이 달라지기 때문이다. 그래서 근래에 들어와서는 각 무기마다 그 성능에 따른 무기효과지수(WEI : Weapon Effective Index) 또는 부대가중지수(WUV : Weighted Unit Value)를 부여하여 보다 논리적으로 군사력을 분석하는 기법이 사용되고 있지만, 각종 지수를 부여하는 과정에서 주관적인 요소를 완전히 배제할 수 없다는 취약점을 안고 있었다. KIDA의 군사력 평가도 바로 그 점에 문제가 있었다. 지금까지 합참과 연합사 및 각 군에서 공식적으로 사용해오던 지수 부여방식을 무시하고 새로운 가중치를 부여해서, 대규모 수적인 열세에도 불구하고 한국군의 군사력이 북한에 비해 대등하거나 부분적으로 우세하다는 결론을 도출하고 있었다. 국방부 산하 전문연구기관인 KIDA의 발표는 그것이 비록 비공식적인 것이라고 하더라도 군사력 건설의 목표와 방향 설정에 영향을 줄 수 있기 때문에 합참과 군이 크게 반발한 것이었다.

　NSC 사무처에서 왜 KIDA에 이런 자료를 요구했는지는 알 수 없지만, 사용자의 요구에 부응해서 군사력 평가, 분석과정에 편견을 개입시키는 행위는 연구 담당자들의 양식과 직업윤리에 직결되는 문제가 아닐 수 없었다. 국방부는 KIDA의 책임자와 관계자들에게 엄중한 경고를 내리고 연구내용을 바로잡도록 지시했다.

2004년 7월에 국방부장관이 교체되고 이듬해 4월까지 참여정부 초기에 군을 맡았던 수뇌부가 모두 퇴진했다. 예비역으로 구성된 '국방정책연구위원회'도 해체되었다.

(나) 국방개혁 2020의 출현

2005년 6월 초 국방부에 국방개혁위원회가 다시 구성되었다. 2년 전에 해체되었던 비편제조직이 되살아난 것이다. 그리고 얼마 지나지 않은 9월 초에 국방부와 합참은 개혁위원회의 연구결과를 청와대에 보고했다. 그것이 이른바 '국방개혁 2020'이었다. 한편에서는 'VISION 2020'이라는 세련된 이름으로 부르기도 했다.

불과 3개월도 안 되는 짧은 기간에 그 방대한 내용을 검토, 분석해서 종합적인 개혁안을 만들어냈다는 사실에 놀라움을 표시하는 사람들도 있었지만, 전후 사정을 아는 사람들의 눈에는 이상할 것도 없었다. 비록 '선진 정예국방'이니 '3군 균형발전'이니 하는 상투적인 구호를 내세우고 일부 행정적인 개혁 아이디어로 겉포장을 하고는 있었지만, 그 핵심은 어디까지나 군 구조 개편이었고, 그 내용은 2008년 국민의 정부 초기에 제기되었던 국방개혁안의 복사판이나 다름이 없었다. 1년 가까이 군 내부에 극심한 갈등과 혼란을 야기하다가 결국 합참이 중심이 되어 폐기처분했던 '일방적 군비축소안'이 다시 살아난 것이었다. KIDA에서 남·북한 군사력을 재평가하고 한국군의 군사력 지수를 부풀렸던 소동의 배경을 짐작할 수 있을 것도 같았다.

군 구조 개편안의 전체적인 윤곽은 68만 명을 조금 상회하는 국군의 정원을 2020년까지 50만 명 수준으로 감축하는 것이었다. 이를 위해 육군 17만 7,000명과 해병대 4,000명을 감축하기로 결정하고, 그 18만 1,000명에 해당하는 지상군 부대를 해체 또는 감편하는 작업이 곧 개혁안의 기본 골자였다. 그 감축 규모를 달성하기 위해서 1개 야전군사령부와 수개의 군단사령부, 십 수 개의 사단을 해체한다는 것이다.

155마일 전선을 사이에 두고 100만이 넘는 북한군과 대치하고 있는 지상군 56만 명 중에서 30%에 해당하는 전력을 일방적으로 감축한다는 것은 유사시 적의 공격 앞에 전선의 문을 열어주겠다는 것이나 다름없었다. 핵무기와 같은 절대무기가 제공되지 않는 한 전투부대의 감축으로 인해 형성되는 전선의 신장된 공간과 취약부분을 공군의 폭격이나 해군의 함포지원으로 메울 수도 없는 일이었다. 그 치명적인 위험에 대한 정밀한 분석이나 심각한 고민의 흔적은 찾아볼 수 없었다.

그뿐만이 아니었다. '99년과 2002년 두 차례의 '서해교전'이 발생했던 NLL(해상군사분계선)의 최첨단 서해5도를 방어하고 있는 해병여단을 해체하겠다는 결정도 극단적인 발상이었다. 서해5도를 무저항지대로 만들겠다는 얘기와도 같았다. 군사적 상식으로는 설명이 될 수 없는 부분이었다. 그러한 내용들이 '국가안보의 최후 보루'를 자처하는 직업군인들에 의해서, 그것도 몇 년 간격으로 두 번씩이나 '국방개혁'의 이름으로 제기되고 있다는 사실에 분노를 넘어 허탈감을 감출 수 없었다.

또 하나의 우려스러운 현상은, 지난 30년간 자주국방의 중추기관으로 군사력건설을 선도해왔던 합참이 이제는 군비감축을 주도하는 조직으로 그 기능이 변질되고 있다는 사실이었다. 율곡 초기의 불비한 여건과 각종 정치적 변환기의 혼란을 극복하면서 오로지 자주국방건설에 전념해온 합참이 그동안 심혈을 기울여 발전시켜온 군의 전력구조를 스스로 부정하고 파괴하는 자기모순에 빠지게 된 것이다. 이 상태가 계속된다면 자주국방을 위한 합참의 중심 가치와 논리적 사고체계는 와해될 수밖에 없는 것이다. 그것은 유형 전력의 손실을 넘어서는 더욱 심각한 무형 전력의 손실이 아닐 수 없다.

국방부는 12월 초에 '국방개혁기본법(안)'을 국회에 제출했다. 국방개혁을 법으로 제정해서 정권이 바뀌더라도 지속적인 시행을 보장할 수 있는 강제력을 확보하겠다는 계산이었다. 그러나 개혁안의 본질인 군비감축 내용은 II급 비밀로 분류해서 철저한 보안을 유지했기 때문에 그 세부내용을 제대로 이해하는 사람은 군 외부는 물론 군 내부에도 그다지 많지 않았다.

안보를 걱정하는 예비역 군 원로들이 일방적 군비감축의 위험성을 경고하는 한편, 보수성향의 국회의원들과 접촉하여 법안의 세부적인 재검토를 요구했다. 많은 의원들이 문제의 심각성에 공감했고, 그 바람에 개혁 법안은 10개월 가까이 표류하게 되었다.

그러는 가운데 그해 10월 9일 북한이 지하핵실험을 실시해서 세계를 놀라게 했다. UN안보리는 10월 15일 대북(對北) 제재결의안(1718호)을 재빠르게 통과시켰다. 이런 상황에서 일방적 군비감축을 주장하는 사람이 있다면 그것은 정상이 아니라고 생각할 것이다. 그러나 그 정상이 아닌 일이 일어나는 곳이 한국의 정치 현장이었다.

북한 핵실험이 실시된 지 두 달이 안 되는 12월 1일 국회는 여야 합의로 국방개혁법안을 통과시켰다. 양당 지도부의 정치적 협상에 의해 당론으로 합의 통과를 결정했다는 얘기가 들렸다. 그것이 정치고, 또 그것이 보수를 자처하는 정당의 모습이기도 했다.

(3) 국방기획관리제도의 붕괴

2003년 12월, 국방품질검사소장 이 모(某) 예비역 소장이 구속되는 사건이 발생했다. 그가 국방부 획득정책관으로 재직했던 '98년 말부터 2001년 초까지의 기간에 복수의 방위산업체 및 무기중계업자들과 유착관계를 지속하고 거액의 뇌물을 수수했다는 것이 혐의내용이었고, 결국 재판을 통해 중형을 받았다. 그러나 이 사건의 본질을 정확히 이해하는 사람은 많지 않았다.

이 소장은 '98년 국민의 정부 국방개혁 당시 '방위력개선소위원회'에서 주도적인 역할을 담당했고, 조직개편 후에는 신설된 '획득정책관(국장급)'을 맡았던 인물이다. 그 자신이 새로 만든 획득정책관실에는 율곡과 방위산업에 대한 정책결정과 중기계획 작성, 집행통제 및 사업관리에 관한 모든 기능이 집중되어 있었다. 군과 합참이 수행하는 군사력의 소요제기와 기획업무를 제외하고, 계획과 예산과 집행과정의 세세하고 핵심적인 권한과 기능이 모두 한곳에 집중된 것이다. 그러고도 그 조직이 부패하지 않는다면 오히려 그것이 이상한 일이었다.

믿기지 않는 말로 들릴지도 모르지만, 이 사건은 군이 율곡계획에 착수한 30년 동안에 군사력 기획과 계획과정에 근무하는 국장급 실무책임자가 비리로 구속된 첫 번째 사례였다. 더구나 우려스러운 것은 그것이 단순한 뇌물수수가 아니라 의사결정과정의 '시스템적 비리'가 등장하기 시작했다는 사실이었다. '견제와 균형'의 메커니즘이 파괴되어버린 데서 오는 결과였다.

이 사건이 발생하자, 국방부는 획득실이 안고 있는 제도적인 문제들을 근본적으로 해결하기 위해서 즉각 연구위원회를 가동시켰다. 다행히도 연구위원회에는 위원장 강 신육 예비역 중장을 비롯해서 이 영환(전력기획), 유 선준(군 구조기획), 박 인관(육본 전력기획처장) 등 현역 시절에 기획관리 분야에서 풍부한 경험을 쌓았던 인원들이 많았다.

그들은 합참 및 각 군 본부와 협력해서 획득실의 현안 문제들을 바로잡으면서 현행 국방기획관리제도를 발전적으로 보완한다는 목표를 세우고 연구계획을 발전시켰다. 2004년 1월 초의 일이었다. 그런 과정에서 뜻밖의 일이 일어났다.

대통령 탄핵 소추로 정국이 어수선하던 2004년 3월, 청와대의 지시로 국무총리실 국무조정실에 '국방획득제도개선위원회'가 구성되고 있다는 소식이 들렸다. 국방부의 획득제도를 개선하는 중요한 과업이 국방부가 배제된 상태에서 별도의 기구에서 이루어지는 이해할 수 없는 일이 일어나고 있었던 것이다. NSC 상임위원회에서 문제를 제기해보았지만 참석자 중에 그 내용을 알고 있는 사람은 거의 없었다. 형식상으로 과제의 책임을 맡은 국무조정실도 구체적인 연구계획이나 연구위원 편성에 관해 별로 아는 것이 없었다.

국방부는 탄핵사태가 종결된 후 획득제도 개선에 관한 업무를 국방부로 이관해줄 것을 청와대에 건의했다. 그러나 "일단 맡겼으니 결과를 기다려보자."는 것이 돌아온 답변이었다. 그리고 얼마 후에 군 수뇌부가 교체되고 국방부의 연구위원회도 해산되었다.

그 후 '민변(민주사회를 위한 변호사모임)' 출신의 어느 변호사가 실질적인 책임을 맡아 연구를 지휘한다는 얘기가 들렸다. '98년 방위력개선위원회에 참여했던 몇몇 인원과 일부 군인들이 참여하고 있다는 말도 들렸다. 그렇게 해서 2006년 1월에 발족한 것이 '방위사업청'이다.

방위사업청은 지금까지 합참과 각 군, 국방부 획득실 및 조달본부가 분담해서 수행하던 군사력건설의 계획 기능, 예산편성 기능, 집행통제 기능, 시험평가 기능, 조달 기능을 통합하고, 국방과학연구소(ADD)와 국방품질관리소, 국방시설본부를 통합 관장하도록 편성되었다. 군사력건설 투자비와 관련한 모든 권한과 기능이 한곳에 집중된 것이다. 그 밖에도 일반 운영유지비 중 중앙조달이 요구되는 모든 군수물자와 시설공사까지 관장하게 되었다. '군령과 군정'이라는 국방의 양대 기능 중 군정의 가장 핵심적인 부분들이 국방부가 아닌 별도의 정부조직에 의해 수행되는 이상한 현상이 일어난 것이다. 세계적으로 유례를 찾기 어려운 독특한 조직편성 개념이었다.

물론 모든 제도나 조직은 저마다 장단점을 지니고 있기 때문에 특정한 제도나 조직을 일방적으로 매도하는 것은 합리적인 태도라고 할 수는 없다. 국가권력이 군사력건설과 방위산업, 무기구매 과정과 연구개발 기능을 일원적으로 통제한다는 점에서는 그 나름대로 통합성과 능률성을 강화하는 측면이 있다는 것도 부정할 수는 없다. 그러나 그것이 고도의 전문성이 요구되는 군사력건설에 합당한 제도인지, 정부조직법의 기본 정신에 맞는 것인지, 또한 권한과 기능의 과도한 집중 현상이 장차 어떤 문제들을 야기하게 될 것인지에 관해서는 보다 면밀한 검토와 분석이 선행되었어야 했다는 아쉬움을 금할 수 없다.

군사력건설이란 단순히 무기조달사업만을 의미하는 것이 아니다. 장기적인 위협에 대비한 군사전략과 전력구조를 바탕으로 최선의 대안(Alternative)을 모색하는 연속적인 선택의 과정이다. 군과 합참, 국방부의 모든 관련부서가 참여해서 개방적인 토의를 통해 집단적 의사결정을 이루어나가는 과정이다. 그것이 국방기획관리제도의 본질이고, 그것을 통해서 국방의 양대 기능인 군정과 군령 기능이 유기적으로 통합되고 균형적인 발전을 이루어 나갈 수 있는 것이다. 민간 행정관료 중심의 비전문 조직이 투명성과 공정성을 내세우고 대신할 수 있는 일이 아닌 것이다.

5. 이 명박 정부 시절

(1) 달라진 '국군의 날' 풍경

2008년 국군의 날 기념식은 잠실 올림픽주경기장에서 거행되었다. 5년마다 한 번씩 열리는 대규모 행사로 새로 들어선 이 명박 정부의 출범과 건군 60주년을 기념하는 의미를 담고 있었다. 관례대로라면 대규모 기념식은 공군 '성남비행장'에서 거행하고, 나머지 4년은 매년 계룡대에서 소규모 행사로 치르도록 되어 있었다. 왜 갑자기 장소가 실내경기장으로 바뀌었는지 의아하게 생각하는 사람이 많았다. 풍문에 의하면, 잠실에 '제2롯데월드'를 건설하는 데 걸림돌이 되고 있는 성남비행장에 세인의 이목이 집중되는 것을 피하기 위해 장소를 변경했다는 얘기가 있었지만 확인할 수는 없었다.

이 명박 정부 출범 초기에 등장한 국방 분야 주요 현안 문제의 하나는 제2롯데월드(롯데월드타워) 건설과 관련한 공군 성남비행장의 작전성 평가에 관한 문제였다. 수도권 외곽의 유일한 항공기지인 성남비행장의 활주로 북방 약 6km 지점에 550m 높이의 초고층 건물을 신축했을 경우 공군의 항공작전에 미치는 제한사항이 무엇이며, 그 해결방안은 무엇인가 하는 것이 문제의 핵심이었다.

이것은 이 명박 정부에서 처음 나온 문제는 아니었다. 노 태우 정부 이후 정권이 바뀔 때마다 매번 등장한 문제였고, 그때마다 공군은 관련 법규와 기술적인 데이터를 토대로 명확한 반대의견을 되풀이했다. 그래서 김 영삼 정부에서는 이 문제를 국방부에서 직접 검토해서 보고하도록 했으며, 결국 합참이 책임을 떠맡게 되었다.

합참과 공군의 관계관들이 수차에 걸쳐 현장에서 회동을 하고, 때로는 수송기(CN-235)로 이착륙을 시도하거나 건축 예정지 상공에 헬기를 띄우면서 문제점을 점검했지만 최종적인 결론은 똑같았다. 시계가 불량하고 대기가 불안정한 악천후와 전시의 긴박한 상황을 전제로할 때 활주로 지근거리에 초고층 건물을 신축하는 것은 항공기의 안전에 결정적인 위협을 제기한다는 것이었다. 국방부는 검토결과를 청와대에 보고했고 그것으로 문제는 일단락되었다. 김 대중 정부와 노무현 정부에서도 같은 문제가 되풀이되었지만, 결과는 같았다. 군의작전적 요구를 인정하고 수용한 것이었다. 그러나 새 정부가 들어서면서 상황이 달라졌다.

2008년 4월 청와대는 제2롯데월드 신축 문제를 조속히 해결하도록 국방부에 지시했다. 성남비행장의 작전성을 평가하여 승인 여부를결정하는 것이 아니라 제2롯데월드 건축을 전제로 해서 문제해결 방안을 강구해 보고하라는 것이었다. 건축물의 높이도 '94년도에 108층 약 450m이던 것이 112층 약 550m로 늘어나 있었다.

공군본부에 대책반을 편성하고 몇 가지 가능한 대안을 선정해서 정밀검토에 착수했다. 성남비행장을 폐쇄하고 기지를 이전하는 방안과건축물의 고도를 203m 이하로 제한하는 방안, 활주로의 방향을 변경하는 방안 등이 검토되었으나 공군이 독자적으로 결정할 수 있는 것은 아무것도 없었다. 관계기관과 정보를 교환하고 협의를 하는 데도시간이 필요했다. 그사이에 상급부서에서는 독촉이 빈발하고, 시간이지나면서 공군참모총장의 책임 문제까지 거론되기 시작했다.

언론이 가만히 있을 리가 없었다. 근 20년 동안 5년에 한 번씩 주기적으로 되풀이되어온 문제의 본질을 누구보다 잘 아는 쪽이 언론이었다. 그들은 성남비행장을 중심으로 공군이 전·평시에 수행하는 작전 임무의 특수성에 관해서도 충분히 이해하고 있었다. 제2롯데월드 건설에 대한 찬반을 떠나서, 합리적인 대안도 없이 일방적으로 밀어붙이는 정부의 처사에 비판적인 여론이 형성되고 있었다.

이런 분위기 속에 하필이면 성남비행장에서 국군의 날 행사를 거행하여 다시 한 번 언론의 관심을 환기시키는 것이 정부의 입장에서 별로 내키지 않는 일이라는 것을 짐작할 수는 있었다. 그러나 잠실 종합운동장을 행사 장소로 선정한 것은 신중하지 못했다는 생각을 지울 수 없었다.

올림픽주경기장은 88서울올림픽이 개최되었던 유서 깊은 곳이지만 국군의 날 행사에 적합한 장소는 아니었다. 국군의 날 행사를 실내경기장에서 치른 전례도 없었다. 약 10만 명을 수용할 수 있는 시설에 행사 병력 약 2,000명, 참관인원은 7,000~8,000명에 불과했다. 텅빈 스탠드와 여기저기 흩어져 있는 군중들로 분위기가 산만했다. 군대의식다운 짜임새도 위엄도 없었다.

관람석 위로는 햇볕을 가리는 반(半)지붕이 둘려쳐져 있었다. 공중분열을 하는 공군 항공기와 육군 헬기부대들이 제대로 시야에 들어올 수도 없었다. 타원형으로 축소된 하늘을 빠르게 지나가는 장난감 파노라마와도 같았다. 낙하산 요원들이 하늘에서 내려오는지, 지붕에서 뛰어내리는지 구분이 잘 되지 않았다.

또 다른 문제는 장비전시였다. 올림픽주경기장은 개·폐회식행사와 육상경기장으로 설계되었지만 행사 참가 부대와 참가 장비를 함께 수용하기에는 비좁았다. 그래서 장비들은 행사장 밖에서 대기해야만 했다. 그러나 대기할 장소가 마땅치 않았다. 탄천의 고수부지나 제방 주변을 따라 되는대로 주차를 시키고 기다릴 수밖에 없었다. 그 장비들은 항공기와 함정을 제외하고 군이 보유한 유형 전력의 정수를 모은 것들이었다. 자주국방의 결정체들이었다. 아무 곳에나 무질서하게 흩어져 있는 주요 장비들을 바라보면서 참담한 감회를 금할 수 없었다.

국군의 날 행사의 하이라이트라고 할 수 있는 시가행진이 테헤란로에서 거행되었다. 도부부대를 앞세우고 주요 전투장비와 최신 무기체계가 모두 참가하는 군사 퍼레이드는 단순한 기념행사 차원을 넘어서 잠재적 적성국에 대한 무력시위와 전쟁억제의 의미를 지니고 있었다. 그러나 테헤란로는 그러한 목적에는 매우 부적합한 장소였다.

'98년 김 영삼 정부 출범 후 여의도광장(5·16광장) 폐쇄 방침에 따라 국방부는 국군의 날 행사장소를 성남비행장으로 변경했다. 그때 행사기획단에서는 이동의 편의성을 감안하여 테헤란로에서 시가행진을 실시하는 방안을 건의한 적이 있었다. 그러나 합참을 중심으로 많은 군 간부들이 강한 반대의견을 제시했다. 테헤란로는 도로 복판에 중앙분리대가 있고, 중간에 고갯길이 있기 때문에 군사 퍼레이드에는 부적합하다는 것이 주된 이유였다. 행사의 성격과 대외 홍보를 고려할 때 서울 한복판에서 당당하게 거행되어야 한다는 주장도 있었다. 장관도 중앙분리대 얘기가 나오자 즉각 문제를 간파하고 장소를 바꾸도록 지시했다. 불과 15년 전에 있었던 일이다. 그사이에 도로의 여건이 바뀐 것도 아니다.

테헤란로는 폭 50m, 왕복 10차선 도로였다. 좌우 도로변과 중앙분리대에는 아직 가지치기를 하지 않은 가로수가 3열로 무성하게 우거

져 있었다. 높이가 10m를 훨씬 넘어 보였다. 그 숲속으로 국군의 퍼레이드가 지나가고 있었다. 일부는 분리대 우측으로, 일부는 좌측으로 갈라져서 행군대열을 제대로 유지할 수도 없고, 나무숲에 가려서 제대로 보이지도 않았다. 그뿐만 아니라 경사진 고갯길에서는 행군거리와 속도를 일정하게 유지할 수도 없었다. 오르막길에서는 밀집대형으로 서행하다가 내리막길에서는 속보로 뛰다시피 했다. 위풍당당한 모습은 찾아보기 어려웠다.

수많은 병력과 장비가 동원되고, 막대한 예산과 노력이 투입된 대규모의 군사 퍼레이드가 왜 그렇게 어수선한 모습으로 진행되어야 하는지 그 이유를 알 수 없었다. 건군 60주년을 기념하는 국군의 날 생일잔치에 오히려 군이 홀대를 받고 조롱을 당하는 것 같은 비통한 심정을 감출 수 없었다.

국군의 날 행사를 마친 다음 날 공군본부에서는 참모총장 이취임식이 거행되었다. 김 은기 참모총장이 임기를 6개월 남겨둔 상태에서 군문을 떠났다. 자세한 이유는 알려지지 않았다.

제2롯데월드는 성남비행장의 활주로 각도를 3도 변경하는 조건으로 2009년 3월 국무총리실 행정협의조정위원회의 의결을 거쳐 마침내 112층 건축 승인을 받았다. 활주로 변경 공사와 장비보강에 필요한 예산은 롯데 측이 부담하는 것으로 했다. 그리고 이듬해 가을에 롯데는 다시 123층으로 설계변경을 승인받아 공사를 진행했다.

(2) 표류하는 안보정책

제17대 대통령 선거에서 한나라당의 이 명박 후보가 압도적인 표차로 당선된 것은 그동안 안보불안에 시달려온 보수성향의 표심이 결집된 결과라고 할 수 있었다.

2006년 10월 북한의 핵실험으로 한반도에 극도의 위기상황이 조성된 가운데 2007년 2월에는 한·미 국방장관이 2012년까지 전시작전통제권을 한국에 이양하고 한·미연합사를 해체하기로 합의했다. 이어서 10월에 열린 남북정상회담에서는 서해 NLL의 평화지대화 방안이 거론되었고, 그것이 NLL 포기 의도로 비쳐지면서 격렬한 반발을 불러일으키고 있었다. 이러한 일련의 과정을 불안하게 지켜본 보수 계층의 유권자들에게는 "우선 안보만은 지켜야 한다."는 절박한 공감대가 형성되고 있었다.

이 명박 후보가 선거기간 중에 특별히 자신을 보수 정치인으로 부각시키거나 당면한 안보 현안에 대한 뚜렷한 소신을 밝힌 적은 별로 없었다. 그보다는 '한반도 대운하 건설'이나 '일자리 창출', '747 성장전략' 등 경제적 사안에 치중하는 경향을 보이고 있었지만, 보수층 유권자들에게는 이 후보 이외에 다른 선택이 있을 수 없었다.

이 명박 정부 초기에 예비역 장성 모임인 대한민국성우회(회장: 이종구 전 국방부장관)는 비상임 기구인 '정책자문위원회'를 새로 편성했다. 불안한 안보위기상황에서 예비역 군인들의 참여와 역할을 강화하기 위한 노력의 일환이었다. 주로 정책과 기획 분야에서 근무한 경험이 있는 육·해·공군 3성 장군 이상으로, 그중에는 전직 장·차관과 합참의장, 참모총장급 인사가 포함되어 있었다.

새로 편성된 장책자문위원들은 지난 몇 년간 국가안보와 국방태세에 위협을 제기했던 주요 문제들을 재점검하고 시행 가능한 개선책을 강구하는 작업에 착수했다. 시기적으로 전시작전통제권 전환과 연합사 해체에 따른 문제점, 일방적 군비감축의 위험성, 방위사업청제도의 문제점, 서해 NLL 문제 등을 우선적으로 다루었고, 그 밖에도 병복무기간 단축에 관한 문제점, 행정수도 건설이 국방에 미치는 영향 등 광범위한 주제에 관한 분석과 토의를 단계적으로 확대해나갔다.

한편, 성우회 회장단과 일부 자문위원들은 여러 경로를 통해 청와대와 그 주변의 책임 있는 인사들과 접촉을 유지하면서 검토된 의견들을 정부의 안보정책에 반영하기 위한 노력을 경주했다. 그뿐만 아니라 정치권을 비롯한 학계, 언론계, 종교계 등 여론 주도층과도 긴밀한 접촉을 통해 주요 안보 현안에 대한 공감대를 형성하기 위한 노력을 계속했다.

당시에는 '전시작전통제권 전환과 연합사 해체 반대를 위한 1,000만인 서명운동'이 3년째 추진되고 있었고, 서명인원이 이미 900만 명을 넘어서고 있었다. 전반적인 분위기는 그동안 야기되었던 안보불안 요인들을 조속히 바로잡아야 한다는 사회적 공감대가 형성되고 있었다. 그것을 증명하듯이 정부 출범 후 치러진 제18대 국회의원 선거에서는 보수여당인 한나라당이 대승을 거두고 다시 원내 제1당으로 복귀했다. 국가안보정책을 전반적으로 재정비하는 데는 더없이 좋은 타이밍이라고 할 수 있었다. 그러나 그 타이밍을 살릴 수 있는 정치적 동력이 부재했다.

연초에 남대문 화재의 후유증에 시달리던 새 정부는 국회의원 선거를 마치기 바쁘게 다시 미국산(美國産) 소고기 수입에 반대하는 촛불

시위에 휘말리게 되었다. 한·미 소고기협상 결과에 불만을 품은 일부 시민단체가 청계천 부근에서 벌이던 소규모 집회가 점차 대규모 저항운동으로 확대되었고, 급기야 이념갈등의 양상으로 변모하고 있었다. 혼란이 장기화되고 국정의 일부가 마비되고 있었지만, 정부가 사태의 조기수습을 위해 전력투구하는 모습도 보이지 않았다. 이런 분위기 속에서 국가안보의 주요 현안들이 심도 있게 다루어지기를 기대하기는 어려웠다.

새로 구성된 정권의 핵심부에 안보와 국방에 정통한 전문가가 없다는 사실도 문제였다. 사회적으로 명망 있는 인사들은 많았지만, 안보와 국방의 문제들을 심도 있게 논의할 수 있는 전문가는 보이지 않았다. 소통이 이루어질 수 없었다. 또 다른 문제는 과거의 정부에서 일방적 군비감축과 국방개혁, 연합사 해체를 주도했던 인원들이 정치권과 국방의 주요 직위를 점유하고 있다는 사실이었다. 군 인사관리의 특성상 부득이한 점이 있다는 것을 감안하더라도 정도가 지나쳤다. 새 정부의 안보정책 기조가 어떤 것인지 감을 잡기가 어려웠다.

2009년 5월 25일 북한이 2차 핵실험을 했다.

한국의 지질연구원이 함경북도 길주 부근에서 진도 5.4의 인공 지진을 감지했다는 보고가 있었고, 이어서 북한의 조선중앙통신이 공식적으로 핵실험 사실을 공표했다. 러시아 국방부는 금번 핵실험의 폭발위력이 20kt에 달하는 것으로 평가했다. 과거 일본 나가사키(長崎)에 투하된 핵폭탄(Fat Man)의 위력과 같았다. 2006년 10월 북한이 1차 핵실험을 실시한 후 3년 동안 우리가 근거 없는 남북화해 무드 속에서 일방적 군비감축과 연합사 해체 등으로 호기를 부리던 그 기간에 북한의 핵이 어느새 무기급 위협 수준으로 코앞에 다가온 셈이다.

공교롭게도 5월 23일 발생한 '노 무현 전 대통령의 갑작스런 죽음'으로 큰 충격을 받고, "사망이냐? 서거냐?" 하는 예우 문제로 다시 분열 양상을 보이기 시작한 한국 사회는 북한의 핵실험을 심각한 위협으로 받아들이는 것 같지도 않았다. 심리적 공황상태도 없었고 주식시장이 크게 동요하지도 않았다.

정부 대변인이 북한을 규탄하는 성명을 발표하고, 대통령이 국가안보회의(NSC)를 소집해서 대응책을 논의한 것으로 알려졌지만, 한국 정부가 독자적으로 취할 수 있는 행동방책은 별로 없었다. 의례적으로 군의 경계태세를 강화하고, 한·미 협조체제를 강화하고, 6자회담 당사국과 UN안보리에 대한 외교활동을 강화하는 정해진 절차를 되풀이하는 것이 전부였다. 북한의 핵문제는 많은 한국인의 의식 속에서 더 이상 직접적인 안보상의 위협이 아니라 UN안보리와 6자회담 당사국들이 풀어야 할 국제정치적인 과제로 그 성격이 바뀌어가는 것 같은 느낌도 들었다. '94년의 1차 핵 위기 때처럼 전반적인 안보태세를 재평가하고, 군의 전력구조를 개선하고, 새로운 군사력 보완 소요를 도출하는 종합적이고 장기적인 노력의 흔적은 보이지 않았다.

(3) 국방개혁 307계획

2010년 1월 정부는 '국방선진화추진위원회'의 출범을 발표했다. 대통령 직속 기구로 계획했다가 국방부장관의 건의에 의해 국방부로 소속을 바꿨다는 얘기가 들렸다. 국방선진화추진위원회(이하 선진화위원회)란 과거 매 정권에서 사용해오던 '국방개혁위원회'의 다른 이름이라고 할 수 있었다. 이 상우 전 한림대 총장을 위원장으로 약 15명 내외의 민간 학자들로 구성하고, 일부 예비역 군인들이 자문역으로 참여하는 것으로 알려졌다. 비슷한 시기에 국방부 개혁실장에는 홍 규덕 숙명여대 정치외교학과 교수가 임명되었다. 정권 출범 후 2년 동안 안보 관련 단체와 각계 원로들의 문제 제기에 별 반응을 보이지 않던 정부가 마침내 안보, 국방의 당면 현안들을 한꺼번에 다루기 위해 팔을 걷어붙이는 모습이었다.

위원회에 참여한 학자들 가운데는 평소 국가안보와 국방 분야에 관심이 많았던 인사들이나 실무 경험을 갖춘 예비역 군 출신 학자들이 포함되어 있었다. 위원장을 맡은 이 상우 총장은 서강대학교 교수 시절부터 국방부와 합참의 자문교수를 역임하면서 오랫동안 국방대학원에 출강한 경력을 갖고 있었다. 분과위원장으로 참여한 박 용옥 박사는 국방부 정책실장과 차관을 지낸 군내 정책통이었다. 한때 성우회 정책자문위원으로도 활동했기 때문에 국방의 당면한 문제들을 누구보다 잘 알고 있었다. 그 외에도 국방연구원(KIDA)의 김 태우 박사, 국방대학원 교수부장 출신의 김 열수 박사 등이 참여하고 있었다. 외부에서 우려하는 것과는 달리 비교적 짜임새 있는 구성이라고 할 수도 있었다.

선진화위원회는 국방부의 개혁실과 유기적인 업무체계를 구축하면서 연구과제 선정에 착수하는 한편으로 군 내외 인사들을 대상으로 광범위한 여론수집 활동에 나섰다. 그와 때를 같이하여 성우회 정책자문위원들도 그동안 검토해온 주요 개혁과제에 대한 의견을 여러 경로를 통해 위원회와 개혁실에 전달했다. 특히 북한의 2차 핵실험으로 위협이 가중되는 상황에서 성급한 전시작전통제권 전환과 연합사 해체, 그리고 일방적 군비감축이 초래할 수 있는 안보상의 위험과 문제점을 지적하고, 방위사업청제도가 군사력건설에 미치는 부정적 영향, 병 복무기간의 과도한 단축으로 인한 군 전력의 질적 저하, 서해 NLL 문제 등을 중점적으로 부각시켰다. 학자들과 개혁실 요원들과도 상당 부분 공감대가 형성되었고, 실제로 위원회에서는 방위사업청제도 개선과 군비 감축, 병 복무기간 단축, 서해 NLL 문제 등을 검토과제로 선정한 것으로 알려졌다.

선진화위원회의 위상과 역할이 제자리를 잡기 시작하면서 그동안 군내에서 논란과 갈등을 빚어온 여러 쟁점들이 합리적으로 정리될 수 있다는 기대감도 커지고 있었다. 바로 그런 시기에 '천안함 침몰'이라는 돌발사고가 발생했다.

2010년 3월 26일에 일어난 천안함 피격사건은 해상경계임무를 수행하던 해군 초계함(PCC-772)이 북한 소형 잠수정의 어뢰공격으로 격침된 사건이다. 이 사고로 해군 장병 46명이 희생되었고, 함정은 두 동강이 나서 침몰했다. 정부는 물론 국민들도 큰 충격을 받았다.

군사전문가의 관점에서 보면, 이 사건은 군의 전투준비태세와 작전군기 면에서 누적된 취약점이 한꺼번에 노출된 부끄러운 사건이었다. 우리 영해 내에서, 그것도 상비 병력이 배치되어 있는 백령도의 지근거리에서 경계임무를 수행 중이던 전투함이 적 잠수정의 공격을 받기까지의 과정에도 납득하기 어려운 문제들이 많았지만, 피격 후의 보고체계와 구조 활동, 상급 사령부의 지휘통제체계에서도 수많은 허점이 노출되었다. 그뿐만 아니라 북한 잠수정의 공격 여부를 규명하는 과정에서도 군과 정부 사이에 잦은 의견차이로 불필요한 억측과 논란을 자초하게 되었다. 국가위기관리시스템의 취약성을 보여주는 사례였다.

천안함 사건이 발생한 지 한 달쯤 지난 5월 초 이명박 대통령은 국방부 전군 지휘관회의를 주재하는 자리에서 공개적으로 군을 질책하고, '국가안보총괄점검기구'를 대통령 직속으로 편성하겠다고 밝혔다. 청와대 안보자문단과 선진화위원회에서 차출한 학자와 사회 원로, 예비역 군인 등으로 구성하는 것으로 알려졌다. 또한 대통령 안보특보 제도를 신설하고 국가위기상황센터(상황실)를 국가위기관리센터로 확대 편성한다고 했다. 정부 출범 초기에 개혁의 명분으로 해체해버렸던 NSC사무처를 다시 편성하는 것이었다. 그리고 얼마 지나지 않아서 선진화위원회도 대통령 직속으로 소속이 바뀌었다.

8월 중순경 선진화위원회는 그동안 준비했던 개혁과제들을 청와대에 보고했다. 군내·외의 여론을 수렴하고 국방부의 토의를 거쳐 일차적으로 선정한 과제들이었다. 그러나 병력감축(일방적 군비감축)계획의 중단이나 병 복무기간의 24개월 환원, 전작권 전환 시기의 조정, 방위사업청제도 개선 등의 주요 과제들은 청와대와 전반적인 공감대가 형성되지 못했고 명확한 지침도 없었던 것으로 알려졌다. 귀추를 주목하던 안보 관련 인사들에게는 실망스러운 소식이었다. 그 핵심적인 문제들을 제외하고 나면 국방개혁에 달리 기대를 걸 만한 사안이 별로 없었다.

천안함 사건을 처리하는 과정에서 갑자기 부각되기 시작한 것이 이른바 '합동성'의 문제였다. 천안함 실패의 원인이 육·해·공군의 합동성(合同性) 부족에 그 원인이 있으므로 차제에 군의 상부지휘체계, 즉

군제(軍制)를 뜯어고쳐야 한다는 주장이었다.

최전방 해역에서 작전하던 전투함 한 척이 적 잠수정의 공격을 받은 사건이 군의 합동성과 직접적으로 어떤 연관성이 있는지는 밝혀지지 않았지만, 하루 속히 실패의 책임으로부터 벗어나고 싶은 군과 정부의 입장에서는 설득력 있는 주장으로 받아들여졌는지도 모른다. 그때부터 군 지휘구조의 변경, 즉 군제개편이 국방개혁의 중심과제로 떠올랐다. 그러나 군의 기본 골격을 바꾸는 군제의 변경이 그처럼 임기응변식으로 다루어질 수 있는 문제는 아니었다. 사안이 중대하고 각 군의 이해관계가 대립하는 문제이기 때문이었다. 결국 국방개혁은 끝없는 논쟁의 소용돌이에 빠져들고 더 이상의 진전을 기대하기 어렵게 되었다.

11월 23일 14시 30분경 '연평도 포격사건'이 일어났다. 연평도에 주둔하는 해병부대가 NLL 남쪽 해상에 설정한 목표에 대규모 사격훈련을 실시하는 것을 빌미로 북한군이 연평도에 무차별 포병공격을 가해왔고, 해병 K9 자주포대가 대응사격을 해서 약 1시간 동안 쌍방 간에 화력전투를 실시한 사건이다. 이 사건으로 군인 2명과 민간인 2명이 사망하고 군인과 민간인 19명이 중경상을 입었다. 북한 측 피해는 정확히 알려지지 않았다.

이 사건은 천안함 피격사건이 있은 지 만 8개월 만에 재발한 북한의 무력도발이었다. 천안함 사건 후 정부는 감사원 합동감사단을 투입하고, 다시 대통령 직속의 국가안보총괄점검단을 편성해서 군사대비태세를 전반적으로 점검하고 보완한 것으로 알려졌지만, 드러난 실상은 별로 달라진 것이 없었다.

당시의 상황은 합참이 연례적으로 주관하는 '호국훈련'이 막바지에 이르는 한편, 11월 28일부터 최초로 서해상에서 실시하는 한·미연합 훈련을 위해 미국의 항모전단(조지 워싱턴 함)이 한반도 해역으로 이동하고 있는 민감한 시기였다. 북한은 물론 중국도 미 항모전단의 서해 진입을 공개적으로 반대하고 있었다.

11월 23일 아침 북한은 그들이 자기들의 영해라고 주장해온 연평도 서남쪽 해상에 한국군이 사격을 실시할 경우 좌시하지 않겠다는 내용의 전문을 판문점을 통해 보내왔으나, 군에서는 이를 묵살한 것으로 알려졌다. 만약에 연평도의 해병부대가 적시에 경고를 받고 필요한 사전 대비책을 강구했더라면 불의의 기습을 당하는 일은 없었을 것이다.

또한 이 사건은 우리 영토에 대한 최초의 포병공격이었다. 해상충돌이나 무장공비침투와는 상황이 달랐다. 즉각 한·미연합위기관리체제가 가동되지 않은 것은 절차상 잘못된 선례를 남겼다고 할 수 있다. 실례로, 상황 발생 직후에 공군 전투기가 현장에 출동했지만 적 지상군을 공군으로 공격하는 문제는 합참이 단독으로 결정할 수 있는 단순한 문제가 아니었다. 확전의 위험이 따르기 때문이다. 한·미 간에 긴밀한 사전 협의와 조정이 필요한 문제였다.

연평도 포격 상황이 끝난 후 청와대로부터 확전을 방지하라는 지시가 "있었다." "없었다."를 놓고 논란을 벌이는 모습도 천안함사건 후에 북한 잠수정의 어뢰공격 여부를 놓고 정부와 군 사이에 이견을 노출하던 모습을 다시 보는 것 같았다. 긴박한 위기상황 속에서 국가 군사지휘체계가 흔들리면 군대가 일사불란하게 움직일 수 없다는 것은 상식에 속한다.

12월 3일 김 태영 국방부장관이 물러나고 김 관진 전 합참의장이 뒤를 이었다. 신임 장관에게 주어진 중요한 당면과제는 그동안 답보 상태에 빠진 국방개혁을 서두르는 일이었다. 천안함과 연평도 사건으로 촉발된 안보불안 심리와 대정부 불신 현상을 해소하기 위해서는 국방개혁에 기대를 걸어야 하는 것이 정부의 입장이었다. 국방부는 개혁실을 중심으로 개혁안 성안에 심혈을 기울였다. 그렇게 해서 완성된 것이 '국방개혁 307계획'이다. '307'은 대통령 보고일자인 3월 7일을 기념하기 위한 것이다.

307계획은 6개 분야 총 70여 개 과제로 구성되어 있었지만, 그 핵심은 상부지휘구조의 개편, 즉 군제개편이었다. 나머지 과제들은 군제의 변경에 따른 부수적인 요소들이거나 개혁안의 구색을 갖추기 위한 행정적인 과제가 대부분이었다. 초미의 관심사항이었던 일방적 군비감축 문제에는 손도 대지 못하고 전 정부의 감군계획을 그 기조로 유지하고 있었다. 달라진 것이 있다면 국민의 정부 시절에는 '작지만 강한 군대'를 만들기 위해서, 참여정부 시절에는 '선진 정예국방'과 '3군 균형발전'을 위해서 군비 감축을 주장한 반면, 이 정부에서는 '출산율 감소'가 새로운 문제로 제기되었다는 것이다. 즉, 2020년대의 출산율 감소에 대비해서 미리 군대를 줄여나간다는 새로운 논리였다.

개혁의 핵심 과제인 상부지휘구조 개편도 합동성 강화를 명분으로 내세웠지만, 사실 그것은 '합동군제'를 폐지하고 '통합군제'로 전환하기 위한 준비과정이었다. 합참의장이 각 군 참모총장을 지휘하고 참모총장이 자군(自軍)의 작전부대를 지휘해서 합동작전을 수행한다고 했지만, 이런 형태의 군제는 어느 나라에도 존재하지 않고, 존재할 수도 없는 제도였다. 결국 시간이 지나면 합참의장을 총사령관으로, 참모총장을 지상군, 해군, 공군사령관으로 바꿔서 통합군제를 완성하겠다는 의미였다. 각 군의 군수, 교육 기능을 국군군수사령부, 국군교육사령부로 통합하는 것도 통합군제 전환을 위한 준비단계에 불과했다.

'70년대 초의 유신정권 시대, 전 두환 정부의 계룡대 이전사업 초기에, 그리고 노 태우 정부의 818개혁에 이르기까지 세 차례에 걸쳐 시도되었지만 결국 중단할 수밖에 없었던 통합군 제도가 천안함과 연평도 사건의 혼란 속에서 합동성을 이유로 어물쩍 되살아나고 있는 셈이었다.

군제를 알지도 못하고, 문제의 핵심을 제대로 보지도 못하는 정치권력이 "개혁에 반대하면 항명으로 간주하겠다."고 엄포를 놓아서 군인들의 입을 막는 것도 정상이 아니었지만, 합동성을 강화하겠다고 각 군 사관학교와 ROTC 졸업생 5,000여 명을 한꺼번에 계룡대에 재집결해서 '합동임관식'을 거행하는 것 또한 한 편의 어설픈 코미디를 보는 것 같았다.

군제개편안은 그 윤곽이 외부에 알려지면서 군·내외의 강한 반발에 부딪혔다. 개편안의 취지를 파악한 군 원로들이 국방부 수뇌들과 회동하는 자리에서 깊은 우려의 뜻을 밝혔다. 그중에서도 해·공군 쪽의 반대가 거셌다. 예비역 참모총장들이 중심이 되어 군제개편에 대한 강한 반대의 뜻을 밝혔다. 그들의 주장은 군이 육군 중심의 단일 지휘구조로 통합될 경우 해·공군 본래의 기능적 특성과 독자성이 제한되어 정상적인 군 발전을 기대할 수 없게 된다는 것이었다. 상대적으로 규모가 작은 소군(小軍)의 피해의식을 대변하고 있었지만 틀린 말은 아니었다. 그러나 보다 중요한 본질은 그것이 자유민주주의체제를 지향하는 국가의 정치체제와 상충하는 제도라는 점이었다.

성우회 정책자문위원회에서는 통합군제도가 안고 있는 법리(法理) 상의 문제와 군제이론상의 문제들을 체계적으로 분석해서 그 내용을 《성우지(星友誌)》를 통해 각계에 전파했다. 아울러 북한의 핵실험과 잦은 무력도발로 갈수록 안보가 취약해지는 시기에 졸속한 군사지휘 체계의 변경과 급격한 군비감축이 초래할 위험성에 관해 경각심을 환기시켰다.

정부는 5월 하순경 국무회의를 열어 국방개혁 307계획을 의결하고 입법안을 국회로 송부했다. 국방위원회에 법안심위소위원회가 구성 되고 본격적인 검토가 시작되었다. 위원회에서는 국방부의 제안 설명 과 병행해서 많은 예비역 전문가들의 의견을 청취했다. 수차례의 찬 반토론과 청문회 등을 계속하는 동안 위원들은 차츰 군제개편안에 내 포된 문제들을 이해하게 되었고, 그에 따라 의안의 조기 상정을 유보 시켰다. 그와 동시에 각 당 지도부에서도 별도로 전문가들을 접촉해 서 문제의 핵심을 파악하고 당론을 재조정하기에 이르렀다. 결국 국 방개혁 307계획은 2011년 정기국회 회기를 넘기고 이듬해 여야 국 방위원들의 합의에 따라 입법 절차가 취하되었다. 이미 레임덕(임기 말 지도력 공백기)에 들어간 정부도 더 이상 국방개혁을 주창하지 않게 되었다.

안보와 국방을 제대로 이해하지 못하는 정치권력과 일부 군 관련자 들의 편견과 아집으로 2년 가까이 극심한 갈등과 혼란을 야기했던 군 제개편안은 그렇게 해서 소멸되고 말았다. 그러나 그것으로 모든 문 제가 해결된 것은 아니었다. 입법절차가 필요한 상부지휘구조의 변경은 중단되었지만, 국회의 동의가 필요 없는 하부구조나 제도의 변경은 상당 부분 그대로 추진되고 있었다. 그것이 장차 군의 조직과 운용에 어떤 혼란과 문제를 야기하게 될 것인지 주의를 기울이는 사람도 없었다.

　신군부 이후 5년 주기로 들어서는 정부마다 마치 국방개혁만이 초미의 관심사인 양 남다른 사명감으로 개혁 몰아가기를 강행해왔지만, 그 결과는 별로 내세울 것이 없었다. 오히려 그 과정에서 군의 전력구조와, 합리적인 의사결정체계와 조직의 안정성에 회복하기 어려운 혼란과 상처를 남기게 되었다는 사실을 지적하지 않을 수 없다.

　군의 변화와 개혁은 반드시 필요하고 지속적으로 추진되어야 한다. 그것이 곧 자주국방 건설의 과정이기도 하다. 그러나 개혁의 목표와 방향에 대한 광범위한 공감대가 형성되지 못하고, 현상에 대한 정확한 문제인식과 합리적인 대안이 신중하게 검토되지 않은 채 일방적으로 밀어붙이는 개혁은 오히려 재앙이 될 수밖에 없는 것이다. 그것은 마치 역방향으로 치닫는 기관차와도 같다. 그 기관차에 부딪쳐서 지금 우리의 자주국방이, 뜨겁게 타오르던 그 불길이 꺼져가고 있는 것이다.

6. 흔들리는 군사력건설

(1) 한국형 원자력잠수함

2000년 가을 합동참모회의는 해군의 잠수함 사업과 관련해서 중요한 의사결정을 했다. 2001년에 종료되는 209급 잠수함(1,200톤급)의 후속 사업으로 추진되고 있는 214급 잠수함(1,700톤급) 건조 사업을 중단하도록 결정한 것이다.

209급 잠수함의 수명연한이 도래하는 2020년도 이후 한반도의 전략상황을 고려할 때 재래식 디젤잠수함의 군사적 효용성은 갈수록 제한될 수밖에 없었다. 북한 소형 잠수함의 침투 위협에 대응하여 구형 디젤잠수함을 계속 증강해나가는 것은 자원의 효율적 운용이라는 측면에서 신중한 재검토가 필요했다.

핵 상황을 감안한 장차전의 양상에서 잠수함은 전략적 타격과 응징보복수단의 하나로 운용되어야 하며, 이를 위해 잠수함의 대형화와 원자력 추진기관의 확보는 필수적인 요소였다. 2000년대 초반이면 한반도 주변국은 물론 북한도 순항미사일(CM)이나 탄도미사일(SLBM)을 장비한 원자력잠수함의 개발에 착수할 것으로 판단했다. 한국이 장차 확보할 이지스구축함과 경항공모함의 해상병참선 방호를 위한 원해 작전활동을 위해서도 원자력잠수함은 필수적인 소요로 판단되었다. 시간을 갖고 미리 추진해나가야 할 전력 소요였다.

합동참모회의는 214급 잠수함 건조계획은 계약이 체결된 3척으로 종결하고, 이미 선행연구를 계속해온 한국형 원자력추진 중(重)잠수함 개발에 자원과 노력을 집중하기로 결정했다. 이에 따라 214급 잠수함의 후속 소요는 군사기획문서에서 모두 삭제했다.

2002년 10월 북한의 HEU(고농축우라늄)계획이 표면화되면서 미국과 북한 사이에 새로운 긴장이 조성되고, 북한의 핵개발 위협이 한층 고조되고 있었다. 2003년 3월 국방부는 장기적인 군사대응태세를 보고하는 자리에서 원자력추진 잠수함의 추진계획을 대통령에게 보고하고 승인을 받았다. 그리고 해군과 관계 연구기관 합동으로 사업단(326단)을 편성하여 본격적인 사업추진에 착수했다. 대략 2007년까지 개념설계를 완료하고, 그 기간 중에 미국을 비롯한 관련국들과 협의를 거쳐 함정 건조에 착수한다는 복안이었다. 2012년을 잠정적인 목표연도로 설정했다. 그러나 그 계획은 오래가지 못했다.

북한 핵위협에 대비한 응징보복능력을 발전시키고, 주변국의 군사력증강에 대응한 해군의 전략적 억제력을 확보하기 위해 장기간의 선행연구를 통해 검토하고 준비한 한국형 원자력잠수함 사업은 궤도에 오른 지 2년도 안 되어 소멸하고 말았다. 군 수뇌부가 교체되고 얼마 지나지 않아 국방부는 잠수함사업단을 해체해버리고, 방위사업청은 두 번에 걸쳐 6척의 214급 디젤잠수함을 발주했다.

어떤 군사적 논리와 의사결정과정을 거쳐 원자력잠수함 개발 사업이 다시 구형 디젤잠수함 구매 사업으로 바뀌게 되었는지는 밝혀지지 않았다.

(2) 패트리어트 미사일

'91년 '사막의 폭풍 작전'에서 미군은 개량형 패트리어트(PAC-2)로 이라크군의 스커드(Scud) 미사일을 요격하는 데 성공해서 언론의 각광을 받았다. 그러나 대(對)항공기용으로 개발된 패트리어트를 대(對)

미사일 요격용으로 운용하는 데는 무기체계상 미비점이 많다는 것을 발견했다. 그래서 미국은 이미 배치된 패트리어트(PAC-2)를 PAC-2 GEM(Guidance Enhanced Missile)으로 성능을 개량하는 한편, 대(對)미사일 요격 전용 무기인 패트리어트 PAC-3를 개발하고 있었다.

PAC-2 GEM과 PAC-3는 그 특성상 별개의 무기체계에 가까웠다. PAC-2 GEM은 유도탄이 목표에 근접하면 자동으로 폭발해서 그 폭풍과 파편으로 목표를 파괴하는 방식인 반면, PAC-3는 탄두에 내장된 별도의 미사일(ERINT 탄)로 목표를 직접타격(hit-to-kill)하는 방식이다. 성공확률과 파괴효과 면에서 차이가 클 수밖에 없었다.

1차 북한 핵 위기를 겪으면서 합참은 중거리 지대공유도무기(M-SAM)를 독자 개발하여 대(對)항공기용 방공무기 소요를 충족시키도록 하면서, 패트리어트 PAC-3를 신규로 확보하여 미사일방어체계를 발전시켜나가는 것으로 사업 방향을 결정하고 관계관을 미국에 장기 파견해서 개발정보를 계속 추적하고 있었다. 그러는 사이에 예기치 않은 상황이 발생했다.

'90년 말에 독일이 통일되면서 그 지역에 배치되었던 패트리어트(PAC-2) 부대들이 불필요하게 되었다. 그중 미군이 운용하던 자산들은 본토로 철수하여 성능개량과정(PAC-2 GEM)을 거쳐 타 지역에 전용이 되었지만, 서독 군대가 운용하던 자산은 재활용 대책이 없었다. 그래서 원제작사인 레이시언사에서는 그 무기들을 성능개량을 전제로 제3국에 판매하는 방안을 강구하는 것으로 알려졌다. 판매 가능한 대상국은 한국, 쿠웨이트, 대만 등 몇몇 국가였다. 일본은 미군과 거의 때를 같이하여 기존의 6개 패트리어트 대대의 성능개량과 PAC-3의 추가배치를 이미 추진하고 있었다.

'90년대 후반이 되면서 구서독 패트리어트를 한국에 판매하려는 노력이 본격화되었다. 제작사와 국내 유관업체가 중심이 되어 해당 군과 관련 부서에 사업정보를 제공하고 다각적인 설득작업을 계속했다. 심지어 주한미군에 근무경력이 있는 고위급 전역군인들을 통해서 설득작업을 펴기도 했다.

합참의 입장은 확고했다. 북한이 대포동 미사일을 발사하고, 고농축우라늄계획으로 위기감을 고조시키는 상황에서 미사일방어능력 확보는 국가의 생존에 직결된 과제이므로 한국은 처음부터 PAC-3를 구매하겠다는 의사를 되풀이해서 강조했다. 미국이 추진하고 있는 미사일방어체계와의 상호운용성을 위해서도 반드시 그것이 필요하다는 점을 주지시켰다.

2006년 방위사업청이 패트리어트 구매계약을 체결한다는 소식이 들렸다. 놀랍게도 독일에 보관 중인 PAC-2형 2개 대대를 구매한다고 했다. 약 2조 원에 가까운 예산이 투입된다고도 했다. '80년대 후반 NATO 방공망의 일부로 실전에 배치되었다가 독일 통일 후 임무가 해제되면서 창고에 보관 중이던 구형 PAC-2 미사일이 거의 20년 후에 새로운 주인을 찾아 한국으로 오게 된 것이다.

장비도입이 끝난 후에는 다시 레이시언사 주도로 1단계 성능개량을 실시한다고 했다. 그 예산이 또 1조 원에 육박한다고 했다. 그러나 그것이 마지막도 아니다. 성능개량은 2~3년 간격으로 계속 새로운 소요가 발생하기 마련이다. 중고품 정밀유도무기의 수명주기(Life Cycle)를 연장하기 위해서는 불가피한 과정이다. 과거 군원장비인 호크와 나이키 허큘리스 등을 운용하면서 제작사의 성능개량 요구에 무기력하게 끌려다녔던 고통스러운 기억들이 남아 있다.

주한미군이 이미 2004년부터 PAC-3 배치를 완료하고, 일본 또한 PAC-3 배치를 진행하고 있는 상황에서 한국만 유일하게 구형 PAC-2 를 들여다가 먼 길을 돌아가기로 작정한 내력을 이해할 수 없었다. 누가, 어떤 절차를 거쳐 그런 결정을 내렸는지도 알 수가 없었다.

단지 "없는 것보다 낫다(better than nothing)."는 이유로 고가의 무기들을 사들이기 시작한다면 그것은 군사력건설이 정도를 벗어나고 있다는 것을 의미한다. 정상적인 기획관리체계가 무너지고, 군사적 의사결정에 비군사적 요소들이 끼어들고 있다는 것을 의미한다. 합참이 군사력건설의 중추기관으로서 제 역할과 기능을 다하지 못하고 있다는 것을 의미하고, 자주국방 노력이 목표와 방향감각을 상실하고 있다는 것을 의미한다.

한국이 독일로부터 패트리어트 도입을 마치고, 1단계 성능개량에 착수한 2010년 여름 레이시언사는 2단계 성능개량사업을 제기했다. 2015년 이후 수리부속품 공급 중단에 대비하고, 구형 사격통제장비를 신형으로 교체하기 위한 사업이었다. 레이더를 교체하면 구형 패트리어트 발사대로 신형 PAC-3 미사일인 ERINT 탄(hit-to-kill 방식)을 발사할 수 있다고도 했다. 한국의 입장에서 다른 선택이 있을 수 없었다.

2015년 방위사업청은 2단계 성능개량과 ERINT 탄 구입비로 약 1조 6,000억 원을 승인한 것으로 알려졌다. 우리의 전력증강이 처한 딱한 처지를 보여주고 있는 것이다.

(3) 이지스 대탄도탄방어체계(BMDS)

이지스함은 대(對)탄도탄 감시 및 요격능력 확보를 목표로 제기된 소요였다. 그 핵심 기능은 SPY-1D 3차원 레이더와 대(對)탄도탄 요격무기인 SM-3 미사일이었다. 미국은 그 2개의 무기체계를 기반으로 새로운 이지스 대탄도탄방어체계(Aegis Ballistic Missile Defense System)를 개발하는 중이었다.

최대 탐지거리 1,000km 이상인 SPY-1D 레이더는 북한의 전 지역에서 발사되는 미사일을 실시간으로 탐지, 식별하고 추적할 수 있는 능력을 보유하고 있었다. 이것은 별도 사업으로 추진하고 있는 장거리 무인정찰기(Global Hawk)와 더불어 장차 북한의 미사일 활동을 24시간 지속적으로 감시하는 핵심적 기능을 담당하게 될 것이다. 한국이 그 시스템을 획득하는 데도 별 문제가 없는 것으로 파악되고 있었다.

한편, SM-3 미사일은 아직 시험평가 중에 있었다. 미국은 '97년경부터 이지스 순양함에 SM-3 미사일을 탑재하여 각종 비행시험과 요격시험을 병행하고 있었다. 개략적으로 2007년까지 10여 차례의 비행시험이 계획되어 있는 것으로 파악되었지만 정확한 시기와 내용은 알 수 없었다. 또한 미국이 갓 개발한 SM-3 미사일, 즉 대(對)탄도탄 방어체계를 곧바로 한국에 판매할지도 알 수 없었다. 다만 그것이 공격무기가 아니고, 한국 해군이 이미 신형 KDX-2급 구축함에 같은 계열인 SM-2 미사일을 장비하고 있었기 때문에 큰 문제는 없을 것으로 판단되었지만, 경우에 따라서는 정부 차원의 폭넓은 대미(對美) 협의가 필요할 것으로 보았다.

그때까지 확인된 첩보에 의하면, SM-3 미사일은 최대 사거리

700km 이상, 최대 상승고도는 160km 이상으로 대기권 밖의 외기권에서 운용이 가능하도록 설계된 무기였다. 이론상으로 북한지역에서 발사되는 중거리 탄도탄을 상승단계(Boost Phase)로부터 중간비행단계(Mid Course Phase)에 걸쳐 추적 및 요격이 가능한 것으로 알려졌다. 물론 대기권 이내의 종말단계(Terminal Phase)에서도 운용이 가능하다.

또한 SM-3는 운동에너지 탄두(Kinetic Warhead)에 의해 표적을 직접타격(hit-to-kill)하는 방식으로 탄두의 파괴효과와 성공확률을 증대시키고 있었다. 그것은 이전 단계 버전인 SM-2 미사일과는 차원이 다른 무기체계였다.

기술 후진국인 한국의 입장에서는 SPY-1 레이더와 SM-3 미사일을 주축으로 하는 이지스 대(對)탄도탄방어체계를 확보하는 것이 가장 현실적인 선택이라고 할 수 있었다. 그것을 중심으로 패트리어트 PAC-3와 같은 종말단계 요격체계를 보강하고 단계적으로 공군의 공대공 요격체계를 발전시켜나간다면, 한국의 독자적인 미사일방어체계는 2010년대 중반까지는 구축이 가능할 것으로 판단했다. 그러나 그 야심 찬 구상은 계획대로 실현되지 못했다.

이지스함의 선박 건조에 급한 해군과 국방부는 2002년도에 SM-2 Block III를 기반으로 하는 '이지스 전투체계'를 국방 무기체계로 채택하고 미국과 LOA(Letter of Acceptance: 수락서)를 체결했다. 그것은 대(對)탄도탄방어체계는 아니었다. 물론 SM-3 미사일이 아직 시험평가 중에 있기 때문에 어쩔 수 없는 조치였다고도 할 수 있다. 일본도 자국의 곤고(Congo)급 이지스함의 후속 사업으로 추진하는 신형 아타고(Atago)급 2척을 2002년과 2003년에 각각 건조를 시작했지만, 미국의 SM-3 개발현황에 맞추어 속도를 조절하고 있는 것으로 알려지고 있었다.

방위사업청은 2004년 11월 이지스 1번함 건조계약을 시작으로 2006년 6월 이후 남은 2척을 순차적으로 발주했다. 그 사이에도 미국은 SM-3 시험평가를 계속하고 있었다. 2003년 12월에는 태평양 상공 고도 137km에서 대(對)탄도탄 요격시험에 성공하고, 2005년 11월과 2006년 6월에는 다탄두 중거리 탄도탄을 묘사한 분리형 탄두에 대한 두 차례 요격시험에 성공했다. 미국은 2007년까지 계획된 요격시험 10회 중 8회를 성공적으로 완료한 것으로 알려졌다.

일본은 2007년과 2008년 두 차례에 걸쳐 SM-3 대(對)탄도탄요격체계를 갖춘 신형 아타고급 이지스함 2척을 취역시키는 한편, 기존 곤고급 4척에 SM-3 탑재를 위한 시스템 개량작업에 착수한다고 했다.

한국은 2008년 12월에 이지스 1번함을 취역시키고, 2011년과 2012년에 2번함과 3번함을 취역시켰다. 그러나 그중 한 척도 대(對)탄도탄요격체계를 갖추지는 못했다. 미국과 일본이 SM-3 전력화를 서두르던 그 시기에 한국 정부가 한 일은 별로 없었다.

군사력건설에 관련된 참모조직을 방위사업청으로 이관해버린 국방부로서는 그러한 상황의 변화를 추적하고 기민하게 대응해나갈 전담조직 마저 없었다. 합참 또한 군사력 발전의 중추기관이라는 주도적 역할에서 밀려나 관망하는 입장으로 변해가고 있었다. 경험 있는 전문 인력도 거의 사라지고 없었다. 그렇다고 민간조직인 방위사업청이 대(對)탄도탄요격체계의 확보에 명운을 걸고 매달릴 이유도 없었다. 해군도 세계 세 번째로 이지스함을 보유했다는 사실에 고무되어 있었지만 미사일방어능력을 걱정하는 분위기는 아닌 것 같았다.

　그리고 3년이 채 지나지 않아 군이 이지스함 3척을 추가로 획득한다는 소문이 돌았다. 어떤 경로로 소요가 제기되었는지는 알 수 없다. 이번에는 SM-3 대(對)탄도탄요격체계를 갖춘다고도 했다. 스스로 경제대국을 자처하는 나라의 느긋하고 여유 있는 모습이라고 할 수도 있겠지만, 어딘가 바퀴가 헛돌고 있다는 허전한 마음을 금할 수 없다.

　거듭 말하지만, 값비싼 최신 무기들을 부지런히 사들인다고 자주국방이 저절로 이루어지는 것은 아니다. 명확한 군사전략적 개념 위에서 설정된 전력구조의 기능적 요건을 정밀하게 맞추어나갈 때 총합적인 자주국방의 틀을 완성해나갈 수 있는 것이다.

제2장
꺼지지 않는 불꽃 — 다시 새로운 비상을 향해

1. 역사에서 배운다

19세기 후반 외세의 침탈 속에 조선의 국운이 끝없이 쇠락하고 마침내 국권을 빼앗겨 나라가 망해가는 과정을 자세히 들여다보면, 우리의 문제가 어디에 있고, 또 우리가 어떤 사람들인가를 일깨워주는 통절한 교훈을 마주할 수 있다.

서세동점(西勢東漸)의 거센 바람이 몰려올 때 조선은 허름한 대문의 빗장을 걸어두고 깊은 잠에 빠져 있었다. 수백 년 상국(上國)으로 떠받들던 청나라의 수도가 서양 군대의 총검에 짓밟히고, 궁궐이 불에 타는 치욕을 당하고, 뒤이어 청국도 서양 문물을 익혀 부국강병을 이루자는 양무운동(洋務運動)이 대륙을 뜨겁게 달굴 때도 조선은 잠에서 깨어나지 않았다. 이웃 나라 일본이 700년 막부정치(幕府政治)를 무너뜨리고, 메이지 유신(明治維新)으로 나라의 기틀을 새로 짜고 근대식 교육과 산업과 군비확충에 총력을 기울이던 그 시기에도 조선은 잠에서 깨어나지 않았다.

안동 김문(金門)의 60년 세도가 대원군 10년 독재로 바뀌고, 다시 여흥 민문(閔門)의 족벌정치로 바뀌어도 달라지는 것은 없었다. 정권은 집권세력의 이권이고 지켜야 할 기득권에 불과했다. 매관매직이 일반화되고 나중에는 과거시험이 재물조달의 수단으로 이용되기도 했다. 돈으로 벼슬을 산 지방관들의 가렴주구(苛斂誅求)가 극에 달했고, 가난에 찌든 백성은 초근목피(草根木皮)로 연명하기에 급급했다. 그때의 나라 사정을 황 현의 『매천야록(梅泉野錄)』은 비통하게 전해주고 있다.

대원군의 독단정치 속에 왕권(王權)은 허울에 불과했고, 사리에 어둡고 줏대가 없는 군왕은 그것을 되돌려주어도 제대로 쓸 줄도 몰랐다. 다시 민문의 족벌정치 속에 국정의 난맥과 혼란은 끝이 보이지 않았다. 그렇게 황금 같은 30년을 허송해버렸고, 그 30년 동안에 일본은 신흥 강국이 되어 조선 침탈의 야욕을 드러내기 시작했던 것이다.

일본의 국력이 강성해질 때 그 힘이 향하는 곳은 어김없이 한반도였다. 수천 년 역사를 통해 배워온 진실이기도 하다. 메이지 유신에 성공한 일본의 집권세력이 여세를 몰아 곧바로 조선을 정벌하자는 측과, 때를 기다려서 거행하자는 측으로 갈라져서 저들끼리 벌인 전쟁이 세이난 전쟁(西南戰爭)이었다. 일본의 조선 침략은 이미 그때부터 정해진 수순이었던 것이다.

을사오적(乙巳伍賊)이 나라를 팔아먹어 조선이 망했다고 말하는 것은 부끄러운 역사의 왜곡이고 진실의 호도가 아닐 수 없다. 폐정개혁

(弊政改革)을 요구하는 동학반도(東學叛徒)들을 징벌하자고 스스로 외국 군대를 끌어들이고, 그래서 국토가 청·일 양국 군대의 싸움터로 변하고, 수많은 백성들이 영문도 모른 채 포화에 쫓기며 죽어갈 때 조선의 국권은 이미 쇠락의 길로 내몰리고 있었다. 전쟁에 승리한 일본 군대가 경복궁 한복판에서 왕후를 시해하여 그 시신에 불을 지르는 만행을 서슴지 않고, 겁에 질린 임금이 이른 새벽 대궐을 빠져나가 러시아영사관으로 피신을 하고, 사신을 보내서 러시아 황실의 보호를 간청할 때 조선의 자주권은 이미 소멸하고 있었다.

나라가 망해가는 것을 방관할 수 없었던 조선의 지식인들이 의기를 모아 결성한 것이 '독립협회'였다. 그들은 피난 간 임금을 환궁시키고, 칭제건원(稱帝建元)을 추진하여 1897년 10월 황제즉위식을 거행하고 '대한제국'을 선포했다. 일본과 러시아의 조선 침탈을 규탄하는 국민 저항운동을 확산시켜 러·일 양국이 대한제국의 내정에 간섭하지 않는다는 '니시-로젠 협약'을 이끌어냈다. 러시아의 절영도 조차(租借) 요구를 무산시키고 일본이 설치한 군대용 석탄기지도 철수시켰다. 러시아와 일본이 조선반도에서 세력균형을 이루어 잠시 주춤하고 있는 동안에 내정을 개혁하고 나라의 기틀을 바로 세우기 위해 전국의 유지와 사회단체, 정부 관리가 참여하는 1만 명 규모의 '만민공동회(萬民共同會)'를 개최하여 시급한 개혁과제(헌의6조)를 의결해 정부에 건의하는 한편, 입헌군주제(立憲君主制)를 채택하여 급변하는 정세에 능동적으로 대처해나가는 길을 모색하기도 했다. 그러나 황권의 축소와 기득권의 상실에 불안을 느낀 고종 황제와 수구세력은 독립협회의 해산을 모의하고 경찰력을 동원해서 협회의 간부들을 모두 체포해버렸다. 거세게 항의하는 민중들을 해산하기 위하여 전국의 보부상

(褓負商) 수천 명을 한성(서울)으로 끌어 모아 폭력으로 민중들을 탄압했다. 이른바 '정치폭력'의 원조였다. 청·일전쟁 이후의 아까운 10년이 또 그렇게 흘러가버렸다. 조선(대한제국) 정부가 할 수 있는 일은 오로지 강대국 러시아의 세력에 의탁하는 길뿐이었다. 그리고 그것이 다시 러·일전쟁의 빌미를 제공하게 되었다.

러시아와 일본 간에 전쟁의 조짐이 심상치 않자, 조선(대한제국) 정부는 '국외중립'을 선언하는 기민성을 보였지만, 그것에 주의를 기울이는 나라는 없었다. 일본은 러·일전쟁이 시작되자마자 무력으로 한성을 점령하고 친러파 대신들을 체포하거나 연금한 상태에서 공수동맹(攻守同盟)을 강요했다. 그렇게 해서 맺어진 것이 '한·일의정서'다. 한·일의정서는 조선의 안전을 지킨다는 명분으로 일본이 조선의 시정개혁을 지도하고, 군사적 필요에 따라 토지를 임의로 수용하고, 상호 동의 없이는 제3국과 동일한 협약을 맺을 수 없다는 것이 그 골자로, 일본의 내정간섭과 국토점유권을 명시하고 조선의 대외교섭권을 제한하는 문서였다. 한성이 일본 육군의 발진기지가 되고 마산포 일대가 일본의 해군기지가 되었다. 다시 8월에는 '제1차 한·일협약'을 맺어 일본인 재정고문과 미국인 외교고문을 두어 나라의 재정과 외교권을 실질적으로 박탈해버렸다. 일본의 조선 침략은 짜놓은 계획에 따라 진행되고 있었던 것이다.

러·일전쟁이 일본의 승리로 끝나가자, 미국이 전후 처리를 위한 중재에 나섰다. 1905년 7월 말, 러시아와 일본의 전권대사가 강화회담을 위해 포츠머스에 파견된 상황에서 미국 정부는 대통령 특사를 일본에 보내 비밀리에 '가쓰라-태프트 협약'을 체결했다. 미국의 필리핀 지배를 인정하고 일본이 필리핀에 대한 공격의도를 갖지 않는 대신 미국은 조선에서 일본의 우월권(Superiority)을 인정한다는 내용이었다. 우월권이라는 애매한 표현을 사용했지만 실제는 조선에 대한 일본의 지배를 정당화하는 의미였다.

일본 총리 가쓰라 다로(桂太郎)는 조선은 러·일전쟁의 직접적 원인이므로 조선이 또다시 다른 나라와 조약을 맺어 일본을 전쟁으로 끌어들이는 것을 막기 위해 조선의 식민지화가 절대적으로 필요하다고 주장했고, 태프트(William Howard Taft) 특사는 조선을 일본의 보호령으로 하는 것이 동아시아의 안정에 직접적으로 기여하게 될 것이라고 동의했다. 그리고 한 달 후인 9월 5일 미국과 영국의 대표가 참여한 가운데 러시아와 일본 사이에 포츠머스 강화조약이 성립되었다. 15개 항으로 된 조약의 첫 번째 항은 조선에 대한 일본의 우월권을 인정하는 것이었다. 후에 독일도 이 조약의 내용에 동의했다.

서구 열강들을 상대로 조선 식민지화에 관한 국제적 명분을 확보한 일본은 더 이상 거리낄 것이 없었다. 일본 내각은 같은 해 10월 조선의 '보호권 확립'에 관한 실행안을 의결하고 11월에 추밀원의장인 이토 히로부미(伊藤博文)를 특사로 파견했다. 하야시 곤스케(林權助) 공사가 협의를 책임지고 주둔군 사령관 하세가와 요시미치(長谷川好道)가 무력으로 엄호하도록 했다. 그렇게 해서 11월 17일 일본 군대가 궁궐을 장악한 상태에서 하야시 공사와 외무대신 박 제순 간에 맺은 조약이 '한·일협상조약'이며 일명 '제2차 한·일협약' 또는 '을사보호조약'이다. 조선의 외교관계와 대외교섭권을 박탈하고, 이를 감독하기 위해 일본의 통감부를 설치하고, 일본이 필요로 하는 지역에 일본

관리가 영사권(領事權)을 행사한다는 내용이었다. 한·일합방을 향한 과도적 조치였다. 조정 대신 몇 사람이 목숨을 걸고 반대한다고 거스를 수 있는 대세가 아니었다. 일본 특사 이토가 고종을 비밀리에 알현하는 자리에서 말했다는 내용이 기록으로 전해지고 있다.

"오늘 필요한 것은 폐하께서 결심하는 문제입니다. 승낙하든 거부하든 마음대로입니다. 그러나 만일 거부하는 경우에는 일본 정부로서는 이미 결심한 바가 있으므로 그 결과가 어찌될 것인지도 생각해야 합니다. 짐작컨대 귀국의 지위는 이 조약을 체결하는 것보다 더 곤란한 지경에 이를 것이며 더욱 불리한 결과를 각오해야 할 것입니다."
(김 용구, 『세계외교사』, 서울대학교 출판문화원, 2017. 8, 549쪽)

조선이 망한 것은 나라에 인재가 없고 백성들의 나라 사랑하는 마음이 없어서가 아니다. 기회가 없고 시간이 없어서 망한 것도 아니다. 동도서기(東道西器)를 주창하는 개화파 인사들이나, 위정척사(衛正斥邪)를 고집하는 수구파 인사들이나, 보국안민(輔國安民)을 내세우고 폐정개혁을 부르짖는 동학도들마저도 각자 주장은 달랐지만, 나라를 위하는 의기와 열정은 한결같았다. 그 다양한 의견들을 모으고 다듬어서 국정의 방향을 바로 세울 큰 그릇이 없었다. 문명의 흐름이 바뀌는 역사적 전환기에 나라의 흥망을 내다보는 통찰력과 결단력을 지닌 국가지도력이 없어서 조선이 망한 것이다.

이웃나라들이 서양의 군함을 사들이고 신식 병기를 증강하는 데 국력을 경주하던 그 시기에 300년 버려두었던 경복궁(景福宮)을 재건하는 데 국력을 탕진하는 나라에 국방력을 갖출 여력이 있을 리도 없었다. 나라의 안보를 남의 나라에 의탁한 채 추악한 파벌싸움과, 권력의 영화와 안일을 탐하던 나라가 막상 무력을 앞세우고 밀려오는 외세 앞에서 내세울 수 있는 대책은 아무것도 없었다. 을사늑약(乙巳勒約)이 일어나기 훨씬 전부터 조선은 스스로 자멸의 길을 가고 있었던 것이다.

오늘 우리가 처한 상황을 구한말의 상황에 견주는 것은 적절한 비유가 아닐 수도 있다. 우리의 국력과 국가적 위상은 그때와는 전혀 비교가 되지 않는다. 한국은 20세기 후반의 가장 짧은 기간에 가장 빠르게 성공한 나라다. 세계 유수의 경제력과 최고의 교육수준을 갖춘 인적 자원이 넘쳐나는 나라다. 민주적인 대의정치가 뿌리를 내리고, 열정적인 국민의 도전의지는 세계를 향해 거침없이 뻗어가고 있다. 가히 민족중흥의 전기를 맞고 있다고도 할 수 있다.

그러나 우리의 주위를 둘러보면 100년 전 조선의 운명을 마음대로 주무르던 주변 열강들이 그대로 버티고 있다는 사실을 깨닫게 된다. 다시 곰곰이 생각해보면 지난 한 세기 동안 우리는 한 번도 그들의 이해다툼 속에서 벗어나본 적이 없었다. 일본의 식민통치야 말할 것도 없고, 종전 후의 신탁통치 구상과 남북분단, 6·25전쟁에서 휴전에 이르기까지 모든 것이 주변 열강의 이해타산 속에서 이루어졌다. 변한 것이 있다면 수백 년 종주국이던 중국이 적대세력에 편입되고 미국이 동맹국이 되었다는 점이다. 지금 우리가 한·미동맹에 모든 것을 맡기고 호기롭게 살아가는 모습도 그때나 다름이 없다.

동서냉전이 끝나던 전환기에 한반도에도 분명히 기회가 있었고, 그 기회를 살려보려는 노력도 있었다. 분단 상황을 극복하고 비핵화를 달성하겠다는 야심 찬 도전이 이루어졌다. 그러나 한반도 분단구조의 해체를 진심으로 축복하고 도와주는 나라는 없었다. 우리의 준비 부족과 미숙함에도 문제가 있었다. 뿌리 깊은 상호불신도 넘기 어려운 장애물이었다. 결국 모든 시도가 무위로 끝나고 '핵으로 무장한 북한'이라는 절체절명의 위협 앞에 내몰리게 된 것이다.

지난 70년 동안 한반도에 전쟁의 재발을 막고 한국의 안보를 지켜온 것이 한·미동맹의 힘이라는 사실에 이의를 달 사람은 없다. 문제는 그 동맹도 상황의 변화에 따라 끊임없이 변하고 바뀔 수 있다는 점이다. 스스로 나라를 지킬 수 있는 힘, 자주국방력을 갖춰야 하는 이유가 거기에 있다. 주권국가의 피할 수 없는 책임이고 의무인 것이다. 갖추어야 할 힘이 있을 때 그 동맹도 제 기능을 유지할 수가 있는 것이다.

북한의 핵무장이 현실적 위협으로 대두되면서 미국의 전략목표는 '한반도의 평화'보다는 '미국의 안보' 쪽으로 중심이 이동하는 형상이다. 한국의 발언권도 상대적으로 축소될 수밖에 없다. 식자들 사이에는 '한국 건너뛰기(Korea Passing)'라는 신조어가 남의 얘기를 하듯 쉽게 회자되기도 한다. 북한의 핵실험, 미사일 발사가 있을 때마다 '한·미동맹'과 'UN제재'를 단방약(單方藥)처럼 외치는 나라의 지도자들이 30년 피땀 흘려 키워온 자주국방력을 스스로 줄이고 해체하는 이해할 수 없는 행위에 열을 올리고 있다. 지난 20년 동안 진보와 보수를 가릴 것 없이 이심전심으로 밀어붙인 과업이다. 무슨 일을 하고 있는 것인지 그들도 모르고 국민들도 모르는 것 같다. 어찌 보면 최면에 걸린 군상과도 같다. 그것이 정녕 우리의 타고난 모습이고 우리의 한계라는 뜻인가?

　스스로 '소중화(小中華)'를 자처하면서 중국의 위광에 안보를 의존한 채 중국보다 더 중국답기를 꿈꾸며 살아왔던 조선왕조 오백 년의 역사를 다시 보는 것 같다. 역사의 진실과 교훈을 외면한 채 허세를 부리며 살아가는 나라와 그 국민들에게는 진정한 국가안보의 미래가 있을 수 없다. 지금 한국의 안보가 처한 상황은 구한말 그때보다 훨씬 위태로운 형국이다. '한국 건너뛰기'를 걱정하는 고명한 식자들도 지금은 '한국 밟고 가기'를 걱정해야 할 때다. 밟히고 살아온 지난 일을 되돌아보자는 뜻이다.

2. 자주국방은 국가 주권과 생존의 과업이다

'70년대 초에 태동한 우리의 자주국방건설은 자주적인 군사정책과 전략을 개발하고, 그 전략을 수행할 적정 군사력을 자력으로 건설하고, 국가의 정당한 의지에 따라 그 군사력을 운용할 수 있는 자주적인 군사작전지휘체제를 확립해나간다는 단순하고 명확한 목표를 내걸고 시작되었다.

소총 한 자루 만들 능력이 없는 세계 최빈국의 처지에서 누가 들어도 무모하고 허황된 얘기였지만, 당장 눈앞에 밀어닥친 전쟁의 공포를 이겨내고 국가의 생존과 자주권을 지키기 위해서는 불가피한 선택이었다. 한반도를 에워싼 주변 열강들의 끊임없이 변화하는 이해관계 속에서 더 이상 나라의 안보를 외세에 의탁하고 살아갈 수 없다는 절박한 상황인식에서 내린 결단이었다. 국난의 시기에 무기력하게 끌려다니다 마침내 나라를 잃고 남의 백성으로 살아야 했던 치욕스러운 역사에 대한 통한과 자성의 시각에서 분단과 통일 이후의 먼 장래까지를 내다보는 결연한 도전이었다.

성공을 장담하는 사람도, 그것을 믿는 사람도 없었다. 오로지 국가지도력의 강력한 선도 하에 일단의 전문 관료와 군인과 과학자와 산업체의 전사들이 한 덩어리로 뭉쳐 혼신의 열정을 불태웠고 그 과정에서 크고 작은 수많은 기적들을 이루어냈다. 그리고 그 기적들을 통하여 국가의 숨은 잠재력을 새로 발견하고, 국민적 자존심과 자신감을 회복하고, 먼 장래의 국가 주권과 생존에 대한 예측과 비전을 가질 수 있게 되었던 것이다.

그것은 분명 도전이었다. 국방과학기술과 중화학공업과 경제력의 확충을 통한 자주국방력 건설을 향한 도전이기도 했지만, 다른 한편으로는 강대국들의 틈바구니에서 숨죽이고 살아야 했던 한반도의 지정학적 숙명에 대한 도전이기도 했다.

한반도가 수백 년 그래 왔듯이 가난에 찌들고 힘이 없는, 다루기 편한 후진국 대열에 머물기를 바라는 주변 열강들의 입장에서는 우려스러운 사태의 진전이라고 할 수도 있었다. 그래서 우리의 자주국방은 시작부터 주변국의 의혹과 견제 속에 험난한 길을 걸어야 했고 수많은 고통과 시련을 감수해야만 했다. 핵연료주기 자립화를 둘러싸고 동맹의 위기에까지 내몰렸던 한·미 간의 갈등이나 미사일, 우주개발을 포함해서 첨단 기술에 가해진 제약들이 그것이다. '90년대 중반부터는 중국이 한반도에 전구미사일방어체계(TMD)의 배치를 반대하는 정부 성명을 발표하고 노골적인 참견을 시작했다. 근자에 사드(THAAD)를 둘러싼 한·중 간의 갈등도 그 연장선상에서 이루어진 일이다. 황해 연안을 따라 배치된 복수의 중국 미사일여단이 장비한 중거리 미사일(DF-21: 1,800km)이 한반도를 사정권 안에 두고 있다는 사실을 알고 있는 사람은 많지 않다. 일본 또한 한국의 국방력 증강에 경계의 시선을 늦추지 않고 있지만 그들은 직접 나서기보다는 미국과 손발을 맞추는 정교한 간접접근 방식을 택하고 있다.

비록 우리의 자주국방 건설이 주변 강대국들의 의혹과 견제 속에 적지 않은 고통과 시련을 겪어야 했지만, 그것이 우리의 열망과 의지를 꺾을 수는 없었다. 길이 막히면 돌아가는 길을 찾고, 방법이 없으면 시간표를 조정해가면서 집념의 불꽃을 이어갔다. 어차피 단기간에 결판을 낼 일도 아니고 누군가의 당대에 완성될 수 있는 일도 아니다. 국가가 존속하는 한 뚜렷한 목표를 세우고 끈질기게 노력하면 언젠가 반드시 이루어질 일이다. 그 노력 자체가 때로는 전쟁의 억제력이 되고, 때로는 국가 위상을 격상시키는 지렛대의 역할을 하게 되는 것이다.

지금 30여 년간 맹렬히 타오르던 자주국방의 불길이 꺼져가고 있는 것은 결코 외세의 간섭이나 견제 때문이 아니다. 문제는 바로 우리 안에 있는 것이다. 그 첫 번째가 국가지도력의 결핍이다.

신군부 이후 6개의 정권이 바뀌는 동안 자주국방의 참뜻을 이해하고 그 원대한 장정을 이끌어줄 국가지도자는 한 사람도 없었다. 어떤 정부는 정통성이 빈약한 정권의 안정을 위해 자주국방의 기반을 훼손하기도 했고, 어떤 정부는 성급한 공명심과 근거 없는 자신감 속에서 국방력을 경시하고, 또 어떤 정부는 편협한 이념의 벽에 가려서 자주국방에 재갈을 물리기도 했다. 그 자생적인 혼돈과 수난 속에서 우리의 자주국방은 방향감각을 상실하고 동력을 잃어가게 된 것이다.

두 번째로는 군인의 본분과 가치관의 혼란을 지적하지 않을 수 없다.

스스로 국가안보의 마지막 보루를 자처하는 군인들이 앞장서서 군대를 마구 줄이고 군의 전력구조를 해체하면서 그것이 국방개혁이고 나라를 위하는 일이라고 강변하는 것은 세상에서 유일하게 이 나라에서만 일어나고 있는 현상이다. 정부가 자주 바뀌고 정권의 성향이 뒤바뀌는 급박한 변화 속에서 생겨난 현상이라고 할 수도 있지만, 그 일차적인 원인은 군의 내부에서 찾아야 한다. 무엇인가 크게 잘못되고 있는 것이다.

나라의 안보상황이나 경제·사회적 여건의 변화에 따라 군비의 감축이나 복무연한의 단축을 논의하는 일은 얼마든지 있을 수 있다. 다만 그것은 나라의 전반적인 운영을 책임진 정부와 정치인이 판단할 영역이지 군인들이 스스로 앞장서야 할 일은 아닌 것이다. 항재전장 (恒在戰場)의 마음가짐으로 전쟁을 막고, 싸우면 반드시 이기겠다는 결의에 차 있다면 소총 한 자루, 대포 한 문이라도 더 챙기고 비축하는 것이 군인의 당연한 속성이다. 함부로 해체하고 버릴 수 있는 것이 아니다. 비록 천하가 태평해도 한쪽에서 묵묵히 최악의 사태에 대비하는 것이 군인의 책무고 지켜야 할 본분인 것이다. 군대라는 토양이 황폐해지면 자주국방은 영원히 그 뿌리를 내릴 수 없다.

2차 대전의 전후 처리 과정에서 강대국들의 흥정에 따라 분단되었던 몇몇 나라 중 아직도 그 족쇄를 벗어나지 못한 지역으로는 한반도가 유일하다. 칠십 몇 년의 세월이 지났다. 한 세기가 가까워지고 있는 것이다. 전쟁의 당사자이자 패전국인 일본이 땅 한 조각 잃지 않고 떵떵거리고 살아가는 모습에 비하면 분하고 치욕스러운 일이다.

전쟁의 승자인 주변 강대국들에게 한반도는 여전히 보잘것없고 말썽 많은 미개한 땅이었다. 당장 독립국가를 세워주기보다는 몇 년 시간을 끌면서 뜸을 들이기로 했다. 이른바 신탁통치론이다. 그래서 대한민국 임시정부와 광복군은 원상(原狀) 귀국을 거부당하고 각자 뱃길이나 항공편을 얻어서 귀향길에 올라야 했다. 일본의 패전이 가까워지자, 소련 군대가 서둘러 한·만국경선을 넘어오는 모습도 청·일전쟁 후 한반도에 야욕을 드러냈던 러시아 왕조의 그것과 다를 것이 없었다. 한반도의 분단은 그들의 정해진 수순이었다.

6·25전쟁을 여러 가지 시각으로 논할 수는 있지만, 당시의 정황을 곰곰이 생각해보면 그것은 냉전시대의 대리전쟁에 불과했다는 생각을

지울 수 없다. 동·서 양 진영이 힘을 겨뤄보는 시험장이나 다름없었다. 어느 쪽도 일방적으로 밀어붙이고 끝낼 수 있는 전쟁이 아니었다. 수백만의 인명이 희생되고 전 국토가 폐허로 변했지만, 우리가 얻는 것은 아무것도 없었다. 더욱 보잘것없이 가난한 나라로 밀려나고, 민족 내부의 적대감만 키웠을 뿐이다. 모두가 힘이 없어서 당한 일이다.

한반도에 다시는 동족상잔(同族相殘)의 비극을 되풀이하지 말아야 한다. 다시 전쟁이 일어난다면 그것은 민족절멸(民族絶滅)의 참극으로 끝날 수밖에 없다. 남·북한이 한반도의 당사자로서 전쟁의 재발을 막고, 불신과 적대감의 벽을 허물고, 함께 분단을 극복해나갈 길을 찾아야 한다. 시간이 걸리고 인내와 노력이 필요한 과업이다. 그 과업을 힘으로 뒷받침하는 것, 그것이 자주국방이다. 오판의 유혹과 전쟁의 위험을 억제하고, 평화통일을 향한 국가와 민족의 자결권을 지키고, 먼 훗날 통일된 한반도의 주권과 항구적인 생존을 보장하는 힘, 그것이 곧 자주국방인 것이다.

지금은 우리 모두가 마음을 가다듬고 자주국방의 참뜻을 되새겨보아야 할 시간이다. 그것은 역사에 대한 반성이고 미래를 지향하는 거대한 열망이다. 정치적 이해타산이나 이념적 논란의 방편이 되어서는 절대로 안 된다. 나라의 지도자와 지도계층이 앞장서서 자주국방의 이상과 대의에 관한 국민적 공감대를 다시 형성하고 국력을 체계적이고 지속적으로 집중해야 한다.

그동안 무엇이 잘못되고 무엇을 잃었는지도 따져보아야 한다. 국방력건설의 임무와 기능을 군에 되돌려주고, 군사전략기획과 국방기획관리 기능을 다시 활성화해야 한다. 군은 역사적 소명과 위국헌신의 일념으로 군사력건설과 전력발전에 혼신의 노력을 경주해야 한다. 기회주의적 혼란을 배척하고 군인의 중심 가치를 바로 세우고, 전문 인력의 육성에 꾸준히 공을 들여야 한다. 그리하여 국민의 신뢰와 성원 속에 꺼져가는 자주국방의 불꽃을 다시 뜨겁게 태워 올려야 한다.

역사의 긴 시각에서 볼 때 우리가 살고 가는 한 생(生)은 촌음(寸陰)에 불과하다. 그러나 그 촌음들이 이어져서 유구한 나라의 역사를 이루게 된다는 사실을 상기하게 되면 우리 어깨를 짓누르는 사명과 책임의 무게를 깨닫게 된다. 후대여! 오늘은 그대들이 역사다.

글을 마치면서

  흩어진 자료를 모으고, 해묵은 기록들을 뒤척이는 동안 10년 세월이 그림자처럼 지나가버렸다. 능력을 벗어나는 일에 과욕을 부렸다는 후회를 여러 차례 되풀이했다. 주위의 격려와 성원에 힘입어 미흡하나마 마무리를 할 수 있게 된 것이 고마울 뿐이다.

  노령에도 불구하고 오래된 현장의 기억들을 전해주신 노 재현 장관님께 감사의 말씀을 드린다. 이미 고인이 되신 윤 성민 장관님, 노환으로 고생하시는 이 양호 장관님도 많은 격려와 성원을 보내주셨다.

  자주국방 초기의 황무지 속에서 군사전략기획의 주춧돌을 다듬었던 최 석신 선배 장군님이 소중한 자료들을 전해주셨고, 율곡 업무의 기틀을 다진 임 동원 장군님도 귀한 자료들을 보내주셨다. 기억이 막힐 때마다 자문에 응해주신 장 정열 장군님, 박 영학 장군님, 오랜 전우인 윤 용남 장군, 노환으로 투병생활을 하고 있는 조 성태 장관, 작고하신 박 준호 무기체계 조정관, 그리고 도움을 주신 모든 분들께 진심으로 감사의 말씀을 드린다.

  국방과학기술의 선구자들도 빼놓을 수 없다. 국방과학연구소 창설 초기부터 무기체계 개발에 젊음을 불살랐던 이 경서 박사, 구 상회 박사, 홍 재학 박사…. 지금은 모두 팔십을 훌쩍 넘긴 노년들이다. 이분들이 남긴 기록과 현장의 얘기들이 없었다면 이 글은 쓸 수가 없었을 것이다.

오랜 기간 함께 일했고 후에 국방과학연구소장을 역임한 안 동만 박사와 합참 전략기획본부장과 국방과학연구소장을 역임한 정 홍용 장군, 여러 귀중한 자료들을 모아주고, 책이 출간되기까지 교정과 편집에 이르는 전 과정에서 많은 수고를 해주었다. 참으로 고마운 일이다.

끝으로 이 책의 출판을 맡아 수고해주신 도서출판 플래닛미디어 김세영 사장님과 관계 직원들에게도 감사의 말씀을 드린다.

비록 내용이 한정되고 다듬어지지 않은 기록들이지만 국가안보를 책임진 후대들이 앞선 세대가 온몸으로 겪어온 역사의 진실을 이해하고, 그 바탕 위에서 자주국방의 대업을 완성해주기를 바라는 소망에서 이 글을 남긴다.

2019년 3월 저자 씀.

참고문헌

국방부, 국방8개년계획('74~'81)

_____, 국방5개념계획('82~'86)

_____, 율곡사업 어제와 오늘 그리고 내일

합동참모본부, '78~'82 전략목표기획서

_____, '97~'2001 전략목표기획서

육군본부, 율곡('74~'81) 시행계획

_____, 율곡('75~'80)계획

_____, 대침투작전 시리즈, 2010, 2012, 2014.

국방과학연구소, 『국방과학연구소사』

_____, 『국방과학연구소약사』

구 상회, 무기체계 연구개발과 더불어 30년, 국방과 기술, '97~'99.

오 원철, 『한국형 경제건설 제5권』, 기아경제연구소, 1996.

심 융택, 『자립에의 의지(박정희대통령 어록)』, 한림출판사, 1972.

_____, 『백곰, 하늘로 솟아오르다』, 기파랑, 2013.

유 병현, 『유병현 회고록』, 조갑제닷컴, 2013.

이 재전, 기고문 온고지신, 육군본부

임 동원, 『피스메이커』, 창비, 2015.

장 준익,『북한 핵위협 대비책』, 서문당, 2015.

Frazer 소위원회, Investigation of Korean-American Relations. 1978.

돈 오버도퍼,『두 개의 코리아』, 중앙일보, 1998.

돈 오버도퍼 외 1인, 이 종길·양 은미 옮김,『두 개의 한국』, 길산, 2002.

최 형섭,『과학에는 국경이 없다』, 매일경제신문사, 1994.

서 우덕·신 인호·장 삼열,『방위산업 40년 끝없는 도전의 역사』, 플래닛미디어, 2015.

안동만·김병교·조태환,『백곰, 도전과 승리의 기록』, 플래닛미디어, 2015.

김 기협,『냉전 이후』, 서해문집, 2016.

로버트 갈루치 외 2인, 김 태현 옮김,『북핵위기의 전말』, 모음북스, 2005.

윌리엄 J. 페리, 정 소영 옮김,『핵 벼랑을 걷다』, 창비, 2016.

찰스 L. 프리처드, 김 연철·서 보혁 옮김,『실패한 외교』, 사계출판사, 2008.

신 성택,『북핵 리포트』, 도서출판 뉴스한국, 2009.

미 CIA 보고서, South Korea: Nuclear Developments and Strategic Decisionmaking, National Foreign Assessment Center, 1978.

The White House, National Security Review 28, Feb 6, 1991.

FRONTLINE, Kim's Nuclear Gamble, April 10, 2003.

_____, Interview: jimmy Carter, March 21, 2003.

CNS, North Korean Nuclear Developments: An Updated Chronology, cns@miis.edu, '92~'94.

정신교육발전연구위원회,『사실로 본 한국 근현대사』, 도서출판 황금알, 2005.

유 성룡, 김 홍식 옮김,『징비록』, 서해문집, 2003.

황 현, 나 중헌 옮김,『매천야록』, 북랩, 1912.

이사벨라 B. 비숍, 이 인화 옮김,『한국과 그 이웃나라들』, 도서출판 살림, 1994.

김 용구,『세계외교사』, 서울대학교 출판문화원, 2006.

1967

1월 19일	해군 초계정 56함(당포함) 동해 NLL 부근에서 북한 해안포의 집중 포격으로 침몰.
3월 22일	거물간첩 이 수근 판문점 위장귀순.
8월 28일	북한 무장병력이 판문점 남방 3km 지점 미2사단 공병부대 막사 폭파.
9월 13일	문산역 부근에서 미군 보급열차 폭파.

1968

1월 21일	'1 · 21 청와대 기습사건' 발생.
1월 23일	동해 공해상에서 임무수행 중이던 미군 정보수집함 '푸에블로호' 북한 경비정에 피랍.
1월 25일	미2사단 DMZ(비무장지대)에 침투한 북한군이 미군 14명을 살상 후 도주.
4월 1일	대전 공설운동장에서 향토예비군 창설식 거행.
4월 15일	미 해군 전자정찰기 EC-121기 북한 MIG기에 의해 격추.
10월 30일	북한 무장 공비 120명 울진 · 삼척 일대에 침투, 태백산맥 일대에서 게릴라전 수행

1969

3월　　　국가안전보장회의 산하에 '비상기획위원회', 합참에 '대간첩대책
　　　　본부' 설치.

7월 25일　닉슨 대통령의 '괌 선언(닉슨 독트린)' 발표.

8월 18일　육군 특수전사령부 창설.

8월 21일　샌프란시스코에서 박 정희-닉슨 정상회담.

1970

1월 9일　　박 정희 대통령 '자립경제'와 '자주국방'을 국정지표로 발표.

8월 6일　　국방과학연구소(ADD) 창설.

8월 25일　박 정희-애그뉴 미 부통령회담, 주한미군 2만 명 규모 철수와 15
　　　　억 달러 상당의 한국군 현대화 지원계획을 협의.

1971

1월 18일　박 정희 대통령 국방부 연두순시, '70년대 말까지 기본병기 국산화,
　　　　'80년대 초까지 정밀병기개발 기반 확보를 목표로 제시.

3월 19일　고리원자력발전소 기공.

4월 1일　　미 군사고문단(KMAG)을 해체하고 주한 미군사령부에 합동군사
　　　　업무단(JUSMAG-K)을 새로 편성.

7월 1일　　서부전선 방위를 담당할 '한·미1군단(집단)'을 창설.

7월 27일　미7사단 철수.

11월 10일 '긴급병기개발지시(번개계획)' 하달.

1972

4월 3일　　26사단 사격장에서 '번개사업 장비 시범사격' 실시.

4월 14일　'항공공업 육성계획(미사일 개발계획 수립지시)' 하달.

| 4월 19일 | 육군본부 '태극 72계획' 대통령 보고. |

1973

1월 12일	'중화학공업 선언'과 '국민 과학화 선언' 발표.
4월 19일	이 병형 합참본부장 '지휘체계와 군사전략'을 대통령 보고.
6월 25일	최초의 국산 화포 시범사격 실시.
7월 1일	주한미군 철수 시 한·미1군단을 대신할 제3야전군사령부 창설.
7월 27일	북한 '서해5도 봉쇄'.

1974

2월 25일	최초의 군사력건설계획인 '국방8개년계획(율곡)'을 확정.
8월 15일	광복절 기념식장에서 '대통령 저격 미수사건' 발생.
10월 19일	'한·불 원자력협정' 체결.
11월 15일	서부전선 고랑포 지역에서 최초의 북한군 땅굴 발견.

1975

| 3월 19일 | 철원 북방 비무장지대에서 제2땅굴 발견. |
| 4월 30일 | 사이공 함락, 베트남공화국 소멸. |

1976

| 1월 26일 | 한국과 프랑스 '핵연료재처리시설 도입계약' 파기. |

1977

| 1월 20일 | 지미 카터, 미국 제39대 대통령 취임. |
| 1월 27일 | 카터 대통령, 대통령 검토각서(PRM-13)를 하달, 주한미군 철수 |

를 포함한 대(對)한반도정책에 대한 광범위한 재검토를 지시.

5월 19일 　주한미군사령부 참모장 싱글로브 소장의 철군 반대 의견이 《뉴욕타임스》지에 보도되면서 물의를 야기.

1978

9월 26일 　국내 개발에 성공한 NHK-1(백곰) 미사일의 공개 시범발사.

11월 7일 　한·미연합군사령부 창설.

1979

1월 초 　베시 연합군사령관 북한군 OB(전투서열)변동내용 통보.

6월 29일 　노 재현-브라운 한·미 국방장관 회담

6월 30일 　박 정희-카터 정상회담.

7월 20일 　카터 대통령 '81년 한반도 군세정세 재평가 완료 시까지 주한미군 철수 중단 결정.

10월 26일 　'10·26 대통령 시해사건' 발생.

12월 12일 　'12·12 군사정변' 발생.

1980

5월 17일 　'5·17 군사정변' 발생.

8월 16일 　최 규하 대통령 사임.

9월 1일 　전 두환 정권 출범.

1981

1월 20일 　로널드 레이건, 미국 제40대 대통령으로 취임.

2월 2일 　워싱턴에서 전 두환-레이건 정상회담. 미 지상군 철군계획 공식적으로 폐기.

| 9월 30일 | 서울, 88년 하계올림픽 개최지로 결정. |
| 10월 | '2차 율곡계획('82-'86) 대통령 재가를 받아 확정. |

1982

| 5월 21일 | 윤 성민 제23대 국방부장관 취임. 율곡업무체계 정비 및 '국방기획관리제도' 시행. |
| 12월 31일 | 국방과학연구소 과학자 839명 해직, 유도탄 개발사업 중단. |

1983

10월 9일	미얀마에서 '아웅산 테러사건' 발생.
9월 1일	사할린 상공에서 대한항공 보잉747기 소련 전투기에 피격, 승객과 승무원 269명 사망.
11월 29일	지대지유도탄 '현무' 재개발 착수 결정.

1985

| 9월 21일 | 대통령 임석 하에 '현무' 시험사격 성공. |

1987

| 11월 29일 | 미얀마 안다만 해역 상공에서 KAL 858기 북한 공작원에 의해 폭파. 탑승자 115명 사망. |

1988

2월 25일	노 태우 정부 출범, '북방정책'을 대외 정책기조로 천명.
7월 7일	노 태우 대통령 '7·7선언(민족자존과 통일번영을 위한 특별 선언)' 발표.
8월 18일	국방개혁 '8·18계획' 추진 결정.

9월 17일	서울 88올림픽 개회식 거행.
10월 20일	워싱턴에서 노 태우-레이건 정상회담. 미국 대북한 완화정책 (Modest Initiative)을 발표.
11월 16일	북한 연 형묵 총리, '부총리급을 단장으로 하는 남북고위정치군 사회담'을 제의.
12월 25일	북경에서 미·북 외교관의 첫 만남 성사, 이후 '베이징채널'로 발전.
12월 28일	강 영훈 총리, '총리급을 단장으로 하는 남북고위당국자회담'을 수정 제의.

1989 ....

1월 20일	조지 H. W. 부시 미국 제41대 대통령 취임.
6월 20일	육·공군 본부 계룡대로 이전. 해군본부는 '93년 이전.
11월 9일	베르린 장벽 붕괴.
	북한 외교부 '조선반도 비핵지대화에 관한 문제를 토의하기 위해 미국, 한국 및 북한이 참여하는 3자회담을 제의.
11월 16일	노 태우 대통령 '합동군제'를 국군의 군제로 결정.
12월 3일	부시-고르바초프 몰타에서 '냉전종식' 선언.

1990 ....

6월 4일	노 태우-고르바초프 한·소수교에 합의.
9월 5일	제1차 남북고위급회담 서울에서 개최.

1991 ....

2월 6일	부시 대통령 '국가안보검토-28호'를 통해 북한의 핵프로그램에 대한 미국의 정책 검토 지시.
7월 2일	워싱턴에서 노 태우-부시 정상회담 개최.

9월 18일	남·북한 동시 UN 가입.
9월 27일	부시 대통령 '해외에 배치된 전술핵무기 일방적 철수' 선언.
11월 8일	노 태우 대통령 '한반도 비핵화와 평화구축을 위한 선언' 발표.
12월 13일	제5차 남북고위급회담에서 '남북기본합의서' 채택.
12월 18일	노 태우 대통령 '핵 부재 선언' 발표.
12월 31일	남·북한 대표 '한반도 비핵화에 관한 공동성명'에 합의.

1992 ···

1월 30일	오스트리아 빈에서 북한 IAEA 안전협정에 서명.
2월 19일	제6차 고위급회담에서 '남북 기본합의서'와 '한반도 비핵화 공동성명' 정식으로 발효.
3월 19일	남북 핵통제공동위원회(JNCC) 1차 회의 판문점에서 개최.
4월 1일	남북 핵통제공동위원회(JNCC) 2차 회의 개최.
4월 19일	남북 핵통제공동위원회(JNCC) 3차 회의가 열렸으나 상호사찰 대상과 사찰 방법 등에서 합의 도출에 실패.
5월 19일	김 영삼 민자당 대통령후보로 결정.
5월 25일	IAEA 1차 사찰팀 12일간의 일정으로 북한 방문.
6월 26일	방한 중인 월포위츠 미 국방부 정책담당차관 북한에 대한 특별사찰과 군사기지에 대한 사찰을 핵통제공동위원회 회의에서 관철시킬 것을 강력히 희망.
7월 6일	IAEA 2차 사찰팀 북한 방문.
9월 17일	'훈령조작사건' 발생.
9월 18일	노 태우 대통령 민자당 탈당.
10월 6일	'남한 조선노동당 중부지역당 간첩사건' 발표.
10월 8일	제24차 SCM에서 한·미 국방부장관 "상호핵사찰에 의미 있는 진전이 없을 경우 '93팀스피리트훈련 실시를 위한 준비조치를 계속하기로 결정했다."는 공동성명 발표.

1993

1월 20일 빌 클린턴 미국 제42대 대통령 취임.

1월 25일 제12차 JNCC회담 결렬.

1월 29일 북한, 모든 남북대화를 중단한다는 성명 발표.

2월 20일 김 영삼 정부 출범.

3월 9일 '93팀스피리트훈련 개시.

3월 12일 북한, NPT 탈퇴를 선언.

6월 9일 미·북 뉴욕회담에서 '북한의 NPT 탈퇴 유보' 합의.

7월 4일 제네바 2차 미·북회담에서 북한, 경수로 지원문제 제기.

10월 9일 미 하원 애커먼 의원의 북한 방문, 북한 '일괄타결안' 제시.

11월 24일 워싱턴에서 김 영삼-클린턴 정상회담. 일괄타결안에 대한 이견 노출.

1994

1월 23일 판문점에서 열린 남북 정상회담을 위한 실무회담에서 북한 박 영수 대표 '서울 불바다' 발언으로 물의를 야기.

4월 19일 북한, 5월 4일부터 5Mw 흑연감속로의 연료봉 교체를 일방적으로 통고, IAEA 참관을 요구.

6월 10일 미국의 수장위원회, UN제재안과 군사적 대응 방안 검토.

6월 15일 카터 전 대통령 방북, 김 일성 주석과 큰 틀의 합의 도출.

7월 8일 제네바에서 3차 북·미회담 속개.

 김 일성 주석 사망.

10월 21일 '제네바 합의' 발표.

1995

3월 9일 2003년까지 북한에 1,000MW급 경수로 2기를 제공하기 위한 목적으로 '한반도 에너지개발기구(KEDO)' 발족.

1998

2월 25일   김 대중 정부 출범.

7월 2일   국방부, '국방개혁5개년계획' 대통령에게 보고.

8월 31일   북한, 대포동 미사일 발사.

1999

6월 15일   '1차 연평해전' 발생.

2000

6월 13일   김 대중 대통령 북한 방문, '6·15선언' 발표.

2001

1월 초   한·미 미사일협정 1차 개정.

1월 20일   조지 W. 부시 미국 제43대 대통령 취임.

9월 11일   '9·11테러' 발생

2002

1월 29일   부시 대통령 이란, 이라크, 북한을 '악의 축'으로 지정.

6월 29일   '2차 연평해전' 발생.

10월 3일   켈리 미 국무부 동아태담당차관보 북한 방문, 북한의 고농축우라
늄(HEU)계획에 대한 의혹 제기.

12월   미국, 대북 중유제공 중단.

2003 ···

1월 10일   북한 NPT 탈퇴 선언.

2월 25일   노 무현 정부 출범.

3월 20일   미국의 이라크 침공.

11월   KEDO 경수로건설사업 잠정 중단 결정.

2005 ···

9월 13일   '국방개혁2020' 발표.

2006 ···

10월 9일   북한 '1차 핵실험' 실시.

2008 ···

2월 25일   이 명박 정부 출범.

2009 ···

5월 25일   북한 '2차 핵실험' 실시.

2010 ···

3월 26일   '천안함 피격사건' 발생.

11월 23일   '연평도 포격사건' 발생.

2011 ···

3월 7일   '국방개혁 307계획' 발표.

자주국방의 열망, 그 현장의 기록

자주국방의 길

초판 1쇄 인쇄 | 2019년 5월 20일
초판 1쇄 발행 | 2019년 5월 27일

지은이 | 조 영길
펴낸이 | 김 세영

펴낸곳 | 도서출판 플래닛미디어
주소 | 04029 서울시 마포구 잔다리로 71 아내뜨빌딩 502호
전화 | 02-3143-3366
팩스 | 02-3143-3360
블로그 | http://blog.naver.com/planetmedia7
이메일 | webmaster@planetmedia.co.kr
출판등록 | 2005년 9월 12일 제313-2005-000197호

ISBN | 979-11-87822-30-1 03390